机械制造实训

主　编　黄开有　张　姚　肖志信
副主编　徐　慧　秦小平　周小桃

西北工业大学出版社

西　安

【内容简介】 本书内容包括金属材料基础、金属热处理、铸造、焊接、锻压与冲压、车削加工、铣削加工、刨削加工、磨削加工、钳工、数控加工、3D打印和工业机器人共13章。

本书可用作普通高等院校工科各专业学生金工实习课程的教学用书,也可用作高职高专类院校工科专业学生金工实习课程的教学用书,还可用作各相关工种技术人员的培训及自学用书。

图书在版编目(CIP)数据

机械制造实训 / 黄开有,张姚,肖志信主编. — 西安 : 西北工业大学出版社,2022.5

ISBN 978 - 7 - 5612 - 8167 - 3

Ⅰ．①机… Ⅱ．①黄… ②张… ③肖… Ⅲ．①机械制造-高等学校-教材 Ⅳ．①TH

中国版本图书馆 CIP 数据核字(2022)第 073610 号

JIXIE ZHIZAO SHIXUN

机 械 制 造 实 训

黄开有　张姚　肖志信　主编

责任编辑：王梦妮		策划编辑：黄　佩	
责任校对：胡莉巾		装帧设计：李　飞	

出版发行　西北工业大学出版社

通信地址　西安市友谊西路 127 号　　邮编：710072

电　　话　(029)88491757,88493844

网　　址　www.nwpup.com

印 刷 者　陕西奇彩印务有限责任公司

开　　本　787 mm×1 092 mm　　1/16

印　　张　18.125

字　　数　476 千字

版　　次　2022 年 5 月第 1 版　　2022 年 5 月第 1 次印刷

书　　号　ISBN 978 - 7 - 5612 - 8167 - 3

定　　价　58.00 元

前　　言

随着现代工业的发展,高等院校对工程实践教学提出了越来越高的要求,加强工程实践训练是高等教育改革的必然选择,工程实践训练已经成为培养高素质工科人才不可缺少的一个重要环节。本书以教育部金工课程教学指导委员会关于普通高等学校"机械制造实习教学基本要求"的有关内容,借鉴国内兄弟院校的教学改革成果,结合我们多年金工实习课程的教学实际经验,组织编写了本书。

本书本着"实用、适用、先进"的编写原则编写,具有"通俗、精炼、可操作"的编写风格,特别注重培养学生的基本工程素养。

本书内容包括金属材料基础、金属热处理、铸造、焊接、锻压与冲压、车削加工、铣削加工、刨削加工、磨削加工、钳工、数控加工、3D 打印和工业机器人共 13 章。

本书可作为普通高等院校工科各专业学生金工实习课程的教学用书,也可作为高职高专类院校工科各专业学生金工实习课程的教学用书,还可作为各相关工种技术人员的培训及自学用书。

本书由湖南工学院黄开有、张姚、肖志信担任主编,徐慧、秦小平、周小桃担任副主编。具体任务分配如下:第一章至第八章由肖志信负责编写,第九章和第十章由徐慧负责编写,第十一章由秦小平和周小桃负责编写,第十二章和十三章由张姚负责编写。全书由黄开有制定大纲并统稿。

在编写本书的过程中,笔者翻阅了大量的资料,参考了许多专家及学者的研究成果,在此向各位表示感谢!

由于水平有限,书中难免有不足与疏漏之处,敬请广大读者批评指正。

编　者

2022 年 1 月

目　　录

第一章　金属材料基础知识

第一节　概　　述

金属材料是指金属元素或以金属元素为主构成的具有金属特性的材料的统称,包括纯金属、合金、金属间化合物和特种金属材料等。自然界中大约有 70 多种纯金属,其中常见的有铁、铜、铝、锡、镍、金、银、铅、锌等。而合金常指由两种或两种以上的金属或金属与非金属结合而成,且具有金属特性的材料。常见的合金有铁和碳所组成的钢合金、铜和锌所形成的黄铜等。

一、金属材料分类

在机械、工程等工业领域,采用的金属材料种类及品种繁多,其分类如图 1-1 所示。

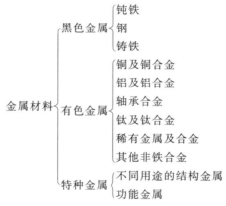

图 1-1　金属材料的分类

1.黑色金属

黑色金属材料是工业上对铁、铬和锰及其合金的统称。常用的黑色材料为钢铁。其又分为三类:纯铁,钢,铸铁。

纯铁:主要由 Fe 组成,含 C 量在 0.021 8% 以下,工业中很少使用。

钢:含 C 量在 0.0218%～2.3% 之间的铁碳合金(不加或很少加其他元素的称碳素钢,加入其他合金元素的称合金钢)。

铸铁:含 C 量在 2.3%～6.69% 之间的铁碳合金称为铸铁。按石墨的形态其又可以分为灰铸铁、球墨铸铁、蠕墨铸铁等,石墨的不同形态和基体的配合具有不同的性能。

2.有色金属

有色金属又称非铁金属,指除黑色金属外的金属和合金,如铜及铜合金、铝及铝合金、轴承合金、钛及钛合金、稀有金属及合金,以及其他非铁合金等。

3.特种金属

特种金属包括不同用途的结构金属和功能金属。其中有通过快速冷凝工艺获得的非晶态金属材料,以及准晶、微晶、纳米晶金属材料等,还有隐身、抗氢、超导、形状记忆、耐磨、减振阻尼等特殊功能合金以及金属基复合材料等。

二、金属的晶体结构和铁碳合金相图

(一)金属的晶体结构

一切物质都是由原子组成的,根据原子在物质内部排列的特征,固态物质可分为晶体与非晶体两类。晶体内部原子在空间上按一定的规则排列,如金刚石、石墨、雪花、食盐等。晶体具有固定熔点和各向异性的特征。非晶体内部原子是无规则堆积在一起的,如玻璃、松香、沥青、石蜡、木材、棉花等。非晶体没有固定熔点,具有各向同性。

金属在固态下通常都是晶体,在自然界中包括金属在内的绝大多数固体都是晶体。晶体具有的这种规则的原子排列,主要是各原子之间的相互吸引力和排斥力相平衡的结果。由于晶体内部原子排列的规律性,有时甚至可以见到某些物质的外形也具有规则的轮廓,如水晶、食盐、钻石、雪花等,而金属晶体一般看不到有这种规则的外形。晶体中原子排列情况如图 1-2(a)所示。

为了便于描述晶体中原子的排列规律,把每一个原子的核心视为一个几何点,用直线按一定的规律把这些几何点连接起来,形成空间格子,把这种假想的格子称为晶格,如图 1-2(b)所示。晶格所包含的原子数量相当多,不便于研究分析,将能够代表原子排列规律的最小单元体划分出来,这种最小的单元体称为晶胞,如图 1-2(c)所示。晶胞的大小和形状常以晶胞的棱边长度 a、b、c 和棱边间夹角 α、β、γ 来表示,其中 a、b、c 称作晶格常数。通过分析晶胞的结构可以了解金属的原子排列规律,判断金属的某些性能。

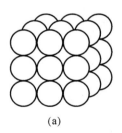 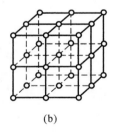 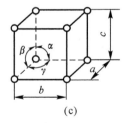

(a)   (b)   (c)

图 1-2 晶体的结构

(a)原子排列; (b)晶格; (c)晶胞

金属的晶格类型有很多,纯金属常见的晶体结构主要为体心立方晶格、面心立方晶格及密排六方晶格三种类型。

1.**体心立方晶格**

体心立方晶格的晶胞如图 1-3 所示。其晶胞是一个立方体,晶胞的 3 个棱边长度 $a=b=c$,晶胞棱边夹角 $\alpha=\beta=\gamma=90°$,其晶格常数通常用一个晶格常数 a 表示即可。在体心立方晶胞的每个角上和晶胞中心都排列有一个原子。体心立方晶胞的每个角上的原子为相邻的 8

个晶胞所共有。体心立方晶胞中属于单个晶胞的原子数为 $2\left(计算过程为\frac{1}{8}\times8+1\right)$ 个。

属于这种类型的金属有 Cr、Mo、W、V、$\alpha-Fe$ 等,它们大多具有较高的强度和韧性。

2.面心立方晶格

面心立方晶格的晶胞如图 1-4 所示。其晶胞也是 1 个立方体,晶胞的 3 个棱边长度 $a=b=c$,晶胞棱边夹角 $\alpha=\beta=\gamma=90°$,其晶格常数也只用一个晶格常数 a 表示。在面心立方晶胞的每个角上和立方体 6 个面的中心都排列有一个原子。面心立方晶胞的每个角上的原子为相邻的 8 个晶胞所共有,而每个面中心的原子为相邻两个晶胞所共有。面心立方晶胞中属于单个晶胞的原子数为 $4\left(计算过程为\frac{1}{8}\times8+\frac{1}{2}\times6\right)$ 个。

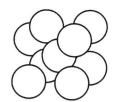

图 1-3　体心立方晶格的晶胞示意图　　　图 1-4　面心立方晶格的晶胞示意图

属于这种类型的金属有 Al、Cu、Ni、$\gamma-Fe$ 等,它们大多具有较高的塑性。

3.密排六方晶格

密排六方晶格的晶胞如图 1-5 所示。其晶胞是一个正六棱柱体,晶胞的 3 个棱边长度 $a=b\neq c$,晶胞棱边夹角 $\alpha=\beta=90°,\gamma=120°$,其晶格常数用正六边形底面的边长 a 和晶胞的高度 c 表示。在密排六方晶胞的两个底面的中心处和 12 个角上都排列有一个原子,柱体内部还包含着 3 个原子。每个角上的原子同时为相邻的 6 个晶胞所共有,面中心的原子同时为相邻的两个晶胞所共有,而体中心的 3 个原子为该晶胞所独有。密排六方晶胞中属于单个晶胞的原子数为 $6\left(计算过程为\frac{1}{6}\times12+\frac{1}{2}\times2+3\right)$ 个。

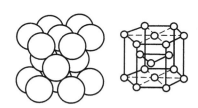

图 1-5　密排六方晶格的晶胞示意图

属于这种类型的金属有 Mg、Zn、Be、$\alpha-Ti$、$\alpha-C_o$ 等,它们大多具有较大的脆性,塑性较差。

(二)铁碳合金相图

铁碳合金相图是表示在缓慢加热或冷却条件下,不同成分的铁碳合金在不同温度下的状态或组织的图形。它是人们在长期生产实践和科学实验中不断总结和完善起来的,对研究铁碳合金的内部组织随碳的质量分数、温度变化的规律以及钢的热处理等有重要的意义。

由于碳的质量分数 $w_C > 6.69\%$ 的铁碳合金的脆性大,没有实用价值,另外,渗碳体中 $w_C = 6.69\%$,是个稳定的金属化合物,可以作为一个独立的组元,因此,研究铁碳合金相图实质上就是 $Fe-Fe_3C(w_C < 6.69\%)$ 相图,如图 1-6 所示。

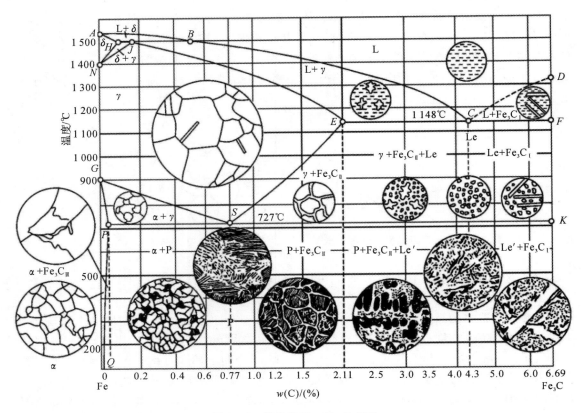

图 1-6 简化的 $Fe-Fe_3C$ 相图

在图 1-6 中,纵坐标表示温度,横坐标表示碳的质量分数 w_C。横坐标的左端 $w_C = 0\%$,即纯铁;右端 $w_C = 6.69\%$,即 Fe_3C;横坐标上其余任意一点代表一种成分的铁碳合金。状态图被一些特性点、线划分为几个区域,分别标明了不同成分的铁碳合金在不同温度下的相组成。如碳的质量分数为 0.45% 的铁碳合金,其组织在 1 000℃ 下为奥氏体,在 727℃ 以下为铁素体和渗碳体。

1. 相图中的主要线、区

(1)$Fe-Fe_3C$ 相图中各主要点的温度、碳的质量分数及含义见表 1-1。

表 1-1 $Fe-Fe_3C$ 相图中各主要点的温度、碳的质量分数及含义

特性点	温度/℃	$w_C/(\%)$	意 义
A	1 538	0	纯铁的熔点
C	1 148	4.30	共晶点
D	1 227	6.69	渗碳体的熔点

续表

特性点	温度/℃	$w_C/(\%)$	意　义
E	1 148	2.11	碳在 γ-Fe 中的最大溶解度
F	1 148	6.69	渗碳体的成分
G	912	0	α-Fe $\Longleftrightarrow$ γ-Fe 转变温度
H	1 945	0.09	碳在 δ-Fe 中的最大溶解度
J	1 945	0.17	包晶点
K	727	6.69	渗碳体的成分
N	1 394	0	γ-Fe $\Longleftrightarrow$ δ-Fe 转变温度
P	727	0.021 8	碳在 α-Fe 中的最大溶解度
S	727	0.77	共析点
Q	600	0.005 7	碳在铁素体中的溶解度

表 1-1 中有两个重要的转变点：

(1)共晶点,温度为 1 148℃,$w_C = 4.30\%$,在这一点上发生共晶转变,反应式为：$L_C \Longleftrightarrow A_E + Fe_3C + FeC$,当冷却到 1 148℃时具有 C 点成分的液体中同时结晶出具有 E 点成分的奥氏体和渗碳体的两相混合物——莱氏体：$(L_E) \rightarrow (A_E + Fe_3C)$。

(2)共析点,温度为 727℃,$w_C = 0.77\%$,在这一点上发生共析转变,反应式为：$A_S \Longleftrightarrow F_P + Fe_3C$,当冷却到 727℃时从具有 S 点成分的奥氏体中同时析出具有 P 点成分的铁素体和渗碳体的两相混合物——珠光体：$P(F_P + Fe_3C)$。

2.线的分析(见图 1-6)

$ABCD$ 线：液相线,$ABCD$ 线以上全部是液体,合金冷却至该线以下便开始结晶。

$AECF$ 线：固相线,固相线以下全部是固体,加热时温度达到该线后合金开始熔化。

整个相图主要是由共晶和共析两个恒温转变组成的。

(1)ECF 线：共晶转变线,在这条线上发生共晶转变 $L_C \Longleftrightarrow A_E + Fe_3C$,转变产物 $L_C \Longleftrightarrow A_E + Fe_3C$ 混合物。碳的质量分数为 2.11%～6.69% 的铁碳合金冷却到 1 148℃时都有共晶转变发生。

(2)PSK 线：共析转变线,在这条线上发生共析转变 $A_S \Longleftrightarrow F_P + Fe_3C$,产物为珠光体(P)。碳的质量分数为 0.021 8%～6.69% 的铁碳合金冷却到 727℃时都有共析转变发生。

此外 Fe_3C 相图中还有三条重要的固态转变线。

(1)ES 线：碳在奥氏体中的溶解度曲线,又称 A_{cm} 温度线。随温度的降低,碳在奥氏体中的溶解度减小,多余的碳以 Fe_3C 的形式析出,所以具有 0.77%～2.11%C 的钢冷却到 A_{cm} 线与 PSK 线之间时的组织为 $A + Fe_{3}C_{\mathbb{I}}$,从 A 中析出的 Fe_3C 称为二次渗碳体。

(2)GS 线：具有不同碳的质量分数的奥氏体冷却时析出铁素体的开始线,也称 A_3 线,GP 线则是铁素体析出的终了线,所以 GSP 区的显微组织是 F+A。

(3)PQ 线：碳在铁素体中的溶解度曲线。随温度的降低,碳在铁素体中的溶解度减小,多余的碳以 Fe_3C 的形式析出,从 F 中析出的 Fe_3C 称为三次渗碳体 $Fe_3C_{\mathbb{II}}$。由于铁素体含碳很少,析出的 Fe_3C_{III} 很少,一般忽略,认为从 727℃ 冷却到室温的显微组织不变。

3.相区分析

相图中有 5 个基本相,相应地有 5 个单相区:液相区(L)、δ 固相区、奥氏体(A)相区、铁素体(F)相区、渗碳体(Fe_3C)相区。

相图中有 7 个两相区:$L+\delta$,$L+A$、$L+Fe_3C_I$,$\delta+A$,$A+F$,$A+FeC_{II}$,$F+Fe_3C_{III}$。相图中三相共存区:HJB 线($L+\delta+A$),ECF 线($L+A+Fe_3C$),PSK 线($A+F+Fe_3C$)。

(三)相图中的铁碳合金分类

$Fe-Fe_3C$ 相图中不同成分的铁碳合金在室温下将得到不同的显微组织,其性能也不同。通常根据图中的 P 点和 E 点将铁碳合金分为工业纯铁、钢及铸铁三类。

1.工业纯铁

工业纯铁是指室温下为铁素体和少量三次渗碳体的铁碳合金,在 P 点以左(碳的质量分数小于 0.021 8%)。

2.钢

钢是指高温固态组织为单相固溶体的一类铁碳合金,在 P 点成分与 E 点成分之间(碳的质量分数为 0.021 8%~2.11%),具有良好的塑性,适于锻造、轧制等压力加工,根据室温组织的不同又分为三种:

(1)亚共析钢,是 P 点成分与 S 点成分之间(碳的质量分数为 0.021 8%~0.77%)的铁碳合金,室温组织为铁素体+珠光体,随碳的质量分数的增加,组织中珠光体的量增加。

(2)共析钢,是 S 点成分(碳的质量分数为 0.77%)的铁碳合金,室温组织全都是铁碳合金。

(3)过共析钢,是 S 点成分与 E 点成分之间(碳的质量分数为 0.77%~2.11%)的铁碳合金,室温组织为珠光体+渗碳体,渗碳体分布于珠光体晶粒的周围(即晶界),在金相显微镜下呈网状结构,又称网状渗碳体。碳的质量分数越高,渗碳体层越厚。

3.铸铁

铸铁是指 E 点成分以右(碳的质量分数为 2.11%~6.69%)的铁碳合金,有较低的熔点,流动性好,便于铸造,脆性大。根据碳在铸铁中存在形式的不同分为白口铸铁、灰口铸铁和麻口铸铁。此处以白口铸铁为例说明其室温组织的不同。

(1)亚共晶白口铸铁,是 E 点成分与 C 点成分之间(碳的质量分数为 2.11%~4.3%)的铁碳合金,室温组织为低温莱氏体+珠光体+二次渗碳体。

(2)共晶白口铸铁,是 C 点成分(碳的质量分数为 4.3%)的铁碳合金,室温组织为低温莱氏体。

(3)过共晶白口铸铁,是 C 点成分以右(碳的质量分数为 4.3%~6.69%)的铁碳合金,室温组织为低温莱氏体+一次渗碳体。

第二节　金属材料力学性能

材料的力学性能是指材料在外力作用下所表现出的抵抗能力。载荷的形式不同,材料可表现出不同的力学性能,如强度、硬度、塑性、冲击韧度、疲劳强度等。材料的力学性能是零件设计、材料选择及工艺评定的主要依据。

一、强度

材料在外力的作用下抵抗变形和断裂的能力称为材料的强度。根据外力的作用方式,材料的强度分为抗拉强度、抗压强度、抗弯强度和抗剪强度等。在使用中一般以抗拉强度作为基本的强度指标,常简称为"强度"。强度单位为 $MPa(MN/m^2)$。

材料的强度、塑性是依据国家标准《金属材料　拉伸试验　第 1 部分:室温试验方法》(GB/T 228.1—2021)通过静拉伸试验测定的。它是把一定尺寸和形状的试样装夹在拉力试验机上,然后对试样逐渐施加拉伸载荷,直至把试样拉断为止。拉伸前、后的试样如图 1-7 所示。标准试样的截面有圆形的和矩形的,圆形试样用得较多,圆形试样有长试样($L_0 = 10d_0$)和短试样($L_0 = 5d_0$)。一般拉伸试验机上都带有自动记录装置,可绘制出载荷(F)与试样伸长量(ΔL)之间的关系曲线,并据此可测定应力(σ)-伸长率(ε)关系:$R = F/S_0$(S_0 为试样原始截面积),$\varepsilon = (L - L_0)/L_0(\%)$。图 1-8 为低碳钢的载荷-伸长量曲线。研究表明,低碳钢在外加载荷作用下的变形过程一般可分为以下个阶段:弹性变形阶段、滞弹性变形阶段、屈服阶段、均匀塑变阶段或强化阶段、试样的"缩颈"阶段。

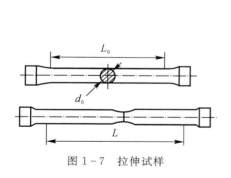

图 1-7　拉伸试样

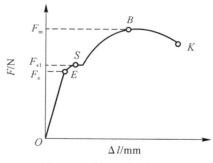

图 1-8　低碳钢拉伸曲线

下面以图 1-8 为例说明低碳钢拉伸。

(1)弹性变形阶段。

在图 1-8 中,OE 阶段为弹性阶段,即去掉外力后,变形立即恢复,这种变形称为弹性变形,其应变值很小,E 点的应力为 σ_e,称为弹性极限。OE 线中 OP 部分为一直线,因为应力与应变始终成比例,所以 P 点的应力称为比例极限。由于 P 点与 E 点很近,一般不作区分。

在弹性变形范围内,应力与应变的比值称为材料的弹性模量 E。弹性模量是材料产生弹性变形难易程度的指标,工程上常把它叫作材料的刚度。E 值越大,则一定量弹性变形的应力也越大,亦即材料的刚度越大,材料抵抗产生弹性变形越强,越不容易产生弹性变形。

(2)屈服点。

在 S 点附近,曲线较为平坦,不需要进一步增大外力,便可以产生明显的塑性变形,该现象称为材料的屈服现象,S 点称为屈服点,σ_s 称为屈服强度。

工业上使用的某些材料(如高碳钢、铸铁和某些经热处理后的钢等)在拉伸试验中发生明显的屈服现象,故无法确定屈服强度 σ_s。国家标准规定,可用试样在拉伸过程中标距产生 0.2% 塑性变形量的应力值来表征材料对微量塑性变形的抗力,称为屈服强度,即"条件屈服强度",

记为 $\sigma_{0.2}$。

（3）抗拉强度。

经过一定的塑性变形后，必须进一步增加应力才能继续使材料变形。达到 B 时材料能够承受的最大应力为 σ_b，称为强度极限。超过 B 点后，试样的局部迅速变细，产生颈缩现象，迅速伸长，应力明显下降，达到 K 点后断裂。

铸铁、陶瓷等脆性材料只有弹性变形阶段，中、高碳钢没有屈服阶段。σ_e、σ_b、σ_s 是机械零件、构件设计和选材的主要依据。

二、塑性

材料在外力的作用下，产生永久变形而不致引起破坏的性能称为塑性。许多零件和毛坯是通过塑性变形而成形的，要求材料有较高的塑性，并且为了防止零件工作时脆断，也要求材料有一定的塑性。塑性通常由伸长率和断面收缩率来表示。

（1）伸长率。

$$e = \frac{L - L_0}{L_0} \times 100\% \tag{1-1}$$

式中：e 为伸长率；L_0 为试棒原始标距长度（mm）；L 为试棒受拉伸断裂后的标距长度（mm）。

（2）断面收缩率。

$$Z = \frac{s_0 - s_v}{s_0} \tag{1-2}$$

式中：Z 为断面收缩率；s_0 为试棒原始截面积（mm²）；s_v 为试棒受拉伸断裂后的截面积（mm²）。

e 或 Z 值越大，材料的塑性越好。两者比较，用 Z 表示塑性更接近材料的真实应变。长试样（$L_0 = 10d_0$）的伸长率写成 e 或 e_{10}；短试样（$L_0 = 5d_0$）的伸长率须写成 e_5。同一种材料 $e_5 > e$，所以，对不同材料，e 值和 e_5 值不能直接比较。一般把 $e > 5\%$ 的材料称为塑性材料，把 $e < 5\%$ 的材料称为脆性材料。铸铁是典型的脆性材料，而低碳钢是黑色金属中塑性最好的材料。

三、冲击韧性

以很大速度作用于机件上的载荷称为冲击载荷，许多机器零件和工具在工作过程中，往往受到冲击载荷的作用，如蒸汽锤的锤杆、冲床上的一些部件、柴油机曲轴、飞机的起落架等。瞬时冲击的破坏作用远远大于静载荷的破坏作用，所以在设计受冲击载荷件时还要考虑抗冲击性能。材料在冲击载荷的作用下抵抗变形和断裂的能力称为冲击韧度 α_k，常采用一次冲击试验来测量。

一次冲击试验通常是在摆锤式冲击试验机上进行的。试验时将带有缺口的试样放在试验机两支座上［见图 1-9(a)］，将质量为 m 的摆锤抬到 H 高度［见图 1.9(b)］，使摆锤具有的势能为 mHg（其中 m 为物体质量，单位为 kg，g 为重力加速度9.8 m/s²，H 为高度，单位为 m，重力势能的单位为 J）。然后让摆锤由此高度下落将试样冲断，并向另一方向升高到 h 的高度，这时摆锤具有的势能为 mhg。因此冲击试样消耗的能量（即冲击功 A_k）为

$$A_k = m(H - h)g \tag{1-3}$$

在试验中，冲击功 A_k 值可以从试验机的刻度盘上直接读得。标准试样断口处单位横截

面所消耗的冲击功,即代表材料的冲击韧度的指标。

$$a_k = \frac{A_k}{A_o} \qquad (1-4)$$

式中:a_k 为试样的冲击韧度值(J/cm²);A_k 为冲断试样所消耗的冲击功(J);A_o 为试样断口处的原始截面积(cm²)。

a_k 的值越大,材料的冲击韧度越好。冲击韧度是对材料一次冲击破坏测得的。在实际应用中,许多受冲击件往往是受到较小冲击能量的多次冲击而破坏的,它受很多因素的影响。由于冲击韧度的影响因素较多,a_k 值仅作为设计时的选材参考。

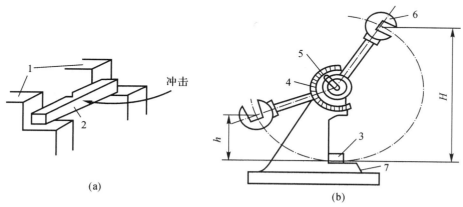

图 1-9　冲击韧度试验原理

(a)试样安装;　(b)冲击试验机

1,7—支座;　2,3—试样;　4—刻度盘;　5—指针;　6—摆锤

四、硬度

材料抵抗更硬物体压入的能力称为硬度。常用的硬度指标有布氏硬度、洛氏硬度等。

(1)布氏硬度。

布氏硬度测试是指在载荷 F 的作用下,迫使淬火钢球或硬质合金球压向被测试金属的表面,保持一定时间后卸除载荷,并形成凹痕,如图 1-10 所示。

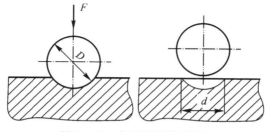

图 1-10　布氏硬度测试原理

布氏硬度值可按下式计算:

$$HBW = \frac{F}{S} = 0.12 \frac{2F}{\pi D(D - \sqrt{D^2 - d^2})} \qquad (1-5)$$

式中：F 为载荷力（N）；D 为压头的直径（mm）；d 为压痕表面的直径（mm）；S 为压痕的面积（mm^2）。

布氏硬度值的单位为 kg/mm^2 或 N/mm^2，但习惯上布氏硬度是不标单位的。

采用不同材料的压头测试的布氏硬度值，用不同的符号加以表示。当压头为淬火钢球时，硬度符号为 HBS，适用于布氏硬度值低于 450 的金属材料；当压头为硬质合金球时，硬度符号为 HBW，适用于布氏硬度值为 450～650 的金属材料。

布氏硬度试验适用于测量退火钢、正火钢及常见的铸铁和有色金属等较软材料。布氏硬度试验的压痕面积较大，测试结果的重复性较好，但操作较烦琐。

布氏硬度试验是由瑞典工程师布利涅尔（J. B. Brinell）于 1900 年提出的。

（2）洛氏硬度。洛氏硬度也是以规定的载荷，将坚硬的压头垂直压向被测金属来测定硬度的。洛氏硬度由压痕深度来计算。实际测试时，直接从刻度盘上读值。

为了适应不同材料的硬度测试，采用不同的压头与载荷组合成几种不同的洛氏硬度标尺，每一种标尺用一个字母在洛氏硬度符号后注明，如 HRA、HRB、HRC 等，几种常用洛氏硬度及应用范围见表 1-2。

表 1-2　用三种标尺的试验条件及其应用范围

标尺	硬度符号	压头类型	总载荷/N(kgf)	测量硬度范围	应用范围
A	HRA	金刚石圆锥体	588.4(60)	20～80	硬质合金、表面淬火钢等
B	HRB	$\phi1.55$ mm 钢球	980.7(100)	20～100	软钢、退火、铜合金等
C	HRC	金刚石圆锥体	1 471(150)	20～70	淬火钢、调质钢

洛氏硬度试验测试方便，操作简捷，试验压痕较小，可测量成品件，测试硬度值范围宽，采用不同标尺可测定各种软硬不同和厚薄不同的材料，但应注意，不同级别的硬度值间无可比性。由于压痕较小，测试值的重复性差，故必须进行多点测试，取平均值作为材料的硬度。

洛氏硬度试验是由洛克威尔（S. P. Rockwell）在 1919 年提出来的，它测量范围广，操作简单方便，是测量金属、塑料等材料硬度的主要手段。

第三节　钢

一、碳素钢

碳素钢是重要的钢铁材料。铁碳合金中，碳质量分数小于 2.11% 的合金称为钢。碳素钢中除 Fe、C 两个主要元素外，一般还有少量的 Mn、Si、S、P 等元素（质量检验时的五元素法）。常用的碳素钢，其 C 质量分数大多小于 1.3%。

二、碳素钢种类

（1）按碳质量分数分为：低碳钢，含碳量 $w_C \leqslant 0.25\%$；中碳钢，$0.25\% < w_C \leqslant 0.6\%$。高碳钢，$w_C > 0.6\%$。

（2）按质量分为：普通碳素钢，含硫量 $w_S \leqslant 0.055\%$，含磷量 $w_P \leqslant 0.045\%$。优质碳素钢：

含硫量 $w_S \leqslant 0.040\%$，含磷量 $w_P \leqslant 0.040\%$。高级优质碳素钢：含硫量 $w_S \leqslant 0.030\%$，含磷量 $w_P \leqslant 0.035\%$。

注：压水堆压力容器壳材料：A508Ⅲ，要求含硫量 w_S、含磷量 w_P 均小于 0.025%。

三、碳素钢的牌号及用途

(1)碳素结构钢：常用的有 Q195、Q215、Q235、Q235A 等，主要用于制造钢板、钢管、桥梁、螺帽、铆钉等。Q195：Q 表示钢材的屈服度，195 表示该材质的屈服值在 195 MPa 左右。

(2)优质碳素结构钢：常用的有 10、20、35、40 等，主要用于制造钢管、齿轮、轴、套筒(热处理)。

(3)碳素工具钢：常用的有 T7、T9、T13A 等(高级优质)，主要用于制造刃具、量具、模具、锤子(热处理)。它们的金相组织为铁素体(F)、珠光体(P)、贝氏体(B)、马氏体(M)等。

四、合金钢

1.合金钢的定义和特点

合金钢是在碳素钢的基础上，为了改善钢的力学强度、抗高温、耐低温、抗磨损、耐腐蚀等综合性能，在冶炼时特意加入多种合金元素而炼成的钢。

(1) 合金元素主要有：Si、Mn、Cr、Ni、W、Mo、V、Ti、Nb、Zr、Al、Cu、Co、N、B、Re。

(2) 合金钢的特点：

1)形成铁素体或奥氏体组织，发生固溶强化，增加过冷奥氏体稳定性，提高钢的淬透。

2)形成合金碳化物，发生析出强化，如晶界强化、弥散强化、沉淀强化等，形成 MC、M23C6 等。

2.合金钢的分类

(1)按合金元素质量分数的多少，合金钢可分为：低合金钢(总合金元素质量分数小于 5%)、中合金钢(总合金元素质量分数在 5%～10%之间)、高合金钢(总合金元素质量分数大于 10%)。

(2)按金相组织，合金钢可分为：

1)按退火组织分为：亚共析钢(F+P)、共析钢(P)、过共析钢(P+二次碳化物)。

2)按正火组织分为：珠光体钢、贝氏体钢、马氏体钢、奥氏体钢，也可称锰钢、铬钢等。

五、合金结构钢

1.低合金结构钢(普通低合金钢)

(1)用途：制造船舶、车辆、锅炉、管道、输气管线。

(2)特点：高强度、高韧性、良好的耐腐蚀、良好的耐低温性以及良好的焊接性能，主要加入 Cr、Mn、Mo、Nb、V 等元素，如：12CrMoV、10CrMo、22Mn2B 等。

2.合金渗碳钢

(1)用途：制造汽车和拖拉机等的变速齿轮、内燃机的凸轮轴、活塞销等经受摩擦磨损和交变载荷、冲击力等性能好的部件。

(2)特点：表面硬、内部韧、抗疲劳性能好，主要加入 Cr、Ti、V、W、Mo、Mn 等元素，如：20Cr、20CrMnTi、20Mn2 等。

3.合金调质钢

（1）用途：制造汽车、拖拉机、机床等重要零部件，如齿轮、轴连杆、螺栓、叶轮、转子等。

（2）特点：高的综合机械性能、高的强韧性、良好的塑性和渗透性等。碳含量一般为中碳，再加入 Cr、Mn、Mo、Si、B 等元素，如：45、45MnB、35CrSi、30Cr2MoV 等。

4.合金弹簧钢

（1）用途：制造各种弹簧和弹性元件。

（2）特点：弹性变形吸收性能好、抗震动性强、弹性极限大、渗透性好、疲劳强度高。其成分为中、高碳，再加入 Si、Mn、V、Cr 等元素，常用合金弹簧钢如：60、70、85、T90、65Mn、45Cr1MoV 等。

5.滚珠轴承钢

（1）用途：制造滚动轴承的滚动体、内（外）套圈、模具、精密量具等。

（2）特点：高的接触疲劳强度、高硬度、高耐磨性、足够的韧性及其渗透性。其成分为高碳，再加入 Cr、Si、Mn、V 等元素，如：GCr15、GCr15SiMn、GSiMnMoV 等。

六、合金工具钢

合金工具钢按用途可以分为合金刃具钢、合金模具钢和量具钢。

1.合金刃具钢

（1）用途：制造冷压模、铣刀、车刀、钻头、刨刀等。

（2）特点：抗冲击、耐高温、抗疲劳、高硬性、足够的韧性和塑性，以及渗透性。其成分为高碳，再加入 Cr、W、Mo、V 等元素，如：CrW5、CrMn、W18Cr4V 等。

2.合金模具钢

（1）用途：制造冷模具、冷挤压模、拉丝模和热模具。

（2）特点：可承受高的压力、弯曲力、冲击力、摩擦等。其成分为高碳，再加入 Cr、Mo、W、V 等元素，如：9CrWMn、Cr12MoV、6CrW2Si 等。

3.量具钢

（1）用途：制造各种测量工具，如卡尺、千分尺、塞规等。

（2）特点：耐磨损、耐腐蚀、尺寸稳定性好等。其成分为高碳，再加入 Cr、W、Mn 等元素，如：T12A、9SiCr、CrWMn、9Cr18 等。

七、特殊钢的定义

特殊钢是指具有特殊物理、化学性能的合金钢。一般认为特殊钢是指具有特殊的化学成分（合金化），采用特殊的工艺生产，具备特殊的组织和性能，能够满足特殊需要的钢。与普通钢相比，特殊钢具有更高的强度和韧性、物理性能、化学性能、生物相容性和工艺性能。

我国与日本、欧盟对特殊钢的定义比较接近，将特殊钢分成优质碳素钢、合金钢、高合金钢（合金元素大于 10%）三大类，其中合金钢和高合金钢占特殊钢产量的 70%，主要钢种有不锈钢、耐热钢、高温合金、精密合金、电热合金等。此处以不锈钢为例进行简要介绍。

（一）不锈钢的定义

（1）仅能耐大气、水汽、水等介质腐蚀的钢叫不锈钢。

（2）在酸、碱等介质中具有抗腐蚀能力的钢叫耐酸钢。

（3）凡含 Cr 量超过 12％的钢均可称为不锈钢。

（4）金属材料的腐蚀大多数属于电化学腐蚀,不锈钢主要是通过加入 Cr、Ni、Mo 、Ti、Nb 等合金元素使表面发生钝化,并增加基体相的稳定性、提高电极电位,从而具有良好的防腐性能。

（二）不锈钢的分类

不锈钢按金相组织分为以下五种类型。

1.铁素体不锈钢（F 型）

（1）特点:Cr 质量分数在 12％～32％范围内,加入 Mo 后,耐酸性提高,吸振性好。

（2）组织:铁素体（F）。

（3）牌号:0Cr13、1Cr17、00Cr12、00Cr17Mo。

（4）用途:塔器、热交换器、储罐等设备和零部件。

（5）缺点:晶界腐蚀性与焊接性较差,高温下易形成 σ 脆性相,存在三种脆性现象。

2.马氏体不锈钢（M 型）

（1）特点:Cr 质量分数在 11.5％～18.0％范围内,C 含量可大至 0.6％,加少量 Ni 可以促成 M,并提高耐蚀性,强度高。

（2）组织:马氏体（M）。

（3）牌号:1Cr12、2Cr13、T/P91、T/P92、1Cr17Ni2。

（4）用途:汽轮机叶片、排气阀、主蒸汽管、管子等。

（5）缺点:与 F 型相似,存在脆性大（粗大的原始晶粒、存在 475℃脆性现象和高温下易形成 σ 脆性相）,塑性和韧性低,晶界腐蚀性与焊接性较差。在热处理状态下难以加工,在较软的状态下加工成复杂形状后,则热处理性能较差。

3.奥氏体不锈钢（A 型）

（1）特点:在高铬不锈钢中,加入 Ni(8 ％ ～25％）,以 Cr18Ni9 为基础,再加入少量元素,如 Mo、Ti、Cu、Nb、N 等,耐热、耐蚀、易加工等。

（2）组织:奥氏体（A）。

（3）牌 号:0Cr18Ni9（304）、0Cr18Ni9Ti（321）、0Cr18Ni12Mo2（316）、0Cr18Ni11Nb（347）。

（4）用途:蒸汽管、回路管、加热器、再热器、包壳等。

（5）缺点:对 Cl^- 很敏感,容易产生晶间腐蚀、应力腐蚀、点腐蚀等隐患。

4.双相不锈钢

双相不锈钢是指由奥氏体、铁素体共同存构成的一类不锈钢。在奥氏体基体上含有积分数 ≥15％的铁素体或在铁素体基体上含有体积分数≥15％的奥氏体均可称为奥氏体＋铁素体型（双相）不锈钢。目前广泛应用的双相不锈钢,其中奥氏体和铁素体的体积分数各占比 50％。

（1）特点:在奥氏体钢的基础上通过增加 Cr 或减少 Ni,加入其他微量元素（如 Mo、Cu、N 等）发展的钢种,有良好的抗晶界腐蚀、点腐蚀、应力腐蚀的性能,高的屈服强度,焊后不需要热处理等。

（2）组织:奥氏体＋铁素体（A＋F）。

（3）牌号:00Cr18Ni14Mo2Cu2Ti,0Cr26Ni5Mo2。

（4）用途:制盐蒸发设备、冷却器、耐海水设备等。

（5）缺点：与奥氏体不锈钢相比，双相不锈钢耐热性较低，加工硬化效应大，存在中温脆性区（如 σ 相、475℃脆性），对热处理及焊接不利，加工困难。

5. 沉淀硬化型不锈钢（PH 型）

（1）特点：通过时效处理产生晶格强化，加入 Cu、Mo、Ti、Al、B 等元素形成中间相，在固溶或退火状态下基体为高位错马氏体板条，有很好的成形性、良好的焊接性和抗点蚀等性能。

（2）组织：M 型、半 A 型 和 A 型。

（3）牌号：0Cr17Ni4Cu4Nb 、Cr12Mn5Ni4Mo3Al 等。

（4）用途：用于超高强度材料和构件。

第四节 铸 铁

铸铁是一系列主要由铁、碳和硅组成的合金的总称。在这些合金中，碳含量超过了在共晶温度时能保留在奥氏体固溶体中的量。铁、碳、硅是它的主要合金元素，除此之外，还含有比碳钢较多的硫、磷和锰。铸铁价格便宜，并具有一系列的优良性能，故它广泛用于机械制造业。据统计，在各类机器中铸铁件占比 40%～70%，在重型机械中占比可达 80%～90%。

一、铸铁的分类

根据碳在铸铁中存在形式的不同，铸铁可分为以下几类：

（1）白口铸铁。碳主要以游离碳化铁的形式出现的铸铁，断口呈银白色，故得名为白口铸铁。

白口铸铁中存有大量的渗碳体，性硬而脆，难于进行切削加工，故很少用它来制造机器零件。通常白口铸铁用来制造一些对耐磨要求高的零件，如轧钢机的轧辊、球磨机的磨球、农用的犁铧等。

目前，白口铸铁主要用来作为炼钢生铁和生产可锻铸铁的毛坯。

（2）灰口铸铁。碳全部或大部分以自由态石墨（G）的形式存在于铸铁中，其断口呈暗灰色，故称灰口铸铁。在机器制造业中所应用的铸铁基本上是灰口铸铁。

（3）麻口铸铁。碳部分以游离碳化铁形式出现，部分以石墨形式出现的铸铁，断口灰白色相间，犹如麻点，故称麻口铸铁。此类铸铁有较大的硬脆性，工业上也很少使用。

工业上应用最广的是灰口铸铁，其碳大部分或全部以石墨的形式存在。根据石墨的形态不同，灰口铸铁可分为以下几类：

（1）普通灰口铸铁，亦称灰铸铁。碳主要以片状石墨的形式出现的铸铁，断口呈灰色，代号为 HT。此类铸铁的机械性能不高，但生产工艺简单，价格低廉，工业上应用最广，在各类铸铁的产量中其可占 80%以上。

（2）可锻铸铁。白口铸铁通过石墨化或氧化脱碳可锻化处理，改变其金相组织或成分而获得的有较高韧性的铸铁。可锻铸铁中的石墨以团絮状形式存在，它具有一定的塑性和韧性，但并非真正可锻。其代号为 KT。

（3）球墨铸铁。铁液经过球化处理而不是在凝固后经过热处理，使石墨大部分或全部呈球状，有时少量为团絮状。此类铸铁的机械性能较好，且可通过热处理进一步提高性能，其应用日趋广泛。其代号为 QT。

（4）蠕墨铸铁。大部分石墨为蠕虫状的铸铁，其代号为 RuT。这种铸铁是 20 世纪 70 年代发展起来的一种新型铸铁,它兼有灰铸铁的良好铸造性能和机械性能,又有较高的强度,它的应用越来越受到人们的重视。

从以上介绍我们不难看出,为了改善铸铁的性能,人们在铸铁的石墨形态上大做文章。那么,铸铁中的石墨又是如何得到的呢?

二、铸铁的石墨化过程

1.石墨化过程

石墨化过程是指铸铁中析出碳原子形成石墨的过程,亦即按 Fe-G 相图结晶的过程。铸铁中析出石墨的过程分为三个阶段:

(1)第一阶段石墨化:高于共析转变温度的石墨化过程。它包括从液态中直接结晶出石墨(过共晶铁水析出一次石墨,共晶转变中形成的共晶石墨),从奥氏体中析出的石墨以及由一次渗碳体、共晶渗碳体和二次渗碳体分解析出的石墨。

(2)第二阶段石墨化:低于共析转变温度的石墨化过程。它包括共析转变过程形成的石墨、共析渗碳体分解而形成的石墨以及由铁素体中析出的石墨。

(3)第三阶段,即共析转变阶段。它包括共析转变时,形成的共析石墨和共析渗碳体退火时分解形成的石墨。

石墨的性质:石墨的晶格形式为简单六方晶格,如图 1-2 所示。晶格的两基面间距较大,结合力弱,易滑移,故石墨的强度、塑性和韧性极低,石墨存在于铸铁中,尤如钢基体上的空洞,石墨的这种特性是塑造灰口铸铁性能的主要因素。

2.铸铁石墨化的影响因素

(1)化学成分的影响。

碳和硅是强烈促进石墨化的元素,只有碳而没有硅,难于进行石墨化,灰铸铁中碳含量为3.2%~4%,硅含量为1%~3%。硫是强烈阻止石墨化的元素,硫的增加将导致白口倾向增加、流动性下降、热脆性增加,故应严格限制,铁水中硫的含量应小于0.15%,通常冲天炉铁水中硫的含量在0.1%左右,电炉铁水硫的含量为0.04%。锰阻止石墨化,但其减弱了硫的有害作用,故又能间接地促进石墨化,所以铸铁中的锰量要适当,通常锰量在0.6%~1.3%之间。磷对石墨化的影响不大,但磷的存在造成铸铁的冷脆性,故一般铸铁中将其视为有害元素,应加以限制,磷含量应小于0.3%。

(2)冷却速度的影响。

在生产中往往发现,同一包铁水浇厚件得到灰口铸铁,而浇小件则可能得到白口铸铁,甚至浇注同一铸件,厚处是灰口铸铁,而薄处或飞边处则可能是白口铸铁。铸件厚薄不同其冷却速度不同,石墨化程度就不一样,即铸件厚度增加,冷却速度下降,石墨化程度增加。工业生产中,为获得不同程度的石墨化组织,不能调整铸件的壁厚,但可调整铁水的碳、硅的含量。

三、常用铸铁

(一)灰铸铁

在灰铸铁中碳全部或大部分以片状自由态(石墨)的形式存在,HT是应用最广的一种铸铁,在各种铸铁的总产量中,其可占80%以上。

1. 灰铸铁的成分、组织和分类

(1)化学成分。不同牌号,不同用途的灰铸铁件,其化学成分也不尽相同,铸铁中四大元素(除 Fe 外)的含量一般为 $w_C=2.7\%\sim3.6\%$,$w_{Si}=1.1\%\sim2.5\%$,$w_{Mn}=0.5\%\sim1.3\%$,$w_P<0.3\%$。

(2)组织和用途。HT 的组织是由金属基体加片状石墨组成,即

$$P+G(片块) \qquad P+F+G(片块) \qquad F+G(片状)$$

根据基体的不同,灰铸铁可以分为以下三类:

(1)珠光体灰铸铁:在共析钢的基体上分布着细小且均匀的片状石墨。在 HT 中,这类铸铁的强度、硬度最高,主要用来制造重要的铸件,如汽缸体活塞及机床床身等。

(2)P-F 灰铸铁:在亚共析钢的基体上分布着较前者粗大的片状石墨。其强度、硬度较差,但铸造时易控制,且切削性能好,用途很广,例如机座、支架、箱体、阀体、泵体以及缝纫机等。

(3)铁素体基体灰铸铁:在铁素体基体上分布着粗大的片状石墨。其强度、硬度最低,很少用来制造机器零件。但它的铸造性能好,故用来生产具有一定强度的工件,如小手柄、盖板、重锤等。

2. 灰铸铁的性能

(1)力学性能。

灰铸铁的组织相当于以钢为基体再加片状石墨。基体中含有比钢更多的硅、锰等元素,这些元素可溶入铁素体而使基体强化,因此其基体的强度与硬度不低于相应的钢。片状石墨的强度、塑性、韧性几乎为零,可近似地把它看成是一些微裂纹,它不仅割裂了基体组织的连续性,缩小了基体承受载荷的有效截面,而且在石墨的尖端容易产生应力集中,当铸铁件受拉力或冲击力作用时容易产生脆断。因此,灰铸铁的抗拉强度、疲劳强度、塑性、韧性远比相同基体的钢低得多。铸铁中石墨片的数量越多、石墨片越粗大、分布越不均匀,对基体的割裂作用和基体的应力集中现象越严重,则其抗拉强度、疲劳强度、塑性、韧性越低。

灰铸铁的性能主要取决于基体的组织和石墨的数量、形状、大小及分布状况。由于灰铸铁的抗压强度、硬度与耐磨性主要取决于基体,石墨的存在对其影响不大,因此,灰铸铁的抗压强度、硬度与相同基体的钢相似。灰铸铁的抗压强度一般是其抗拉强度的 3～4 倍。

(2)其他性能。

石墨虽然降低了灰铸铁的抗拉强度、塑性和韧性,但也正是由于石墨的存在,铸铁具有一系列其他优良性能。

1)优良的铸造性能。灰铸铁的熔点低,铸造时流动性好,收缩率小,铸造过程中不易出现缩孔、缩松现象,因此灰铸铁可以浇注出形状复杂的薄壁零件。

2)良好的减振性能。灰铸铁中的石墨对振动可起缓冲作用,可阻止振动传播,并将振动能量转化为热能,故铸铁具有良好的减振性(铸铁的减振能力比钢大 10 倍左右),常用于承受压力和振动的机床底座、机架、机身和箱体等零件。

3)良好的减摩性能。石墨本身是一种良好的润滑剂,在使用过程中石墨剥落后留下的孔隙具有吸附、储存部分润滑油的作用,使摩擦面上的油膜易于保持而具有良好的减摩性。因此承受摩擦的机床导轨、气缸体等零件可用灰铸铁制造。

4)良好的可加工性。由于石墨割裂了基体组织的连续性,因此在切削过程中容易断屑和

排屑,且石墨对刀具具有一定的润滑作用,使刀具磨损减少。

5)较低的缺口敏感性。铸铁中的石墨就相当于其本身存在了许多微小的裂纹,从而减弱了外加缺口对铸铁的作用。

3.灰铸铁的牌号

灰铸铁常用牌号有:HT100、HT150、HT200、HT250、HT300、HT350。

4.灰铸铁的热处理

热处理只能改变基体的组织,而不能改变石墨的形态,故用热处理来提高铸铁的机械性能效果不大。灰铸铁常用的热处理方法有:

(1)消除内应力退火。

(2)改善切削加工性的退火。

(3)表面淬火。

综上所述,灰铸铁有着一系列的优良性能,但略显不足的是它的机械性能,特别是抗拉强度低,原因在于石墨的存在,石墨越多、越粗大,则抗拉强度越低。为了提高灰铸铁的抗拉强度,人们在石墨的形状上大做文章,发明了各种各样的铸铁。

(二)球墨铸铁

可锻铸铁的强度高于普通灰铸铁,又具有较高的塑性和韧性,根本原因就在于石墨形状由片状变成了团絮状,减轻了石墨对基体的割裂作用,使之机械性能有了大幅度的提高。经过科学家们的不懈努力,球墨铸铁性能进一步提高,球墨铸铁自 1947 年问世以来,其优异性能就获得了认可,很快投入了工业生产。

1.组织

球墨铸铁的组织为金属基体+石墨 G(球状)。金属基体主要是铁素体和珠光体,通过热处理也可以得到 M、B 等基体,以满足不同的使用要求。

2.成分

球墨铸铁(球墨铸铁分析仪)是指铁液经球化处理后,使石墨大部分或全部呈球状形态的铸铁。

3.性能

(1)球墨铸铁由于石墨成球状,对基体的割裂作用和应力集中大大减小,故接近于钢,抗拉强度高于 45 钢,热处理后的塑性可达 $20\%\sim25\%$,但其冲击韧性低于 45 钢。

(2)具有铸铁的优良性能,成本低于 45 钢。

(3)易出现铸造缺陷,如缩孔、皮下气孔等。

(4)可通过热处理进一步改善机械性。

4.牌号和用途

(1)牌号:球墨铸铁代号为 QT,如 QT400－17,其中 17 表示伸长率(%),400 表示抗拉强度(MPA)。

(2)用途:由于球墨铸铁具有较高的机械性能,且成本比较低,故在机器制造业中得到了越来越广泛的应用,成功地代替了不少碳素钢、合金钢和可锻铸铁,用来制造一些受力复杂、机械性能要求高的零件,如曲轴、连杆等。

(三)蠕墨铸铁

蠕墨铸铁是一种新型铸铁,强度高于灰铸铁。蠕墨铸铁常用牌号有:RuT260,RuT300,

RuT340,RuT380,RuT420。

由于蠕墨铸铁兼有球墨铸铁和灰铸铁的性能,因此,它具有独特的用途,在钢锭模、汽车发动机、排气管、玻璃模具、柴油机缸盖、制动零件等方面的应用均取得了良好的效果。我国制作蠕墨铸铁所用的蠕化剂中均含有稀土元素,如稀土硅铁镁合金、稀土硅铁合金、稀土硅钙合金、稀土锌镁硅铁合金等,由此,形成了适合我国国情的蠕化剂系列。特别是我国第二汽车厂蠕墨铸铁排气管流水线的投产,标志着我国蠕墨铸铁生产已达到高水平。

第二章　金属热处理知识

第一节　热处理工艺

一、热处理工艺方法分类

热处理的工艺方法很多,大致可分为以下三大类。

(1)普通热处理,包括退火、正火、淬火、回火等。

(2)表面热处理,包括表面淬火和化学热处理(如渗碳、渗氮等)。

(3)特殊热处理,包括形变热处理和磁场热处理等。

二、热处理工艺方法

(一)退火

退火是将工件加热到一定温度,保温一定时间,然后缓慢(一般为随炉冷却或灰冷)冷却的热处理工艺。

1.退火的目的

退火的目的是降低钢的硬度,提高塑性,以利于切削加工及冷变形加工;细化晶粒,均匀钢的组织及成分,改善钢的性能或为以后的热处理作准备;消除钢中的残余内应力,以防止变形和开裂。

2.退火的种类

常用的退火方法有完全退火、球化退火、去应力退火等几种。

(1)完全退火主要用于中碳钢及低、中碳合金结构钢的锻件、热轧型材等,有时也用于焊接结构件。

(2)球化退火适用于锻造后的碳素工具钢、合金工具钢、轴承钢等,有利于切削加工或为最后的淬火处理做准备。

(3)去应力退火适用于锻造、铸造、焊接及切削加工后的工件,钢的组织不发生变化,只是消除内应力。

退火加热时,温度控制应准确,温度过低达不到退火的目的,温度过高又会造成过热、过烧、氧化和脱碳等缺陷。操作时还应注意零件的放置方法,对于细长工件的退火,最好在井式炉中垂直吊装,以防工件由于自身重力引起变形。

(二)正火

正火是将工件加热到一定温度,保温适当时间,然后出炉空冷的热处理工艺。

正火与退火的目的基本相同,但正火的冷却速度比退火快,因此正火工件比退火工件的组织细密,强度和硬度稍高,而塑性和韧性稍低,内应力消除不如退火彻底。

正火能提高退火后低碳钢和低合金钢的硬度,改善其切削加工性。当力学性能要求不高时,正火可作为最终热处理,改善钢的力学性能,或为球化退火作组织准备,或代替中碳钢和低合金钢的退火,改善它们的组织结构和切削加工性能。

正火时工件在炉外冷却,不占用设备,因此生产周期短,成本较低,一般低碳钢和中碳钢大都采用正火。

(三)淬火

淬火是将工件加热到 A_{c3} 或 A_{c3} 以上某一温度,保温一定时间后,以适当速度冷却,以获得马氏体或下贝氏体组织的热处理工艺。

1.淬火的目的

淬火的主要目的是提高钢的强度和硬度,增加其耐磨性。淬火配合高温回火,可使钢的力学性能在很大范围内得到调整,并能减小或消除淬火产生的内应力,降低钢的脆性。

2.淬火的介质

常用的淬火介质有油、水、盐水和碱水等,其冷却能力依次增加。油的冷却速度慢,可以防止工件产生裂纹等缺陷,一般用于临界冷却速度较小的合金钢零件的淬火。水的价格便宜且冷却能力强,若在水中溶入少量的盐,冷却能力更强,适用于碳钢的淬火。盐水冷却速度快,但易引起开裂,常用于形状简单的碳钢零件的淬火。

淬火操作时,除正确选择加热温度、保温时间和冷却介质外,还必须注意工件浸入淬火介质的方式,如果浸入方式不当,会使工件各部分冷却不一致,造成较大的内应力,产生变形、开裂或局部淬不硬等缺陷。

3.淬火缺陷

(1)氧化和脱碳。钢加热时,炉内氧气与钢材料表面的铁和碳相互作用,引起氧化和脱碳。造成金属承载能力、强度、硬度和疲劳强度降低。为了防止氧化和脱碳,通常在盐浴炉内加热。

(2)过热和过烧。工件过热后,晶粒粗大,钢的力学性能降低,会引起变形和开裂,故可用正火处理来纠正。过烧后的工件只能报废。为了防止过热和过烧,必须严格控制加热温度和保温时间。

(3)变形和开裂。淬火内应力是造成工件变形和开裂的原因。为了防止变形和开裂的产生,可采用不同的淬火方法或在设计上采取一些措施。

(4)硬度不足。这是在热处理过程中加热温度低、保温时间不足、冷却速度过低或表面脱碳等原因造成的。一般情况下,可采用重新淬火消除,但淬火前要进行一次退火或正火处理。

(四)回火

回火是将淬火后的工件重新加热到 A_{c1} 以下的某一温度,保温一定时间,然后冷却到室温的热处理工艺。

1.回火的目的

回火的主要目的是减小或消除内应力,降低脆性,调整工件的力学性能,稳定组织和工件。回火操作时主要应控制回火温度。回火温度越高,工件的韧性越好,内应力越小,但强度和硬度下降越多。

2.回火的种类

根据回火温度不同,回火可分为以下三种:

（1）低温回火。在加热温度为 150～250℃环境下进行的低温回火工艺,所得组织为回火马氏体。其目的是减小工件淬火后的内应力和脆性而保持其高的硬度和耐磨性,主要用于刀具、量具及冲模等。

（2）中温回火。在加热温度为 350～500℃环境下进行的中温回火工艺,所得组织为回火托氏体。其目的是提高工件的冲击韧度,使工件具有高的弹性和屈服强度,主要用于弹簧、发条、锻模等。

（3）高温回火。在加热温度为 500～650℃环境下进行的高温回火,所得组织为回火索氏体。其目的是使工件获得既有一定的强度和硬度,又有良好的塑性和韧性相配合的综合力学性能,广泛应用于轴、齿轮、连杆等重要的结构件。习惯上把淬火加高温回火的复合工艺称为调质处理。

（五）表面热处理

常见的表面热处理方法有表面淬火和化学热处理两种。

1.表面淬火

仅对工件表层进行淬火的工艺称为表面淬火。常用的表面淬火方法有感应加热表面淬火和火焰加热表面淬火。

（1）感应加热表面淬火。感应加热表面淬火是指利用感应电流通过工件所产生的热效应,使工件表层局部很快到达淬火温度,随即快速冷却的淬火工艺,如图 2-1 所示。将工件放在铜管制成的感应线圈内,给感应线圈通以一定频率的交流电,在感应线圈周围产生交变磁场,通过电磁效应在工件内产生同频率的感应电流。由于集肤效应,表层电流密度大,中心部分几乎为零。依靠电流在工件内产生的电阻热效应,使工件表层在几秒钟内就被加热到淬火温度,立即喷水冷却,即达到了表面淬火的目的。电流频率越高,淬硬层越浅。

（2）火焰加热表面淬火。火焰加热表面淬火是指利用氧-乙炔（或其他可燃气体）火焰对零件表面进行快速加热,随之快速冷却的工艺。火焰淬火的淬硬层一般为 2～6 mm。其特点是设备简单,成本低,使用方便灵活,但淬火质量不稳定。一般适合于单件或小批量生产。

2.化学热处理

化学热处理是将工件置于一定的活性介质中加热、保温,使一种或几种元素的原子渗入工件表层,以改变其化学成分、组织和性能的热处理工艺。其目的是提高零件表面的硬度、耐磨性、耐热性和耐腐蚀性,而芯部仍然保持原有的性能。常用的化学热处理方法有渗碳,渗氮和碳、氮共渗。

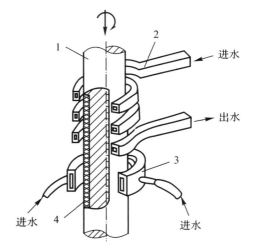

图 2-1 感应加热表面淬火示意图
1—工件; 2—加热感应器;
3—喷水套; 4—淬硬层

（1）渗碳。

渗碳可分为固体渗碳、液体渗碳和气体渗碳,生产中常用的是气体渗碳,如图 2-2 所示。

将工件装于密封的井式气体渗碳炉中,加热至900~950℃,滴入煤油、甲醇等渗碳剂,煤油分解出活性碳原子被工件表面吸收并向内部扩散,形成一定深度的渗层。多余的气体从废气管中溢出,并要点燃,以防环境污染。渗碳适用于低碳钢。当渗碳钢件淬火并低温回火后,表层可获得高硬度和高耐磨性,而芯部具有高的韧性。

（2）渗氮。

渗氮是指将零件表面渗入氮原子的过程。常用的气体渗氮方法是将工件加热至550℃左右通入氨气,分解出的活性氮原子被工件表面吸收并扩散,形成一定深度的渗氮层。渗氮处理可大大提高表面硬度、耐磨性、耐热性和耐腐蚀性及疲劳强度。渗氮加热温度低,工件变形小,但渗氮的成本高,生产周期长。渗氮主要用于处理高精度、受冲击载荷不大的耐磨件,如精密机床主轴、镗床镗杆等。

（3）碳氮共渗。

碳氮共渗是指同时向工件表面渗入碳原子和氮原子的过程,分为碳氮共渗和氮碳共渗。碳氮共渗以渗碳为主,其温度比渗碳低,零件变形小,耐磨性和疲劳寿命比渗碳高,故对某些零件可用碳氮共渗来代替渗碳。氮碳共渗以渗氮为主,其温度比渗氮高,生产周期短,成本较渗氮低,故可用于齿轮、汽缸套等耐磨性要求较高的零件。

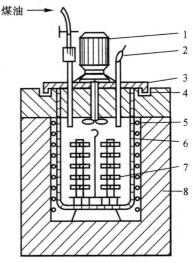

图2-2 气体渗碳示意图
1—风扇电机; 2—废气火焰;
3—炉盖; 4—砂封;
5—电阻丝; 6—耐热罐;
7—工件; 8—炉体

第二节 钢的热处理

一、钢的热处理原理

钢的热处理原理是利用钢在加热和冷却时内部组织发生转变的基本规律,根据这些基本规律和要求来确定加热温度、保温时间和冷却介质等有关参数,以达到改善材料性能的目的。热处理是机械制造中的重要工艺之一,与其他加工工艺相比,热处理一般不改变工件的形状和整体的化学成分,而是通过改变工件内部的显微组织,或改变工件表面的显微组织或化学成分,赋予或改善工件的使用性能。其特点是改善工件的内在质量,而这一般是肉眼所不能看到的。热处理之所以能使钢的性能发生变化,其根本原因是铁有同素异构转变,从而使钢在加热和冷却过程中发生组织与结构变化。

热处理的方法虽多,但任何一种热处理都是由加热、保温和冷却3个阶段组成的,因此可以用"温度-时间"曲线图表示,如图2-3所示。

通过热处理可以最大限度地发挥材料的性能潜力,提高和改善材料的性能,延长工件的使用寿命,因此,在机械制造中,大多数机械零件都要进行热处理,热处理是机械制造过程中的重要环节。

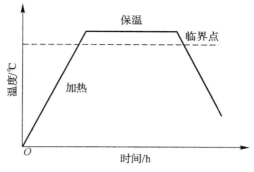

图 2-3　热处理的基本工艺曲线

二、热处理的定义、目的、分类、特点和条件

1.热处理的定义

热处理是通过加热、保温和冷却的方法,使金属的内部组织结构发生变化,从而获得所要求的性能的一种工艺方法。

2.热处理的目的

(1)消除毛坯中的缺陷,改善工艺性能,为切削加工或热处理做组织和性能上的准备。

(2)提高金属材料的力学性能,充分发挥材料的潜力,节约材料,延长零件的使用寿命。

3.热处理的特点

热处理区别于其他加工工艺(如铸造、压力加工等)的特点是只通过改变工件的组织来改变性能,而不改变其形状。

4.热处理的条件

(1)有固态相变发生的金属或合金。

(2)加热时溶解度有显著变化的合金。

热处理过程(见图 2-4)中四个重要因素为:加热速度,最高加热温度,保温时间和冷却速度。

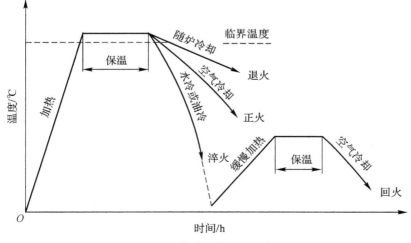

图 2-4　热处理的过程示意图

三、钢在加热时的组织转变

普通热处理中,淬火、正火、部分退火都是是将钢加热到奥氏体区,得到全部(亚共析钢)或大部分(过共析钢)奥氏体,再用不同的速度冷却,得到需要的组织和性能。

在实际工作中,为了提高生产效率,以及获得组织的需要,不可能使用极慢的加热或冷却速度,因此相变实际温度与理论温度不同。加热时,相变温度有所提高,即从 A_3 提高到 A_{c3} 线,从 A_{cm} 提高到 A_{ccm} 线,从 A_1 提高到 A_{c1} 线;冷却时,相变温度有所下降,即从 A_3 降至 A_{r3} 线,从 A_{cm} 降至 A_{rcm} 线,从 A_1 降至 A_{r1} 线。钢在加热和冷却时的临界温度如图 2-5 所示。

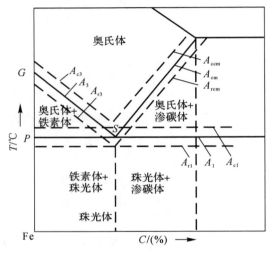

图 2-5 钢在加热和冷却时的临界温度

1. 钢的奥氏体化

既然得到奥氏体是关键的一步,下面以含碳量为 0.77% 共析钢为例,探究奥氏体的形成。

共析钢的室温组织是珠光体,它是铁素体和渗碳体的机械混合物。加热时,温度低于 A 时,组织没有变化。当温度达到 A 时,珠光体要向奥氏体转变。奥氏体晶核的形成和晶核的长大的过程是:奥氏体形核—奥氏体长大—残余渗碳体溶解—奥氏体成分均匀化,如图 2-6 所示。

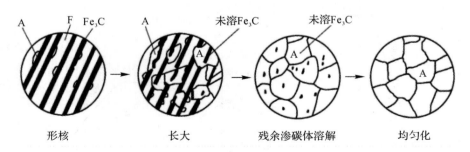

图 2-6 共析钢中奥氏体的形成过程

2.奥氏体的形成机理

（1）奥氏体的形核。

球状珠光体中：优先在 $F-Fe_3C$ 界面形核。

片状珠光体中：优先在珠光体团的界面形核，也在 $F-Fe_3C$ 片层界面形核。

（2）奥氏体的长大。

片状珠光体：奥氏体向垂直于片层和平行于片层方向长大。

球状珠光体：奥氏体的长大首先包围渗碳体，把渗碳体和铁素体隔开，然后通过 $A-F$ 界面向铁素体一侧推移，$A-Fe_3C$ 界面向 Fe_3C 一侧推移，使 F 和 Fe_3C 逐渐消失来实现长大的。A 长大方向基本垂直于片层和平行于片层。A 平行于片层的长大速度大于垂直于片层的长大速度。

（3）残余碳化物的溶解。

残余碳化物：当 F 完全转变为 A 时，仍有部分 Fe_3C 没有转变为 A，故称其为残余碳化物。

1）$A-F$ 界面向 F 的推移速度大于 $A-Fe_3C$ 界面向 Fe_3C 的推移速度。

2）刚形成的 A 平均含碳量小于 P 含碳量。

残余碳化物溶解：由 Fe_3C 中的 C 原子向 A 中扩散和铁原子向贫碳 Fe_3C 扩散，Fe_3C 向 A 晶体点阵改组实现的。

（4）奥氏体的均匀化。

奥氏体的不均匀性：即使 Fe_3C 完全溶解转变为奥氏体，碳在奥氏体中的分布仍然不均匀，表现为原 Fe_3C 区域碳浓度高，原 F 区碳浓度低。

奥氏体的均匀化：随着继续加热或继续保温，以便于碳原子不断扩散，最终使奥氏体中碳浓度均匀一致。

3.影响奥氏体转变速度的因素

影响奥氏体转变速度的因素有温度、成分、原始组织。

（1）温度的影响。

随着加热温度的提高，奥氏体的形核速度、长大速度以及原子扩散能力的增大，奥氏体的形成速度也增加。

（2）加热速度的影响。

随着加热速度的增大，奥氏体形成过程的各个阶段移向更高的温度范围，加热速度越快，珠光体的过热度越大，转变的孕育期越短，转变所需的时间越短。

（3）原始组织的影响。

片状珠光体 P 转变速度大于球状珠光体 P 的转变速度，薄片较厚片转变快。

（4）碳含量的影响。

碳的含量越高，奥氏体 A 的形成速度就越快。

（5）合金元素的影响。

1）对 A 形成速度的影响。

改变临界点位置影响碳在 A 中的扩散系数，合金碳化物在 A 中溶解难易程度的牵制，对原始组织有影响。

2）对 A 均匀化的影响。

合金钢需要更长均匀化时间。

4. 影响奥氏体晶粒长大的因素

(1)加热温度和保温时间。

随加热温度的升高,奥氏体晶粒长大速度成指数迅速增大。

加热温度升高时,保温时间应相应缩短,这样才能获得细小的奥氏体晶粒。

(2)加热速度。

加热速度快,奥氏体实际形成温度高,形核率增高,由于时间短,奥氏体晶粒来不及长大,故可获得细小的起始晶粒度。

(3)钢的碳含量的影响。

碳在固溶于奥氏体的情况下,由于提高了铁的自扩散系数,将促进晶界的迁移,使奥氏体晶粒长大。共析碳钢最容易长大。

当碳以未溶二次渗碳体形式存在时,由于其阻碍晶界迁移,所以将阻碍奥氏体晶粒长大。过共析碳钢的加热温度一般选在 $A_{cl}-A_{ccm}$ 两相区,为的就是保留一定的残留渗碳体。

(4)合金元素的影响。

1)Mn、P 促进奥氏体晶粒长大。

2)Mn 在奥氏体晶界偏聚,提高晶界能。

3)P 在奥氏体晶界偏聚,提高铁的自扩散系数。

4)强碳氮化物的形成。元素 Ti,Nb,V 形成高熔点难溶碳氮化物(如 TiC,NbN),其阻碍了晶界迁移,细化了奥氏体晶粒。

(5)原始组织。

原始组织主要影响 A 的起始晶粒。原始组织越细,起始晶粒越细小。但晶粒长大倾向大,即过热敏感性增大,不可采用过高的加热温度和过长时间保温,宜采用快速加热、短时保温的工艺方法。

四、钢在冷却时的组织转变

钢加热到奥氏体后,冷却是关键的一环。实践证明,若以不同的速度冷却到室温,其性能有很大的差别,这说明各冷却速度下其转变产物是不同的。例如含碳量为 0.77% 的共析钢,若将其加热到780℃保温,将得到单一奥氏体,如果随炉冷却(退火),则 HRC＜20,如果从加热炉中取出在空气中冷却(正火),则 HRC＝30～40,如果将其放在水中冷却,则 HRC＝62～65,显然这是组织不同的缘故。

当温度在 A_1 以上时,奥氏体是稳定的。在温度降到 A_1 以下后,奥氏体(A)即处于过冷状态,这种奥氏体称为过冷奥氏体。过冷 A 是不稳定的,会转变为其他组织。钢在冷却时的转变,实质上是过冷 A 的转变。

为了弄清楚这些差别的原因,下面以共析钢为例分析奥氏体在冷却过程中的组织转变规律。

在热处理工艺中常采用等温冷却转变和连续冷却转变两种冷却方式。

由于过冷奥氏体的冷却温度和转变时间奥氏体(A)不同,所转变的组织也不同。在不同的温度等温过程中,测出过冷奥氏体转变开始和转变终了的时间,把它们按相应的位置标记在 $t-T$ 的坐标图上,分别连接各转变开点和转变终了点,就得到形状类似字母 C 的曲线图,我们把表示过冷奥氏体的等温转变温度、转变时间与转变产物之间的关系曲线称为奥氏体等温转变曲线,又简称为"C曲线",它是分析奥氏体转变产物的依据。图2-7所示为曲线建立过程示意图共析钢奥氏体等温转变曲线建立过程示意图。

　　图2-8所示为共析钢等温转变曲线图。从图中可以看出,温度在$A_1 \sim 550℃$之间,转变产物是珠光体型组织,温度在$550 \sim 230℃$之间转产物是贝氏体型组织,温度在230℃以下,转变产物是马氏体型组织。这些组织不仅原度上有很大差别,在显微镜下观察,组织形态也有很大差别。

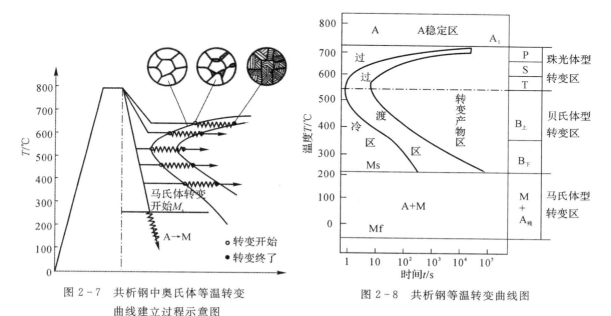

图2-7　共析钢中奥氏体等温转变　　　　　图2-8　共析钢等温转变曲线图
　　　　曲线建立过程示意图

　　引起这种差别的因素是过冷度ΔT。过冷度大,说明转变温度低,转变动力大,形核率N大,晶核长大速度v大,奥氏体的转变速度也大。如果过冷度过大,转变温度很低,虽然转变的动力还在增加,但是原子的运动能力减小,奥氏体的转变速度也就慢了。

　　1.共析钢过冷奥氏体等温转变

　　(1)高温转变。

　　珠光体转变区($A_1 \sim 550$ ℃),过冷奥氏体转变产物为珠光体型组织。

　　珠光体型组织是铁素体和渗碳体的机械混合物。渗碳体呈层片状分布在铁素体基体上。转变温度越低,层间距越小。按层间距大小分为:珠光体(P)、索氏体(S)和屈氏体(T)。

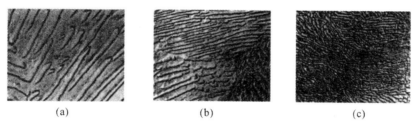

(a)　　　　　　　　　　　(b)　　　　　　　　　　　(c)

图2-9　高倍显微下珠光体、索氏体和屈氏体组织结构

(a)珠光体3 800倍;　(b)索氏体8 000倍;　(c)屈氏体8 000倍

(2) 中温转变。

贝氏体转变区(550 ℃~Ms),过冷奥氏体的转变产物为贝氏体型组织。

贝氏体是渗碳体分布在碳过饱和的铁素体基体上的两相混合物。贝氏体又分为上贝氏体和下贝氏体。

1)上贝氏体($B_上$)是温度在550~350 ℃之间转变产物。上贝氏体呈羽毛状,小片状的渗碳体分布在成排的铁素体片之间,如图2-10所示。上贝氏体强度、韧性都较差。

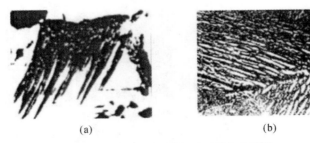

(a)   (b)

图2-10 高倍显微上贝氏体组织结构

(a)光学显微照片500X; (b)电子显微照片5 000X

2)下贝氏体($B_下$)是温度在350 ℃~Ms之间转变产物。下贝氏体亦称为"高温贝氏体"或"羽毛状贝氏体",如图2-11所示。下贝氏体在光学显微镜下为黑色针状,电子显微镜下可看到在铁素体针内沿一定方向分布着细小的碳化物颗粒。下贝氏体脆性、硬度较高。

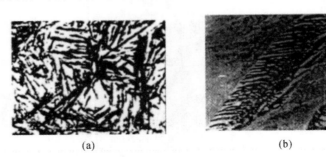

(a)   (b)

图2-11 高倍显微下贝氏体组织结构

(a)光学显微照片500X; (b)电子显微照片5 000X

第三章　铸　　造

第一节　铸造的生产工艺

一、铸造的生产工艺的特点及应用

铸造是熔炼金属,制造铸型,并将熔融的金属浇入铸型,经冷却凝固后获得具有一定形状和性能的铸件的方法。铸件是用铸造的方法获得的金属制品。铸造生产工艺具有如下特点。

(1)铸造生产适应性强。

铸件尺寸和质量不受限制,铸件形状可以非常复杂,特别是可以获得具有复杂内腔的铸件,适于铸造生产的金属材质范围广,生产批量不受限制。

(2)铸造生产成本低。

铸造生产使用的原材料来源广泛,价格便宜,铸件形状、尺寸与零件相近,节省了大量的金属材料和加工工时,废金属回收利用方便,因此铸造生产成本低。

铸造是一种古老的生产金属件的方法,也是现代工业生产制取金属制品的必不可少的重要方法。在一般机器中铸件占总质量的 $40\%\sim80\%$。铸件一般作为毛坯用,经过切削加工后才能成为零件。现在一些特种铸造方法,可以直接铸出某些零件,是零件加工余量小或无切削加工的重要发展方向。

铸造按生产方式不同,可分为砂型铸造和特种铸造。砂型铸造是用型砂紧实制成铸型生产铸件的铸造方法。砂型铸造是目前生产中最基本的而且是用得最多的铸造方法。用砂型铸造生产的铸件,约占铸件总产量的 80% 以上。学生实习期用的铸造方法就是砂型铸造。砂型铸造的生产过程如图 3-1 所示,其中制作铸型和熔炼金属是核心环节。对大型铸件的铸型和型芯在合箱前还要进行烘干。

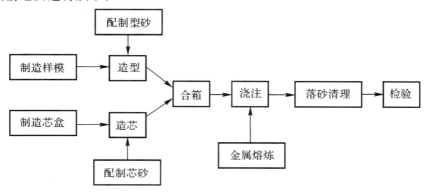

图 3-1　砂型铸造的基本过程

二、砂型的制造

1. 型砂的性能要求和组成

型砂是按一定比例配成的造型材料,是制作砂型铸造用的铸型的主要材料之一。

(1)对型砂的性能要求。

配制好的型(芯)砂应具有黏性和可塑性,可在外力作用下舂紧并塑造成砂型。浇注时型砂与高温液体金属接触,承受高温金属液流的冲刷及烘烤,因此,型砂应具有较高的强度和耐火性,以保证砂型不被冲坏和不被烧熔,避免产生冲砂、黏砂等缺陷。型砂还应具有透气性,使浇注时产生的气体能顺利地从砂粒间的孔隙排出型外,以防止产生气孔缺陷。此外,型砂还应具有退让性,以保证铸件冷却收缩时,不致因阻碍收缩使铸件产生裂纹。型砂的质量直接影响铸件的质量。在铸件废品中约50%废品的产生与型砂质量有关,因此要对型砂质量进行严格控制。

(2)型砂的组成。

为了满足型砂的性能要求,型砂由原砂、黏结剂、水及附加物按一定比例混合制成。

原砂:一般采自海、河或山地,但并非所有的砂子都能用于铸造,铸造用砂应严格筛选。

1)化学成分:原砂的主要成分是石英和少量的杂质(钠、钾、钙、铁等的氧化物)。石英的化学成分是二氧化硅(SiO_2),它的熔点高达1 700℃。砂中SiO_2含量越高,其耐火性越好。铸造用砂SiO_2含量为85%~97%。

2)粒度与形状:砂粒越大,耐火性和透气性越好。

砂粒的形状可分为圆形、多角形和尖角形。一般湿型砂多采用颗粒均匀的圆形或多角形的天然石英砂或石英长石砂。高熔点金属铸件应选用粗砂,以保证耐火性。

黏结剂:用来黏结砂粒的材料称为黏结剂,如水玻璃、桐油、干性植物油、树脂和黏土等。前几种黏结性比黏土好,但价格贵,且来源不广,因此除特殊要求的型砂,一般不用。黏土价廉且资源丰富,有一定的黏结强度,用得较多。黏土又分为普通黏土和膨润土。湿型砂普遍采用黏结性较好的膨润土,而干型多采用普通黏土。

附加物:为改善型砂的某些性能而加入的材料称为附加物,常用的有煤粉、油、木屑等。

(3)混砂过程

型砂的组成物要按一定比例配制,以保证其性能。型砂性能的好坏不仅取决于其配比,还与配砂的工艺操作有关,如加料次序、混碾时间等。混碾时间愈长的型砂性能愈好,但时间太长会影响生产。

目前工厂一般采用碾轮式混砂机进行混砂。混砂工艺过程是先将新砂、黏土和旧砂依次加入混砂机中,先干混5 min,混拌均匀后加一定量的水进行湿混约10 min,即可打开混砂机碾盘上的出砂口出砂。

已配好的型砂必须通过性能检验后才能使用。产量大的铸造车间常用型砂试验仪检验,小批量生产的车间多用手捏砂团的办法检验。手捏砂团检验:在型砂混好后用手抓一把,捏成砂团,把手放开后砂团可见清晰手纹,把砂团折断,断面比较平整,同时有一定的强度,这样的型砂就可以使用了,如图3-2所示。

在砂型铸造中,型砂用量很大。生产1 t合格的铸件大约需4~5 t型砂,其中新砂为0.5~1 t。为了降低成本,在保证质量的前提下,应尽量回收利用旧砂。

型砂湿度适当时 可用手捏成砂团　　手放开后可看出 清晰的手纹　　折断时断隙设有碎裂状 同时有足够的强度

图 3-2　手捏砂团检验

2.铸型的组成

铸型是用金属或其他耐火材料制成的组合整体,是金属液凝固后形成铸件的工具。以两箱砂型铸造为例,典型的砂型结构如图 3-3 所示,它由上砂型、下砂型、浇注系统、型腔、型芯和通气孔组成。型砂被舂紧在上、下砂箱中,连同砂箱一起,称为上砂型(上箱)和下砂型(下箱)。取出模样后砂型中留下的空腔称为型腔。上、下砂型的分界面称为分型面,一般位于模样的最大截面上。型芯是为了形成铸件上的孔或局部外形,用芯砂制成。型芯上用来安放和固定型芯的部分称为型芯头,型芯头放在砂型的型芯座中。

浇注系统是为了将熔融金属填充入型腔而开设于铸型中的一系列通道。金属液从外浇口浇入,经直浇道、横浇道、内浇道而流入型腔。因此,浇注系统包括外浇口、直浇道、横浇道、内浇道。型腔最高处开通气孔,以观察金属液是否浇满,也可排出型腔中的气体。被高温金属包围后型芯产生的气体则由型芯通气孔排出,而型砂中的气体及部分型腔中的气体则由通气孔排出。有的铸件为了避免产生缩孔缺陷,在铸件厚大部分或最高部分设有补缩冒口。

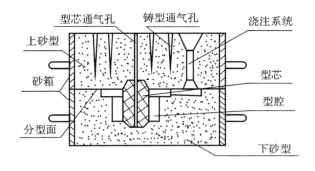

图 3-3　典型的砂型结构

3.造型方法

制作砂型的方法分为手工造型和机器造型两种类型。机器造型制作的砂型型腔质量好,生产效率高,但只适用于成批或大批量生产条件。手工造型具有机动、灵活的特点,应用仍较为普遍。

第二节　手工造型

一、手工造型的基本方法

手工造型是指全部用手工或手动工具制作铸型的造型方法。根据铸件结构、生产批量和生产条件，可采用不同的手工造型方案。手工造型根据模样特征分为整模造型、分模造型、假箱造型、活块造型、刮板造型及三箱造型等。

1. 整模造型

铸件是一个整体，分型面是平面，铸型型腔全部在半个铸型内，这种造型称为整模造型。整模造型的样式较为简单，是一种极为常见的造型方式，铸件不会产生铸型缺陷，如图 3-4 所示。

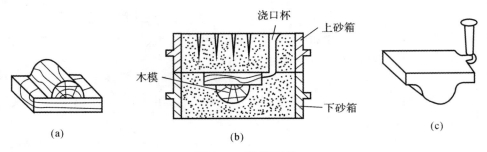

图 3-4　整模造型

(a)木模；　(b)合箱；　(c)铸件和浇冒口

2. 分模造型

当铸件的最大截面不在铸件的端部时，为了便于对铸件造型和起模，要将模样要分成两半或几部分，这种造型称为分模造型。当铸件的最大截面在铸件的中间时，应采用两箱分模造型，模样从最大截面处分为两个部分，如图 3-5 所示。

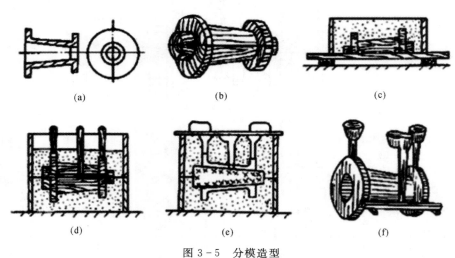

图 3-5　分模造型

(a)零件图；　(b)模样；　(c)造下型；　(d)造上型；　(e)合箱；　(f)铸件和浇冒口

3.假箱造型

当铸件的外部轮廓为曲面,其最大截面不在端部,且模样又不能很方便地分成两份或多份时,就应将模样做成整体,造型时挖掉妨碍取出模样的那部分型砂,这种造型方法称为挖砂造型。挖砂造型的分型面为曲面,造型时为了保证顺利起模,必须把砂挖到模样最大截面处。手轮的挖纱造型如图 3-6 所示。

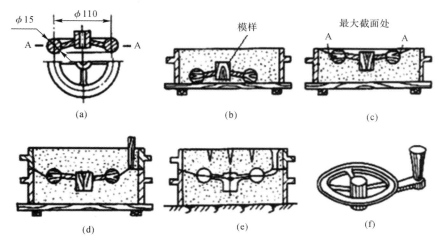

图 3-6 手轮的挖沙造型

(a)零件图; (b)造下型; (c)翻转下型,挖出分型面; (d)造上型; (e)起模后合型; (f)带浇注系统的铸件

4.活块造型

活块造型是将铸件上妨碍起模的部分做成活块,随后用销子或燕尾结构使活块与模样主体形成可拆连接,如图 3-7 所示。首先起模时先取出模样主体,活块模仍留在铸型中,起模后再从侧面取出活块。活块造型主要用于带有突出部分而妨碍起模的铸件、单件小批量、手工造型的场合。

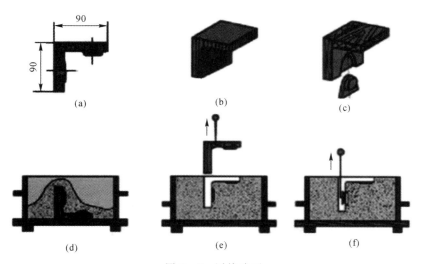

图 3-7 活块造型

(a)零件; (b)铸件; (c)模样; (d)造下砂型; (e)取出模样主体; (f)取出活块

5. 刮板造型

刮板造型是用刮板代替铸模来刮出铸型的造型方法,主要用于铸造某些形状简单的铸件,如飞轮、车轮。刮板模是指用一块或者几块模板制作成与零件外形相同的刮板,使其沿着导板框作直线或曲线运动,可制成砂型。

刮板造型如图 3-8 所示,其可以降低模样成本,缩短生产准备时间,但要求操作技能高,铸件尺寸精度低、生产率低,故只适用于中小批生产、尺寸较大的回转体铸件,如皮带轮、齿轮等。

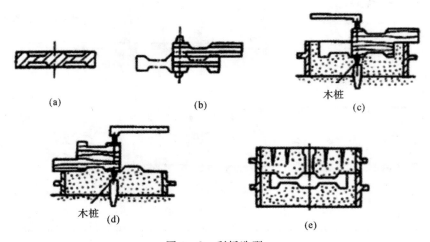

(a)   (b)   木桩 (c)

木桩 (d)   (e)

图 3-8 刮板造型

(a)铸件; (b)刮板(轮廓与铸件形状相吻合); (c)刮制下砂型; (d)刮制上砂型; (e)合型

6. 三箱造型

造型时用三个或三个以上的砂箱造型的方法叫多箱造型。三箱造型是针对高度较高或结构复杂的铸件用三个砂箱制造铸型的方法。三箱造型相比两箱造型多了一个中砂箱。

铸件高度较高或结构复杂时,起模会遇到困难,此时往往采用多箱造型,其中多采用三箱造型。图 3-9 所示零件为双凸缘皮带轮,若只有一个分型面是不可能把模样取出来的。若采用三个砂箱、两个分型面,模样就能方便取出。

三箱造型不只是用在形状复杂的铸件上,有时为了便于春砂、修型、安放砂芯以及开型设浇口和合型,也常用三箱造型。根据铸件结构及工艺的不同,也可分别制作下型或上型。

分型面多了,不仅增加了造型和合型的工作量,也增加了错箱的可能性,因此在选用时应注意。

二、手工造型工具及辅助工具

砂箱一般采用铸铁制造,常做成长方形框架结构。但脱箱造型的砂箱一般用木材制造,也可用铝做成。砂箱的作用是便于砂型的翻转、搬运和防止金属液将砂型冲垮等。两箱造型中放在下面的叫下箱,放在上面的叫上箱。上、下箱要配对,箱口要平,定位装置要准确。砂箱的尺寸应使砂箱内侧与模样和浇口及顶部之间应留有 30～100 mm 距离,称之为吃砂量。吃砂量的大小应视模样大小而定。如果砂箱选择过大,耗费型砂、增加春砂工时、增大劳动强度;砂箱过小,模样周围春不紧,在浇注时容易跑火。

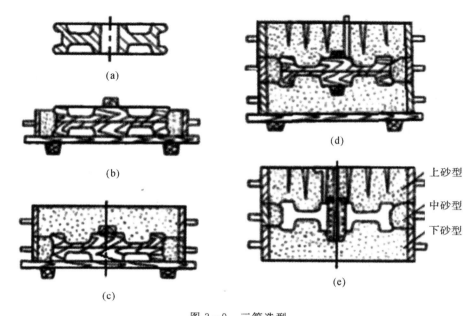

图 3-9 三箱造型

(a)带轮铸件; (b)春制中砂型; (c)春制下砂型; (d)春制上砂型; (e)合型后的砂型

底板是一块具有一个光滑工作面的平板,造型时用来托住模样、砂箱和型砂。底板可用硬木、铝合金或铸铁制成。

1.造型工具

(1)手工造型的常用工具如图 3-10 所示。

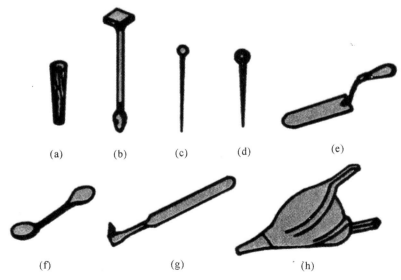

图 3-10 手工造型的常用工具

(a)捣砂锤; (b)直浇道棒; (c)通气孔针; (d)起模针; (e)镘刀; (f)秋叶; (g)砂勾; (h)皮老虎

1) 捣砂锤:用来舂实型砂,砂冲子一头尖一头平。舂砂时应先用尖头,最后用平头。

2) 直浇道棒:由平直的木板或铁板制成。在型砂舂实后,用来刮去高出砂箱的型砂。

3) 通气孔针:又叫气眼针,用来在砂箱上扎出通气孔眼。通气针的直径为 2~10 mm,其值随砂型大小而选定。

4) 起模针:用来取出砂型中的模样。工作端为尖锥形的是起模针,用于取出较小的木制模样;工作端为螺纹的是起模钉,用于取出较大的模样。

5) 镘刀:主要用来修整砂型型腔的内外圆角、方角、圆形和弧形面等。

6) 秋叶:它的两头均为匙形,用来修复砂型型腔的曲面或窄小凹曲面。

7) 砂勾:修模深的底部或侧面及钩出砂型中散砂。

8) 皮老虎:用来吹去散落在型腔内的型砂。

(2) 造型操作的一般顺序。

以轴瓦座的模样为例来说明造型操作的一般顺序。

1) 安放造型用的底板、模样和砂箱。

放稳底板,清除板上的散砂,按考虑好的方案将模样放在底板上的适当位置。套上砂箱,并把模样放在箱内的适当位置。如果模样容易粘住型砂,造成起模困难时,要撒上一层防黏材料。

2) 填砂和紧实。

填砂时必须将型砂分次加入。先在模样表面撒上一层面砂,将模样盖住,然后加入一层背砂。对于小砂箱每次加砂厚度为 50~70 mm,过多舂不紧,过少也舂不实且浪费工时。第一次加砂时用手将模样按住,并用手将模样周围的砂塞紧,以免舂砂时模样在砂箱内移动,或造成模样周围砂层不紧,起模时损坏砂型。

舂砂是一项技术较强的操作,这在湿型浇注时尤为重要。它对铸件的质量和生产效率影响很大。舂砂的目的是使砂型具有一定硬度(紧实度),在搬运、起模、浇注时不致损坏,但砂型不可舂得过硬,否则透气性下降,气体排出困难时易产生气孔。整个砂型的硬度应分布合理:①箱壁和箱挡处的型砂要比模样处舂得硬些,这既不影响砂型的气体逸出,又可以防止砂型在搬运、翻转时塌箱。②下型要比上型舂得硬些,这是因为金属液对型腔表面的压强是与深度成正比的,越往下压强越大,如果砂型硬度不够,铸件会产生胀砂缺陷。

舂砂时应按一定路线进行,一般按顺时针方向,以保证砂型各处紧实度均匀,并注意不要撞到模样上,以免损坏模样,用尖头砂冲将分批填入的型砂逐层舂实,然后填入高于砂箱的型砂,再用平头砂冲舂实。

3) 翻型和修整分型面。

用刮板刮去多余型砂,使砂箱表面和砂箱边缘平齐。如果是上砂型,在砂型上用通气孔针扎出通气孔。将已造好的下砂箱翻转 180° 后,用刮刀将模样四周砂型表面(分型面)压平,撒上一层分型砂。撒砂时手应距离砂箱稍远一些,一边转圈一边摆动使分型砂从五个指缝中缓慢而均匀地撒下来。最后用皮老虎或掸笔刷去模样上的分型砂。

4) 放置上砂箱、浇冒口模样并填砂紧实。

将上箱在下箱上放好,必要时在模样上撒上防黏材料。放好浇口棒,加入面砂,铸件如需补缩,还要放上冒口棒。填上背砂,用尖头砂冲子舂实,再加上一层砂,用砂冲平头舂实。

5) 修整上砂型型面,开箱,修整分型面。

用刮板刮去多余的型砂,用刮刀修光浇冒口处型砂。用通气孔针扎出通气孔,取出浇口棒,并在直浇口上部挖一个倒喇叭口作为外浇口。没有定位销的砂箱要用泥打上泥号,以防合箱时偏箱,泥号应位于砂箱壁上两直角边最远处,以保证 X、Y 方向均能准确定位。将上型翻转 $180°$ 放在底板上。扫除分型砂,用水笔沾些水,刷在模样周围的型砂上,以增加这部分型砂的强度,防止起模时损坏砂型。刷水时不要使水停留在某一处,以免浇注时因水太多而产生大量水蒸气,使铸件产生气孔。

6)起模。

起模针位置尽量与模样的重心铅垂线重合。起模前用小锤轻轻敲打起模针的下部,使模样松动,以利于起模,然后将模样垂直拔出。

7)修型。

起模后,型腔如有损坏,可使用各种修型工具将型腔修好。修模时可将修补处用水润湿一下,将型砂填好。

8)挖砂开浇口。

浇口是将浇注的金属液引入型腔的通道。浇口的质量将影响铸件的质量。浇口通常由外浇口、直浇道、横浇道、内浇道四部分组成。有些简单的小型铸件可省去横浇道和内浇道,金属液由直浇道直接进入型腔。开浇口应注意以下几点:

A.应使金属液能平稳地流入型腔,以免冲坏砂型和型芯。

B.为了将金属液中的熔渣等杂质留在横浇道中,一般内浇道不要开在横浇道的尽头和上面。

C.内浇道的数目应根据铸件大小和壁厚而定。简单的小铸件可开一道内浇道,而大、薄壁件要多开几道内浇道。

D.浇口要做得表面光滑,形状正确,防止金属液将砂粒冲入型腔中。

E.在铸件厚大部分,为防止缩孔需要加冒口进行补缩。冒口的大小应视铸件的壁厚和材料而定。

9)合箱紧固。

合箱时应注意使砂箱保持水平下降,并且应对准合箱线,防止错箱。浇注时如果金属液浮力将上箱顶起则会造成跑火,因此要进行上、下型箱紧固。

A.用压箱铁紧固。

B.用卡子或螺栓紧固。

三、确定浇注位置和分型面

(一)浇注位置的选择

浇注位置是指浇注时铸件在铸型中所处的空间位置。浇注位置关系到铸件的质量能否得到保证,也涉及铸件尺寸精度及造型工艺过程。浇注位置选择的主要原则如下:

(1)重要面朝下或设置为侧面,如图 3-11 和图 3-12 所示。

(2)零件的大平面朝下,如图 3-13 所示。

(3)大薄壁向下或垂直或倾斜,如图 3-14 所示。

(4)厚部位在上,如图 3-15 所示。

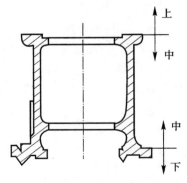

图 3-11　铸铁床身的浇注位置

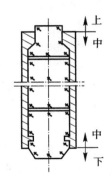

图 3-12　卷扬筒的浇注位置

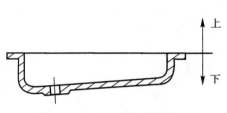

图 3-13　曲轴箱的浇注位置

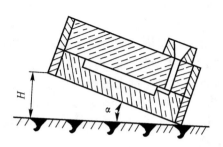

图 3-14　大平板类铸件浇注位置

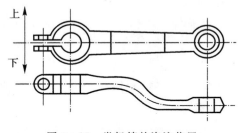

图 3-15　卷扬筒的浇注位置

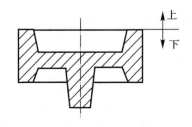

图 3-16　分型面选择

(二)分型面的选择

1.分型面及表示的方法

分型面是指上、下铸型相互接触的表面。分型面在很大程度上影响着铸件的尺寸精度、成本和生产率。分型面的选择如图 3-17 所示。

2.分型面选择的原则

(1)应使铸件全部或大部分位于同一砂型内,或使主要加工面与加工的基准面处于同一砂型中,以防错型,保证铸件尺寸精度,便于造型和合型操作,如图 3-18 所示。

(2)应尽量减少分型面的数量,最好只有一个分型面。

(3)应尽量使型腔和主要型芯处于下型,以便造型、下芯、合型及检验型腔尺寸。

(4)应尽量选用平直面作分型面,少用曲面,以简化制模和造型工艺。

(5)应尽量减少型芯和活块的数量,以简化制模、造型、合型等工序。

(6)分型面应选在铸件的最大截面处,以保证能从铸型中取出模样,而不损坏铸型。具体选择铸件分型面时,为保证铸件质量,应尽量避免合型后翻转砂型,如图3-18所示。

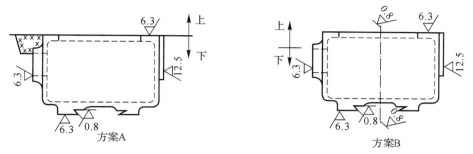

图3-17 机床身铸件(型腔、型芯位于下箱)

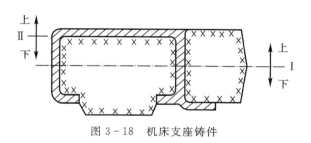

图3-18 机床支座铸件

四、浇注系统

1.浇注系统的组成及作用

浇注系统是为填充型腔和冒口而开设于铸型中的一系列通道,通常由浇口环、直浇道、横浇道和内浇道组成。

浇注系统的作用是:

(1)保证熔融金属平稳均匀、连续地充满型腔。

(2)阻止熔渣、气体和沙粒随熔融金属进入型腔。

(3)控制铸件的凝固顺序,即顺序凝固、同时凝固、综合凝固。

(4)供给铸件冷凝收缩是所需补充的金属溶液(补缩)。

(5)避免氧化与形成二次渣。

(6)结构简单、造型方便,减少金属消耗。

典型浇注系统的结构如图3-19所示。

直浇道提供必要的充型压力,保证铸件轮廓、棱角清晰。

横浇道具有良好的阻渣能力。

内浇道具有位置、方向和个数符合铸件的凝固原则或补缩方法。内浇道应满足金属液在规定的浇注时间内充满型腔。金属液进入型腔时应避免飞溅、冲刷型壁或砂芯。

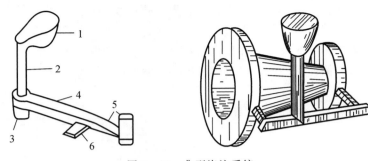

图 3-19 典型浇注系统

1—浇口环； 2—直浇道； 3—直浇道窝； 4—横浇道； 5—末端延长段； 6—内浇道

2.浇注系统的基本要求

浇注系统是在铸型中使液态金属充填型腔的通道,浇注系统设置不当,常使铸件产生冲砂、夹砂、缩孔、缩松、裂纹、冷隔以及气孔等多种缺陷,甚至会使铸件报废。因此,正确地设计浇注系统对提高铸件质量及降低生产成本具有重要意义。

对浇注系统的基本要求是:

(1)所确定的内浇道的位置、方向和个数应符合铸件的凝固原则或补缩方法。

(2)在规定的浇注时间内充满型腔。

(3)提供必要的充型压力头,保证铸件轮廓、棱角清晰。

(4)使金属液流动平稳,避免严重紊流,防止卷入、吸收气体和使金属过度氧化。

(5)具有良好的阻渣能力。

(6)金属液进入型腔时线速度不可过高,避免飞溅、冲刷型壁或砂芯。

(7)保证型内金属液面有足够的上升速度,以免形成夹砂结疤、皱皮、冷隔等缺陷。

(8)不破坏冷铁和芯撑的作用。

(9)浇注系统的金属消耗小,并容易清理。

(10)减小砂型体积,造型简单,模样制造容易。

五、铸件常见的缺陷

1.熔炼金属清理与检验

(1)熔炼金属。

在浇注之前还要熔炼金属。根据不同的金属材料采用不同的熔炼设备。对于铸铁件而言,常采用冲天炉进行熔炼,对于一些合金铸铁,则采用工频炉或中频炉熔炼。对于铸钢而言,一般采用三相电弧炉进行熔炼,在一些中小型工厂,近年来也采用工频炉或中频炉进行熔炼。对于铜、铝等有色金属一般采用坩埚炉或中频感应炉进行熔炼。在铸造实习中,熔化的铝合金就是采用坩埚炉熔化的。不管采用什么样的炉子熔炼金属材料,都要保证金属材料的化学成分和温度符合要求,这样才能获得合格的铸件。

(2)浇注。

在获得合格的金属液之后就可以进行浇注了。将熔融金属从浇包浇入铸型的过程称为浇注。浇注时应注意:①浇注温度;②浇注速度;③估计好金属液的质量;④挡渣;⑤引气。

(3)落砂、清理、检验。

浇注后经过一段时间的冷却,将铸件从砂箱中取出,这一过程称为落砂。从铸件上清除表面粘砂和多余的金属(包括浇冒口、飞边、毛刺、氧化皮等)的过程称为清理。

1)浇冒口的去除,对于铸铁等脆性材料,用敲击法;对于铝、铜铸件,常采用锯割来切除浇冒口;对于铸钢件,常采用氧气切割、电弧切割、等离子体切割切除浇冒口。

2)型芯的清除,可采用手工清除,用风铲、钢凿等工具进行铲削,也可采用气动落芯机、水力清砂等方法清除。铸件表面可采用风铲、滚筒、抛光机等进行清理。

对清理好的铸件要进行以下检验:

1)表面质量检验。

2)化学成分检验。

3)力学性能检验。

4)内部质量检验,采用超声波、磁粉探伤、打压等方法进行。

2. 铸件的缺陷

铸造生产中,影响铸件质量的因素很多,常见的铸件缺陷有如下几种:

(1)孔洞类:有气孔、缩孔、缩松等。

(2)裂纹类:冷裂、热裂、冷隔等。

(3)表面类:夹砂、粘砂等。

(4)残缺类:浇不足等。

(5)形状尺寸类:变形、错型等。

(6)夹杂类:夹渣、砂眼等。

(7)铸件成分及性能类:化学成分、金相组织、力学性能不合格等。

第三节　机　器　造　型

一、机器造型的原理

机器造型是采用模板进行两箱造型的。模板是将模型、浇注系统沿分型面与底板连接成一个整体的专用模具,造型后底板形成分型面,模型形成铸型型腔。

机器造型是现代化铸造车间生产的基本方式。它可大大提高劳动生产率,铸件尺寸精确,表面光洁,加工余量小,同时可大大改变铸造车间的落后面貌,改善工人的劳动条件。在大批量生产中,尽管机器造型所需要的设备、专用砂箱和模板投资较大,但铸件的成本还是能显著降低。

机器造型是采用模板进行两箱造型的。模板是将模型、浇注系统沿分型面与底板连接成一个整体的专用模具,造型后底板形成分型面,模型形成铸型型腔。

机器造型的实质是用机器代替手工紧砂和起模。造型机的种类很多,目前常用震压式造型机等。常见的机器造型方式为震压造型及射压造型。

震击部分为弹簧微震式,降低机器对地基的影响;起模机构采用单缸起模,同步性好;控制部分全部采用气动元件来实现整体功能,操作简单、维护方便;操作方便,可视砂型情况,操作程序可人性化,极大地提高生产率,如图 3-20 所示。

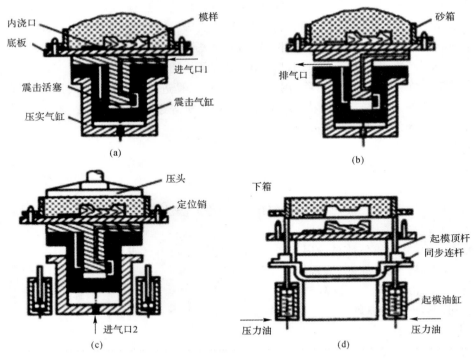

图 3-20　震压造型机的工作过程
(a)填砂；　(b)震击紧砂；　(c)辅助压实；　(d)起填

　　射压造型机是利用压缩空气将型砂均匀地射入砂箱预紧实,然后施加压力进行压实。常用的有垂直分型无箱射压造型机和水平分型脱箱射压造型机。垂直分型无箱射压造型机造型不用砂箱,型砂直接射入带有模板的造型室,所造砂型尺寸精度高,因砂箱两面都有型腔,生产率很高,但下芯比较困难,故对型砂质量要求高。水平分型脱箱射压造型机利用砂箱进行造型,砂型造好后合型脱箱,下芯比较方便,生产率高,如图 3-21 所示。

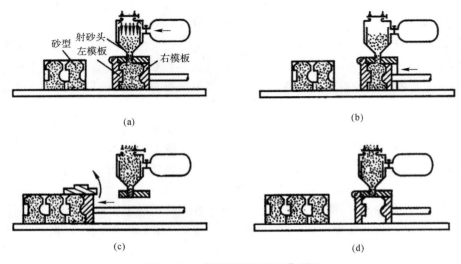

图 3-21　射压造型机的工作原理

二、机器造型的特点

机器造型的特点是生产率高,劳动条件好,铸件尺寸精确,表面光洁,加工余量小,用于大批量生产。机器造型存在的缺点是生产成本高,准备时间长,不能采用三箱造型,不适合大型铸件的生产。机器造型适合于中、小铸件的大批量生产。

第四节 特种铸造

除普通砂型铸造以外的铸造方法通称为特种铸造。它具有铸件精度和表面质量高、铸件内在性能好、原材料消耗低、工作环境好等优点。

一、熔模铸造(失蜡铸造)

熔模铸造又称失蜡铸造。

1.熔模铸造的工艺过程

(1)压型制造。压型[见图3-22(b)]是用来制造蜡模的专用模具,它是用根据铸件的形状和尺寸制作的母模[见图3-22(a)]制造的。当铸件精度高或大批量生产时,压型一般用钢、铜合金或铝合金经切削加工制成;对于小批量生产或铸件精度要求不高时,可采用易熔合金(锡、铅等组成的合金)、塑料或石膏直接向母模上浇注而成。

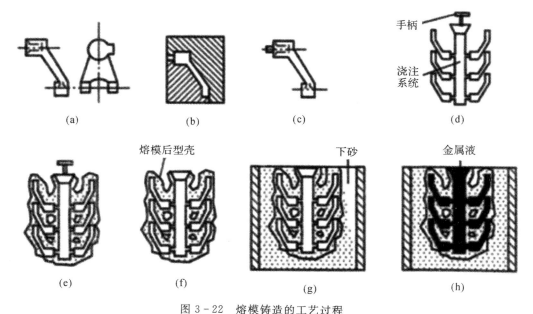

图3-22 熔模铸造的工艺过程

(a)母模; (b)压型; (c)蜡模; (d)焊成蜡模组; (e)烧壳; (f)熔模; (g)造型、熔烧; (h)浇注

(2)制造蜡模。蜡模材料常用50%石蜡和50%硬脂酸配制而成。将蜡料加热至糊状,在一定的压力下压入型腔内,待冷却后,从压型中取出得到一个蜡模[见图3-22(c)]。为提高生产率,常把数个蜡模熔焊在蜡棒上,形成蜡模组[见图3-22(d)]。

（3）制造型壳。在蜡模组表面浸挂一层以水玻璃和石英粉配制的涂料，然后在上面撒一层较细的硅砂，并放入固化剂（如氯化铵水溶液等）中硬化。使蜡模组外面形成由多层耐火材料组成的坚硬型壳（一般为 4～10 层），型壳的总厚度为 5～7 mm［见图 3-22(e)］。

（4）熔化蜡模（脱蜡）。通常将带有蜡模组的型壳放在 80～90℃的热水中，使蜡料熔化后从浇注系统中流出，形成脱蜡后的型壳［见图 3-22(f)］。

（5）型壳的焙烧。把脱蜡后的型壳放入加热炉中，加热到 800～950℃，保温 0.5～2 h，烧去型壳内的残蜡和水分，洁净型腔。为使型壳强度进一步提高并防止型壳变形，可将其置于砂箱中，周围用粗砂充填，即造型［见图 3-22(g)］，然后进行焙烧。

（6）浇注。将型壳从焙烧炉中取出后，周围堆放干砂，加固型壳，然后趁热（600～700℃）浇入合金液，并凝固冷却［见图 3-22(h)］。

（7）脱壳和清理。用人工或机械的方法去掉型壳、切除浇冒口，清理后即得铸件。

2.熔模铸造的特点和应用

熔模铸造的特点如下：

（1）由于熔模铸型精密，没有分型面，型腔表面极为光洁，故铸件精度高、表面质量好，是少、无切削加工工艺的重要方法之一。如熔模铸造的涡轮发动机叶片，铸件精度已达到无加工余量的要求。

（2）可制造形状复杂的铸件，其最小壁厚可达 0.3 mm，最小铸出孔径为 0.5 mm。对由几个零件组合成的复杂部件，可用熔模铸造一次铸出。

（3）铸造合金种类不受限制，用于高熔点和难切削合金成型时更具显著的优越性，如高合金钢、耐热合金等合金成型。

（4）生产批量基本不受限制，既可成批、大批量生产，又可单件、小批量生产。

（5）工序繁杂，生产周期长，原辅材料费用比砂型铸造高，生产成本较高，铸件不宜太大、太长，一般限于 25 kg 以下。

熔模铸造的应用：生产汽轮机及燃气轮机的叶片、泵的叶轮、切削刀具，以及飞机、汽车、拖拉机、风动工具和机床上的小型零件。

二、金属型铸造

金属型铸造是将液体金属在重力的作用下浇入金属铸型，以获得铸件的一种方法。铸型可以反复使用几百次到几千次，所以又称永久型铸造。

1.金属型的结构与材料

根据分型面位置的不同，金属型可分为垂直分型式、水平分型式和复合分型式三种结构。其中垂直分型式金属型开设浇注系统和取出铸件比较方便，易实现机械化，应用较广，如图 3-23所示。图 3-24 是铸造铝合金活塞用的垂直分型式金属型。

制造金属型的材料的熔点一般应高于浇注合金的熔点。如浇注锡、锌、镁等低熔点合金，可用灰铸铁制造金属型；浇注铝、铜等合金，则要用合金铸铁或钢制金属型。金属型用的芯子有砂芯和金属芯两种，有色金属铸件常用金属型芯。

2.金属型的铸造工艺措施

由于金属型导热速度快，没有退让性和透气性，直接浇注易产生浇不到、冷隔等缺陷及内应力和变形，且铸件易产生白口组织，为了确保获得优质铸件和延长金属型的使用寿命，必须采取下列工艺措施：

（1）预热金属型，减缓铸型冷却速度。

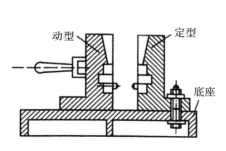

图 3-23　垂直分型式金属型图

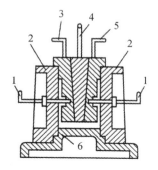

图 3-24　铝合金活塞用垂直分型式金属型简图
1—销孔金属型芯；　2—左右半型；
3,4,5—分块金属型芯；　6—底型

（2）表面喷刷防粘砂耐火涂料，以减缓铸件的冷却速度，防止金属液直接冲刷铸型。

（3）控制开型时间，浇注时正确选择浇注温度和浇注速度，浇注后，待铸件冷凝后，应及时从铸型中取出，防止铸件开裂。通常铸铁件出型温度为 780～950℃，开型时间为 10～60 s。

3. 金属型铸造的特点及应用范围

金属型铸造的特点如下：

（1）尺寸精度高，尺寸公差等级为 IT12～IT14，表面质量好，表面粗糙度 Ra 值为 12.5～6.3 μm，机械加工余量小。

（2）铸件的晶粒较细，力学性能好。

（3）可实现一型多铸，提高了劳动生产率，且节约了造型材料。

（4）金属型的制造成本高，不宜生产大型、形状复杂和薄壁铸件。

（5）由于冷却速度快，铸铁件表面易产生白口组织，切削加工困难。

（6）受金属型材料熔点的限制，熔点高的合金不适宜用金属型铸造。

金属型铸造的应用范围：铜合金、铝合金等铸件的大批量生产，如活塞、连杆、气缸盖等。铸铁件的金属型铸造目前也有所发展，但其尺寸限制在 300mm 以内，质量不超过 8 kg，如电熨斗底板等。

三、压力铸造

压力铸造（简称"压铸"）是在高压作用下，使液态或半液态金属以较高的速度充填金属型型腔，并在压力的作用下成型和凝固而获得铸件的方法。

1. 压铸机和压铸工艺过程

压铸是在压铸机上完成的，压铸机根据压室工作条件不同，分为冷压室压铸机和热压室压铸机两类。热压室压铸机的压室与坩埚连成一体，而冷压室压铸机的压室与坩埚是分开的。冷压室压铸机又可分为立式和卧式两种，目前以卧式冷压室压铸机应用较多，其工作原理如图 3-25 所示。压铸铸型称为压型，分为定型和动型。将定量金属液浇入压室，柱塞向前推进，金属液经浇道压入压铸模型腔中，经冷凝后开型，由推杆将铸件推出，完成压铸过程。冷压室压铸机,可用于压铸熔点较高的非铁金属,如铜、铝和镁合金等。

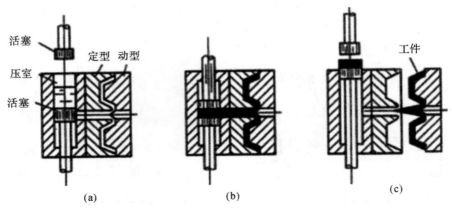

图 3-25 卧式冷压室压铸机压力铸造原理
(a)合型浇注; (b)压射; (c)开型顶件

2.压力铸造的特点及其应用

压铸具有如下优点:

(1)压铸件尺寸精度高,表面质量好,尺寸公差等级为 IT10~IT12,表面粗糙度 Ra 值为 3.2~0.8 μm,可不经机械加工直接使用,而且互换性好。

(2)可以压铸壁薄、形状复杂及具有直径很小的孔和螺纹的铸件,如锌合金的压铸件最小壁厚可达 0.8 mm、最小铸出孔直径可达 0.8 mm、最小可铸螺距达 0.75 mm,还能压铸镶嵌件。

(3)压铸件的强度和表面硬度较高。由于是在压力的作用下结晶,且冷却速度快,故铸件表层晶粒细密,其抗拉强度比砂型铸件高 25%~40%,但伸长率有所下降。

(4)生产率高,可实现半自动化及自动化生产。

压铸具有如下缺点:

(1)气体难以排出,压铸件易产生皮下气孔,压铸件不能进行热处理,也不宜在高温下工作。

(2)金属液凝固快,厚壁处来不及补缩,易产生缩孔和缩松。

(3)设备投资大,铸型制造周期长、造价高,不宜小批量生产。

压铸的应用:锌合金、铝合金、镁合金和铜合金等铸件,汽车及拖拉机制造业、仪表和电子仪器工业、农业机械、国防工业、计算机、医疗器械等制造业。

四、离心铸造

离心铸造是指将熔融金属浇入旋转的铸型中,使液体金属在离心力的作用下充填铸型并凝固成型的一种铸造方法。

1.离心铸造的类型

铸型采用金属型或砂型。离心铸造机通常可分为立式离心铸造和卧式离心铸造两大类,其工作原理如图 3-26 所示。铸型绕水平轴旋转的称为卧式离心铸造,适合浇注长径比较大的各种管件;铸型绕垂直轴旋转的称为立式离心铸造,适合浇注各种盘、环类铸件。

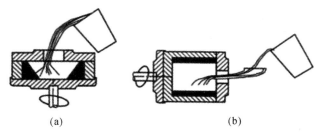

图 3-26　离心铸造机原理图
(a)立式离心铸造；　(b)卧式离心铸造

2. 离心铸造的特点及应用范围

离心铸造的特点如下：

(1)液体金属能在铸型中形成中空的自由表面,不用型芯即可铸出中空铸件,简化了套筒、管类铸件的生产过程。

(2)可提高金属充填铸型的能力。一些流动性较差的合金和薄壁铸件都可以用离心铸造法生产。

(3)由于离心力的作用,气体和非金属夹杂物也易于自金属液中排出,产生缩孔、缩松、气孔和夹杂等缺陷的概率较小。

(4)无浇注系统和冒口,节约金属。

(5)可进行双金属铸造,如钢套内镶铜轴承等。

(6)铸件内表面较粗糙,内孔的尺寸不精确,需采用较大的余量,铸件易产生成分偏析和密度偏析。

离心铸造的应用：主要用于大批量生产的各种铸铁和铜合金的管类、套类、环类铸件和小型成型铸件,如铸铁管、气缸套、铜套、双金属轴承、特殊钢的无缝管坯、造纸机滚筒等。

第五节　铸件结构设计

一、铸造工艺对铸件结构的要求

铸件结构的设计应尽量使制模、造型、制芯、合型和清理等工序简化,提高生产率。铸件设计应遵循以下原则。

1. 铸件的外形必须力求简单、造型方便

(1)避免外部侧凹。铸件在起模方向上若有侧凹,必将增加分型面的数量,使砂箱数量和造型工时增加,也使铸件容易产生错型,影响铸件的外形和尺寸精度。如图 3-27(a)所示的端盖,由于上、下法兰的存在,铸件产生侧凹,铸件具有两个分型面,所以必须采用三箱造型,或增加环状外型芯,使造型工艺复杂。改为图 3-27(b)所示的结构,取消了上部法兰,使铸件只有一个分型面,可采用两箱造型,显著提高了造型效率。

(2)凸台、肋板的设计。设计铸件侧壁上的凸台和肋板时,要考虑到起模方便,尽量避免使用活块和型芯。图 3-28(a)(b)所示的凸台均妨碍起模,故应将相近的凸台连成一片,并延长到分型面；如图 3-28(c)(d)所示,就不需要活块和活型芯,便于起模。

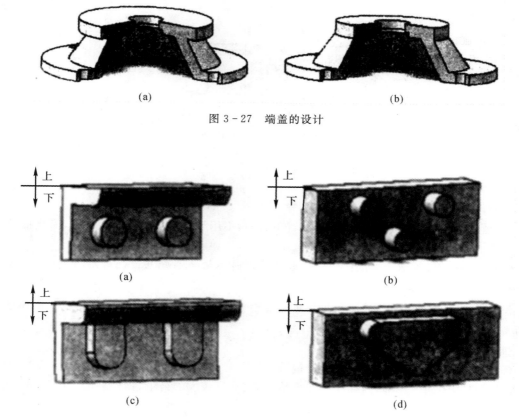

图 3 - 27　端盖的设计

图 3 - 28　凸台、肋板的设计

2.合理设计铸件内腔

铸件的内腔通常由型芯形成,型芯处于高温金属液的包围之中,工作条件恶劣,极易产生各种铸造缺陷。故在设计铸件内腔时,尽可能地避免或减少型芯。

(1)尽量避免或减少型芯。图 3 - 29(a)所示为悬臂支架采用方形中空截面,为形成其内腔,必须采用悬臂型芯,型芯的固定、排气和出砂都很困难。若改为图 3 - 29(b)所示工字形开式截面,可省去型芯。

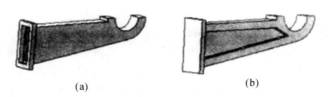

图 3 - 29　悬臂支架
(a)不合理；　(b)合理

(2)型芯要便于固定、排气和清理。型芯在铸型中的支撑必须牢固,否则型芯可能经不住浇注时金属液的冲击而产生偏芯缺陷,造成废品。如图 3 - 30(a)所示的轴承架铸件,其内腔采用两个型芯,其中较大的呈悬臂状,需用型撑来加固;改为图3-30(b)所示的结构,则可采用一个整体型芯形成铸件的空腔,型芯能很好地固定,而且下芯、排气、清理都很方便。

(3)应避免封闭内腔。图3-31(a)所示的铸件为封闭空腔结构,其型芯的安放、排气及清砂均较困难,结构工艺性差。改为图3-31(b)所示的结构,较为合理。

图3-30　轴承架铸件　　　　　　　　图3-31　铸件结构避免封闭内腔示意图
　(a)不合理；(b)合理　　　　　　　　　　(a)不合理；(b)合理

3．分型面尽量平直

分型面如果不平直,造型时必须采用挖砂或假箱造型,生产率低。图3-32(a)所示的杠杆铸件的分型面是不直的,分型面设计为如图3-33(b)所示的平面,方便制模和造型。

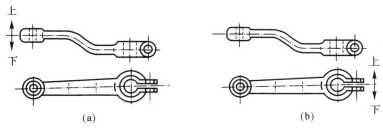

图3-32　杠杆铸件结构
(a)不合理；(b)合理

4．铸件要有结构斜度

铸件垂直于分型面的不加工表面,应设计出结构斜度,如图3-34(b)所示,有结构斜度在造型时容易起模,不易损坏型腔。图3-34(a)为无结构斜度,是不合理结构。

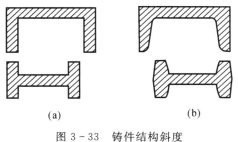

图3-33　铸件结构斜度
(a)不合理；(b)合理

铸件的结构斜度和起模斜度不同:结构斜度是在零件的非加工面上设置的,直接标注在零件图上,且斜度值较大;起模斜度是在零件的加工面上设置的,在绘制铸造工艺图或模样图时使用,切削加工时将被切除。

二、合金铸造性能对铸件结构的要求

1.合理设计铸件壁厚

铸件的壁厚越大,越有利于液态合金充填型腔,但是随着壁厚的增加,铸件心部的晶粒变得粗大,且易产生缩孔、缩松等缺陷;铸件壁厚减小,有利于获得细小晶粒,但不利于液态合金充填型腔,容易产生冷隔、浇不到等缺陷。为了获得完整、光滑的合格铸件,铸件壁厚设计应大于该合金在一定铸造条件下所能得到的最小壁厚。表3-1列出了砂型铸造条件下铸件的最小壁厚。

表3-1 砂型铸造铸件最小壁厚的设计 单位:mm

铸件尺寸	砂型铸造铸件最小壁厚					
	铸钢	灰铸铁	球墨铸铁	可锻铸铁	铝合金	铜合金
<200×200	5~8	3~5	4~6	3~5	3~3.5	3~5
200×200~500×500	10~12	4~10	8~12	6~8	4~6	6~8
>500×500	15~20	10~15	12~20	…	…	…

当铸件壁厚不能满足力学性能要求时,常采用带加强肋结构的方法,如图3-34所示。

(a) (b)

图3-34 采用加强肋减小铸件的壁厚

(a)不合理结构; (b)合理结构

2.壁厚应尽可能均匀

如图3-35所示,在设计铸件时,应力求做到壁厚均匀。所谓壁厚均匀,是指铸件的各部分具有冷却速度相近的壁厚,故内壁的厚度要比外壁厚度小一些。

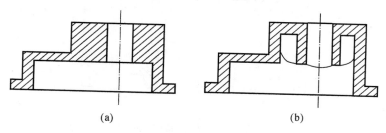

(a) (b)

图3-35 铸件的壁厚设计

(a)壁厚不均匀; (b)壁厚均匀

3.铸件壁的连接方式要合理

(1)铸件壁之间的连接应有结构圆角。直角转弯处易形成冲砂、砂眼等缺陷,同时也容易在尖锐的棱角部分形成结晶薄弱区。此外,直角处还因热量积聚较多(热节)容易形成缩孔、缩松,如图 3-36 所示。因此要合理地设计内圆角和外圆角。铸造圆角的大小应与铸件的壁厚相适应,数值可参考表 3-2。

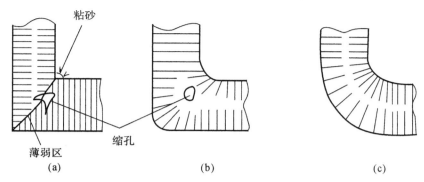

图 3-36　直角与圆角对铸件质量的影响
(a)不好;　(b)较差;　(c)良好

表 3-2　铸件的内圆角半径 R 值

$(a+b)/2$	<8 mm	8～12 mm	>12～16 mm	>16～20 mm
铸铁	4	6	8	10
铸钢	6	6	8	10
$(a+b)/2$	>20～27 mm	>27～35 mm	>35～45 mm	>45～60 mm
铸铁	10	12	16	20
铸钢	12	16	20	25

(2)铸件壁厚不同的部分进行连接时,应力求平缓过渡,避免截面突变,以减小应力集中,防止产生裂纹,如图 3-37 所示。

(a)　　　　　　　　(b)

图 3-37　铸件壁厚的过渡形式
(a)不合理;　(b)合理

(3)连接处避免集中交叉和锐角[见图 3-38(a)(b)]。当铸件两壁交叉时,中、小铸件采用交错接头,大型铸件采用环形接头,如图 3-38(c)所示。当两壁必须锐角连接时,要采用图 3-38(d)所示的过渡形式。

4.避免大的水平面

铸件上的大平面不利于液态金属的充填,易产生浇不到、冷隔等缺陷,而且大平面上方的砂型受高温金属液的烘烤,容易掉砂而使铸件产生夹砂等缺陷,金属液中气孔、夹渣上浮滞留在上表面,产生气孔、渣孔。例如,将图 3-39(a)所示的水平面改为图 3-39(b)所示的斜面,则可减少或消除上述缺陷。

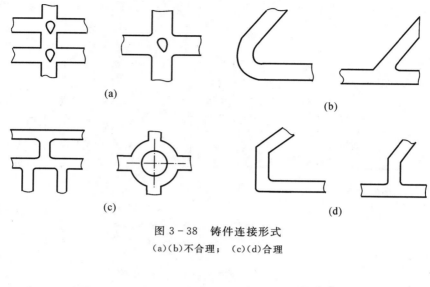

图 3-38 铸件连接形式

(a)(b)不合理； (c)(d)合理

图 3-39 避免大水平壁的结构

(a)不合理； (b)合理

5. 避免铸件收缩受阻

设计铸件结构时,应尽量使其自由收缩,避免冷却凝固过程中铸件内部产生应力,导致变形和裂纹的产生。如图 3-40 所示的轮形铸件,轮缘和轮毂较厚,轮辐较薄,铸件冷却收缩时,极易产生热应力。图 3-40(a)所示的轮辐对称分布,虽然制作模样和造型方便,但因收缩受阻易产生裂纹,故应改为图 3-40(b)所示的奇数轮辐或图 3-40(c)所示的弯曲轮辐,可利用铸件微量变形来减少内应力。

图 3-40 轮辐的设计

(a)不合理； (b)合理； (c)合理

以上介绍的只是砂型铸造铸件结构设计的特点,在特种铸造方法中,应根据每种不同的铸造方法及其特点进行相应的铸件结构设计。

三、不同铸造方法对铸件结构的要求

对于采用特种铸造方法生产的铸件,不同的铸造方法对铸件结构有着不同的要求。除了考虑上述铸件结构的合理性和铸件结构的工艺性等一般原则外,还必须充分考虑由不同特种铸造方法的特点所决定的一些特殊要求。

1. 熔模铸件

(1)便于蜡模的制造。如图 3-41(a)所示,铸件的凸缘朝内,注蜡后无法从压型中取出型芯,使蜡模制造困难,而改成图 3-41(b)所示的结构,取消凸缘则可克服上述缺点。

(2)尽量避免大平面结构。当功能所需必须有大的平面时,应在大平面上设计工艺肋或工艺孔,以增强型壳的刚度,如图 3-42 所示。

(3)铸件上的孔、槽不能太小和太深。过小或过深的孔、槽,使制壳时涂料和砂粒很难进入蜡模的孔洞内形成合适的型腔,同时也给铸件的清砂带来困难。一般铸孔直径应大于 2 mm(薄件壁厚大于 0.5 mm)。

(4)铸件壁厚不可太薄。一般为 2~8 mm。

(5)铸件的壁厚应尽量均匀。熔模铸造工艺一般不用冷铁,少用冒口,多用直浇口直接补缩,故要求铸件壁厚均匀,不能有分散的热量,并使壁厚分布符合顺序凝固的要求,以便利用浇口补缩。

(a)   (b)

图 3-41 便于抽出型芯的设计
(a)不合理; (b)合理

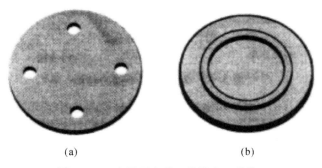

(a)   (b)

图 3-42 大平面上的工艺孔和工艺肋

2. 金属型铸件

(1)铸件结构一定要保证能顺利出型。为保证铸件能从铸型中顺利取出,铸件结构斜度应较砂型铸件大。图 3-43 是一组合理结构和不合理结构的示例。

(a)　　　　　　　　　　　　　(b)

图 3-43　金属型铸件

(a)不易抽芯；　(b)便于抽芯

（2）金属型导热快，为防止铸件出现浇不足、缩松、裂纹等缺陷，铸件壁厚要均匀，也不能过薄（Al-Si 合金壁厚为 2～4 mm，Al-Mg 合金壁厚为 3～5 mm）。

（3）铸孔的孔径不能过小、过深，以便于金属型芯的安放和抽出。通常铝合金的最小铸出孔径为 8～10 mm，镁合金和锌合金的最小铸出孔径均为 6～8 mm。

3. 压铸件

（1）压铸件上应尽量避免侧凹和深腔，以保证从压型中顺利取出压铸件。图 3-44 所示的压铸件的两种设计方案中，图 3-44(a) 所示的结构因侧凹朝内，侧凹处无法抽芯；改为图 3-44(b)所示的结构后，侧凹朝外，可按箭头方向抽出外型芯，这样铸件便可从压型中顺利取出。

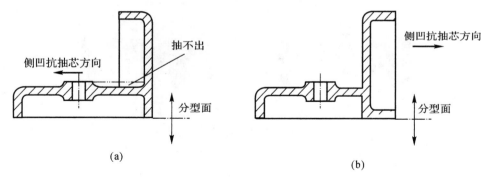

(a)　　　　　　　　　　　　　(b)

图 3-44　压铸件的两种设计方案

(a)不合理；　(b)合理

（2）应尽可能采用薄壁并保证壁厚均匀。由于压铸工艺的特点，金属浇注和冷却速度都很快，厚壁处不易得到补缩而形成缩孔、缩松。压铸件应有适宜的壁厚，锌合金的壁厚为 1～4 mm，铝合金壁厚为 1.5～5 mm，铜合金为 2～5 mm。

（3）对于复杂而无法取芯的铸件或局部有特殊性能（如耐磨、导电、导磁和绝缘等）要求的铸件，可采用镶嵌铸法，把镶嵌件先放在压型内，然后和压铸件铸合在一起。为使嵌件在铸件中可靠连接，应将嵌件镶入铸件的部分制出凹槽、凸台或滚花等。

第四章 焊 接

第一节 焊接的基本知识

一、焊接的概念及应用

焊接是通过加热或加压,或两者并用并且用或不用填充材料,使工件达到原子结合的一种加工方法。其主要的加工材料是金属。

焊接是现代工业生产中不可缺少的先进制造技术,随着科学技术的发展,焊接技术越来越受到各行各业的密切关注,广泛应用于制作机构、冶金、电力、锅炉和压力容器,以及建筑、桥梁、船舶、汽车、电子、航空航天、军工和军事装备等生产部门。

二、焊接的分类

焊接种类繁多,新的方法仍在不断涌现,对焊接方法进行分类的依据也有所不同。有的根据焊接方法的热源和保护方法来分类,有的根据工艺特征来分类,由此出现了一元坐标法、二元坐标法、族系法等分类方法。其中最常见的是族系法,即按照焊接工艺特征来进行分类。即按照这种分类方法,可以把焊接方法分为熔焊、压焊和钎焊三大类,在每一大类方法中又分成若干小类。

熔焊是在焊接过程中,将焊件接头加热至融化状态而不加压力完成的焊接方法,如气焊、手工电弧焊等。

压焊是在焊接过程中,对焊件施加压力(加热或不加热)以完成焊接的方法,如电阻焊、摩擦焊等。

钎焊是在焊接过程中,采用比母材熔点低的金属材料作钎料,将焊件和钎料加热到高于钎料但低于母材熔点的温度,利用液态钎料润湿母材,充填接头间隙并与母材相互扩散实现连接焊件的方法。

三、焊接生产的特点

(1)可减轻结构质量,节省金属材料。

(2)可以制造双金属结构。

(3)能化大为小,以小拼大。

(4)结构强度高,产品质量好。

(5)焊接时噪声小,工人劳动强度低,伸长率大,易于实现机械化和自动化。

(6)由于焊接过程是一个不均匀的加热和冷却过程,焊接后会产生焊接应力与变形。

第二节 手工电弧焊

一、手工电弧焊的特点

手工电弧焊是利用手工操纵焊条进行焊接的电弧焊方法,简称"手工弧焊"。其特点是:

(1)设备简单。

(2)操作灵活方便。

(3)能进行全位置焊接,适合焊接多种材料。

(4)不足之处是生产效率低、劳动强度大。

什么叫电弧?在两电极间的气体介质中强烈而持久的放电现象称为电弧。电弧放电时,产生高温的同时产生强光。手弧焊就是利用电弧产生的高温熔化焊条和焊件,使两块分离的金属熔合在一起,从而获得牢固的接头。

手工电弧焊是以焊条和焊件作为两个电极,被焊金属称为焊件或母材。焊接时因电弧的高温和吹力作用使焊件局部熔化,在被焊金属上形成一个椭圆形充满液体金属的凹坑,这个凹坑称为熔池。随着焊条的移动,熔池冷却凝固后形成焊缝,焊缝表面覆盖的一层渣壳称为熔渣。焊条熔化末端到熔池表面的距离称为电弧长度。从焊件表面至熔池底部的距离称为焊透深度,如图4-1所示。

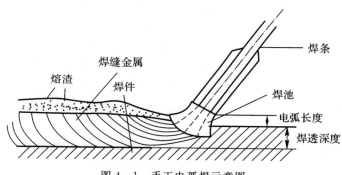

图4-1 手工电弧焊示意图

焊接过程中,出现了熔池和熔渣。焊接时,焊条垂直正下方最亮的部分是熔池,而暗红色、流动性较好的液体是熔渣。当焊条向前移动时,新的母材熔化,原熔池和熔渣凝固、形成焊缝和熔渣。

二、手工电弧焊所用的设备和工具

1. 设备

手工电弧焊的主要设备是电焊机,手工电弧焊时所用的电焊机实际上就是一种弧焊电源,按产生电流种类的不同,这种电源可分为弧焊变压器(交流)、直流弧焊发电机及弧焊整流器(直流)。

(1)弧焊变压器。它实际上是一种特殊的降压变压器。它将220 V或380 V的电源电压降到60~80 V(即焊机的空载电压)以满足引弧的需要。焊接时电压会自动下降到电弧正常工作所需的电压(30～40 V)。输出电流从几十安到几百安,可根据需要调节电流的大小。弧焊变压器结构简单,价格便宜,工作噪声小,使用可靠,维修方便,应用很广。其缺点是焊接时电弧不稳定。

(2)直流弧焊发电机是由交流电动机和直流发电机组成的,电动机带动发电机旋转,发出满足焊接要求的直流电。直流弧焊发电机焊接时电弧稳定,焊接质量较好,但结构复杂,噪声大,价格高,不易维修。因此,其只应用在对电流有要求的场合。另外,因耗材多,耗电大,故这种以电动机驱动的弧焊发电机我国已不再生产。

(3)弧焊整流器。近年来,弧焊整流器也得到了普遍应用。它是通过整流器把交流电转变成直流电。它既克服了交流电焊机电弧稳定性不好的缺点,又比一般直流弧焊发电机结构简单,维修容易,噪声小。

用直流弧焊电源焊接时,由于正极和负极的热量不同,所以分为正接和反接两种方法,如图 4-2 所示。把焊条接负极,称为正接法;反之称为反接法。焊接厚板时,一般采用直流正接法,这时电弧中的热量大部分集中在焊件上,有利于加快焊件熔化,保证足够的熔深。焊接薄板时,为了防止烧穿,常采用反接法。

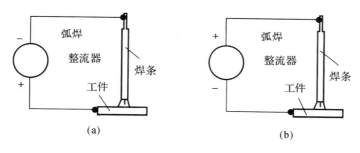

图 4-2 直流弧焊电源
(a)正接; (b)反接

手工电弧焊机的型号应符合国标的规定,手工电弧焊机的型号应按国标规定编制。手工电弧焊机的型号由汉语拼音字母和阿拉伯数字组成,型号的编制次序及含义如图 4-3 及表 4-1 所示。

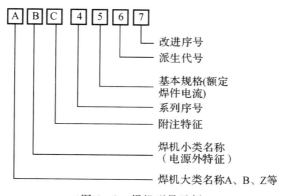

图 4-3 焊机型号示例

表 4-1　电焊机型号代表字母及数字

大类		小类		基本规格
名称	代号	名称	代号	
焊接发电机	A	下降特性 平特性 多特性	X P D	额定电流/A
焊接变压器	B	下降特性 平特性	X P	额定电压/V
焊接整流器	Z	下降特性 平特性 多特性	X P D	额定电流/A

2.工具

焊接电缆:它是焊接专用电缆线,用紫铜制成,要求有一定的截面积,良好的导电性、绝缘性和柔软性。其作用是传导电流。

焊钳:它的作用是夹持焊条和传导电流。

面罩:它的作用是保护眼睛和面部,以免弧光的灼伤。

刨锤:用以清掉覆盖在焊缝上的焊渣。

三、电焊条

1.焊条的组成和作用

焊条由焊芯(金属芯)和药皮组成。

(1)焊芯是焊接专用的金属丝,是组成焊缝金属的主要材料。焊接时焊芯的主要作用是:① 作为一个电极传导电流和引燃电弧。②熔化后作为填充金属与熔化后的母材一起形成焊缝。为了保证焊缝质量,对焊缝金属的化学成分有较严格的要求。因此,焊芯都是专门冶炼的,碳、硅含量较低,硫、磷极少。

(2)焊条的直径用焊芯的直径来表示,焊条直径的规格有 $\phi 1.6$ mm、$\phi 2.5$ mm、$\phi 3.2$ mm、$\phi 4$ mm、$\phi 5$ mm、$\phi 6$ mm 几种,长度为 $200\sim 550$ mm 不等。学生实习中常用焊条直径为 $\phi 3.2$ mm,长度为 350 mm。

2.焊条药皮的主要作用

(1)机械保护:利用药皮熔化后释放出的气体和形成的熔渣隔离空气,防止有害气体侵入熔化金属。

(2)冶金处理:去除有害杂质(如氧、氢、硫、磷),添加有益的合金元素,使焊缝获得合乎要求的化学成分和机械要求。

(3)改善焊接工艺性能:使电弧燃烧稳定,飞溅少,焊缝成形好,易脱渣等。

3.电焊条的分类

(1)根据焊条药皮的性质不同,焊条可以分为酸性焊条和碱性焊条两大类。药皮中含有大量酸性氧化物(TiO_2、SiO_2等)的焊条称为酸性焊条。药皮中含有大量碱性氧化物(CaO、

Na_2O等)的称为碱性焊条。酸性焊条能交、直流两用,焊接工艺性能较好,但焊缝的力学性能,特别是冲击韧度较差,适用于一般低碳钢和强度较低的低合金结构钢的焊接,是应用最广的焊条。碱性焊条脱硫、脱磷能力强,药皮有去氢作用。焊接接头含氢量很低,故又称为低氢型焊条。碱性焊条的焊缝具有良好的抗裂性和力学性能,但工艺性能较差,一般用直流电源施焊,主要用于重要结构(如锅炉、压力容器和合金结构钢等)的焊接。

(2)按焊条的用途不同,焊条可分为结构钢焊条(碳钢焊条及低合金焊条)、不锈钢焊条、铸铁电焊条、耐热钢电焊条、低温电焊条、堆焊焊条、铜和铜合金、镍和镍合金、铝和铝合金焊条等,其中结构钢焊条应用最广。

4. 碳钢焊条的编制

焊条型号是指国家标准中规定的焊条代号 GB/T 5117—1995《碳钢焊条》中,碳钢焊条的型号由字母"E"加四位数字组成。字母"E"表示焊条;前两位数字表示熔敷金属抗拉强度的最小值,碳钢焊条分 E43(熔敷金属抗拉强度≥420 MPa)和 E50(熔敷金属抗拉强度≥490 MPa)两个系列;第三位数字表示焊条的焊接位置,"0"及"1"表示焊条适用于全位置焊接(平、立、仰、横焊),"2"表示焊条适用于平焊及平角焊,"4"表示焊条适用于向下立焊;第三位和第四位数字组合时表示焊接电流种类及药皮类型,见表 4-2。

表 4-2 焊接电流种类及药皮类型

数字	药皮类型	焊接电源种类与极性
00	特殊型	交流或直流正反接
01	钛铁矿型	交流或直流正反接
03	钛钙型	交流或直流正反接
08	石墨型	交流或直流正反接
10	高纤维素钠型	直流反接
11	高纤维素钠型	交流或直流反接
12	高钛钠型	交流或直流正接
13	高钛钾型	交流或直流正反接
23	铁粉钛钙型	交流或直流正反接
28	铁粉低氢型	交流或直流反接

四、手工电弧焊技术

1. 电焊机的接线方法

电焊机一般采用图 4-4 所示的接线方法。

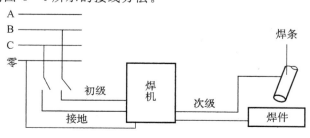

图 4-4 电焊机接线方法

2.电弧的引燃方法

手工电弧焊的引燃方法是接触法。具体应用时又可分为划擦法和敲击法两种。划擦法引弧动作似划火柴,对初学者来说易于掌握,但容易损坏焊件表面。敲击法引弧由于焊条端部与焊件接触时处于相对静止的状态,故操作不当,容易造成焊条粘住焊件。此时,只要将焊条左右摆动几下就可以脱离焊件。

3.运条

电弧引燃后,迅速将焊条提起 $2\sim4$ mm 进行焊接,焊接时应有三个基本动作:

(1)焊条中心向熔池逐渐送进,以维持一定的弧长。焊条的送进速度应与焊条熔化的速度相同,否则会产生断弧或焊条与焊件粘连的现象。

(2)焊条的横向摆动,以获得一定的焊缝宽度。

(3)焊条沿焊接方向逐渐移动,移动速度的快慢影响焊缝的成形。

手工电弧常用的运条方法有以下几种:

(1)直线形运条法,即"——→"。由于焊条不做横向摆动,电弧较稳定,能获得较大的熔深,但焊缝的宽度较窄。

(2)锯齿形运条法,即" WWWWW "。锯齿形运条法是焊条端部做锯齿形摆动,并在两边稍作停留(但要注意防止要边)以获得合适的熔宽。

(3)环形运条法,即" ◎◎◎◎◎◎ "。环形运条法是焊条端部做环形摆动。

4.焊缝的起头和收尾

(1)焊缝的起头。焊缝的起头就是指开始焊接的部分,由于引弧后不可能迅速使这部分金属温度升高,所以起点部分的熔深较浅,焊缝余高较高。为了减少这种现象,可以采用较长的电弧对焊缝的起头处进行必要的预热,然后适当地缩短电弧的长度再转入正常焊接。

(2)焊缝的收尾。焊缝收尾时,由于操作不当往往会形成弧坑,降低焊缝的强度,产生应力集中或裂纹。为了防止或减少弧坑的出现,焊接时通常采用以下三种方法:

1)划圈收弧法,适合于厚板焊接的收尾。

2)反复断弧收尾法,适合于薄板和大电流焊接的收尾。

3)回焊收弧法,适合于碱性焊条的收尾。

五、焊接的工艺参数

焊接的工艺参数(也称焊接规范)。手工电弧焊的工艺参数通常包括焊条类型及直径、焊接电流、电弧电压、焊接速度和焊接角度。

1.焊条直径的选择

为了提高生产效率,应尽可能地选用大直径的焊条,但是焊条直径大往往会造成未焊透和焊缝成形不良。焊条直径的选择通常可以从以下几个方面考虑:

(1)焊件的厚度。厚度较大的焊件应选用较大直径的焊条。

(2)焊缝的位置。平焊时应选用较大直径的焊条。立焊、横焊、仰焊时为减小热输入,防止熔化金属下淌,应采用小直径焊条并配合小电流焊接。

(3)焊接层数。多层焊时为保证根部焊透,第一层焊道应采用小直径焊条焊接,以后各层可以采用较大直径焊条焊接,以提高生产率。

(4)接头形式。搭接接头、T形接头多用作非承载焊缝,为提高生产效率应采用较大直径的焊条。

2.焊接电流的选择

增大焊接电流能提高生产率。使熔深增大,但电流过大易造成焊缝咬边和烧穿等缺陷,降低接头的机械性能。焊接时,焊接电流的选择可以从以下几个方面考虑:

(1)根据焊条直径和焊件厚度选择。焊条直径越大,焊件越厚,要求焊接电流越大。平焊低碳钢时,焊接电流 I(单位 A)与焊条直径 D(单位 mm)的关系式为

$$I = (35 \sim 55)D$$

(2)根据焊接位置的选择。在焊条直径一定的情况下,平焊位置要比其他位置焊接时选用的焊接电流大。

3.电弧电压的选择(电弧长度的选择)

电弧电压的大小是由弧长来决定的。电弧长则电压高,电弧短则电压低。在焊接过程中应采用不超过焊条直径的短电弧。否则会出现电弧燃烧不稳、保护不好、飞溅大、熔深小等现象,还会使焊缝产生未焊透、咬边和气孔等缺陷。

4.焊接速度的选择

单位时间内完成的焊缝长度称为焊接速度。焊接速度过快或过慢都将影响焊缝的质量。焊接速度过快,熔池温度不够,易造成未焊透、未融合和焊缝过窄等现象。焊接速度过慢,易造成焊缝过厚、过宽或出现焊穿等现象。掌握合适的焊接速度有两个原则:一是保证焊透,二是保证要求的焊缝尺寸。

5.焊条角度的选择

一般为了方便焊接时保持角度,都会把焊条弯成弧形状与焊接面呈 60°左右焊接,由下而上焊接。

6.焊缝的接头形式、空间位置及坡口

(1)焊缝的接头形式。

手工电弧焊的接头形式有对接、搭接、角接和 T 形接四种,如图 4-5 所示。

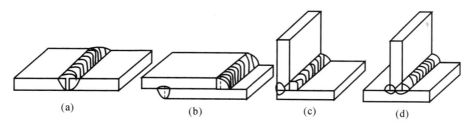

(a)　　　　　　(b)　　　　　　(c)　　　　　　(d)

图 4-5　焊接接头形式

(a)对接接头;　(b)搭接接头;　(c)角接接头;　(d)T 形接接头

(2)焊缝的空间位置。

按焊缝的空间位置不同可分为:

1)平焊:水平面的焊接,如图 4-6(a)所示。

2)立焊:垂直平面,垂直方向上的焊接,如图 4-6(b)所示。

3)横焊:垂直平面,水平方向上的焊接,如图 4-6(c)所示。

4)仰焊:倒悬平面,水平方向上的焊接,如图 4-6(d)所示。

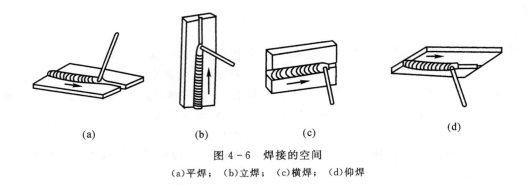

图 4-6 焊接的空间

(a)平焊； (b)立焊； (c)横焊； (d)仰焊

(3)坡口。

焊接前工件的特焊端部加工成一定形状,组对装配后形成的具有一定几何形状的沟槽称为坡口。

开坡口的目的:是为了保焊缝根部焊透,使焊接热源能深入接头根部,保证接头质量,同时调整焊缝成分及性能,改善结晶条件,提高接头性能。

坡口的加工方法:机加工、气割(不重要工件)。

焊接中对接接头是应用最多的接头形式。当被焊工件较薄(板厚小于 6 mm)时,在焊接接头处只要留有一定间隙就能保证焊透。当焊件厚度大于 6 mm 时,为了保证能焊透,按板厚的不同,需要在接头处开处一定形状的坡口。对接接头常见的坡口形状如图 4-7 所示。

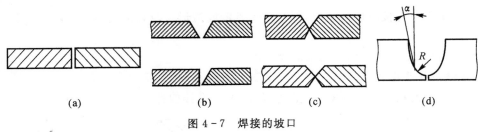

图 4-7 焊接的坡口

(a)Ⅰ形坡口； (b)V 形坡口； (c)X 形坡口； (d)U 形坡口

(4)坡口焊蜂的基本形式。

1)Ⅰ形坡口:这种坡口用于薄板焊接。采用焊条电焊或气体保护焊焊接厚度 6 m 以下的钢板可以Ⅰ形坡口,即不开坡口。如果采用埋弧焊,这个厚度一般可以放到 12~14 mm,Ⅰ形坡口焊缝填充金属相对较少。

2)V 形坡口:这种坡口形状简单,加工方便,是最常用的坡口形式。焊接时为单面焊,不用翻转焊件。但由于是单面焊,焊后容易往一个方向变形,需采取反变形措施。

3)X 形坡口:板厚为 12~60 mm 时可采用 X 形坡口。X 形坡口与 V 形坡相比,在相同厚度下,能减少焊接金属量约 1/2,但是需要双面焊接,需要翻转,当然由于双面焊,焊后变形较小。

4)U 形坡口:U 形坡口应用于厚板焊接。当焊件厚度相同时,U 形坡口的焊缝填充金属要比 V 形、X 形坡口少得多,而且焊件产生的变形也小。U 形坡口加工较困难,一般应用于重要焊接结构。U 形坡口又可以分为带 U 形坡口、单边 U 形坡口、双面 U 形坡口三种,U 形坡口的作用是防止根部焊穿。

7. 常见的焊接缺陷及其产生的原因

在焊接过程中,由于焊接规范选择、焊前准备和操作不当,会产生各种焊接缺陷。常见的有:

(1)焊缝尺寸不符合要求,主要是指焊缝过高或过低、过宽或过窄及不平滑过渡的现象。产生的原因是:①焊接坡口不合适。②操作时运条不当。③焊接电流不稳定。④焊接速度不均匀。⑤焊接电弧高低变化太大。

(2)咬边:焊接中出现咬边,主要是指沿焊缝的母材部位产生的沟槽或凹陷。产生的原因是:①工艺参数选择不当,如电流过大、电弧过长。②操作技术不正确,如焊条角度不对,运条不适当。

(3)夹渣:焊接中出现夹渣,主要是指焊后残留在焊缝中的熔渣。产生的原因是:①焊接材料质量不好。②焊接电流太小,焊接速度太快。

(4)弧坑:焊接中的弧坑,主要是指焊缝熄弧处低洼部分。产生的原因是:操作时熄弧太快,未反复向熄弧处补充填充金属。

(5)焊穿:焊接中出现焊穿,主要是指熔化金属自坡口背面流出,形成穿孔的缺陷。产生的原因是:①焊件装配不当,如坡口尺寸不合要求,间隙过大。②焊接电流太大。③焊接速度太慢。④操作技术不佳。

(6)气孔:焊接中出现气孔,主要是指熔池中的气泡凝固时未能逸出而残留下来形成了空穴。产生的原因是:①焊件和焊接材料有油污、铁锈及其他氧化物。②焊接区域保护不好。③焊接电流过小,弧长过长,焊接速度过快。

8. 手工电弧焊安全技术

在焊接时要与电、可燃及易爆的气体、易燃的液体、有毒有害的烟尘、电弧光的辐射、焊接热源的高温等接触,若不遵守安全操作规程,就可能引起触电、灼伤、火灾、爆炸和中毒等事故。

预防触电的安全知识如下:

1)弧焊设备的外壳必须接地,而且接地线应牢靠,以免由于漏电而造成触电事故。

2)弧焊设备的初级接线、修理和检查应由电工进行,焊工不可私自随便拆修。次级接线由焊工进行连接。

3)推拉电源闸刀时应戴好干燥的皮手套。

4)焊钳应有可靠的绝缘。中断工作时,焊钳应放在安全的地方,防止焊钳与焊件之间产生短路而烧坏焊机。

5)焊接时工作服、手套、绝缘鞋应保持干燥。

6)在容器或狭小的工作场所施焊时,须两人轮流操作,其中一人在外监护,以防发生意外,若有意外出现,应立即切断电源便于急救。

7)在潮湿的地方工作时,应用干燥的木板或橡胶片等绝缘物作垫板。

8)在光线暗的地方,容器内操作或夜间工作时,使用的照明灯的电压应不大于 36 V。

9)更换焊条时,不仅应带好手套,而且应避免身体与焊件接触。

10)焊接电缆必须有完整的绝缘,不可将电缆放在焊接电弧附近或高温焊缝的工件上,避免高温而烧坏绝缘层,同时要避免碰撞产生磨损。焊接电缆如有破损应立即进行修理或调换。

第三节　气焊与气割

一、气焊操作

气焊就是利用可燃性气体(一般用乙炔气)在有氧的条件下发生剧烈燃烧所产生的大量热量,把焊件的接头和焊条熔化融合在一起,凝固后成为一体,使工件获得牢固的接头。

氧炔焰是乙炔(俗称电石气)在空气中燃烧产生的火焰。温度可达 3 000℃以上,常用来切割和焊接金属。利用这一性质,生产上常用氧炔焰来焊接或切割金属,通常称作气焊和气割。

气焊是利用氧炔焰的高温将两块金属熔接在一起,关键是要使高温下的金属不被空气中的氧气氧化,为此,必须控制氧气的用量,故可使乙炔燃烧不充分。这样,火焰中因含有乙炔不完全燃烧生成的一氧化碳和氢气而具有还原性。这种火焰使待焊接的金属件及焊条熔化时不至于被氧化而改变成分,焊缝也不致被氧化物沾污,以便金属焊条熔化后,填满缝隙,使两块金属熔接在一起,故通常认为这是一个物理变化过程。

1. 气焊的种类

(1)氧焊主要用于工业焊接,使用物质有乙炔和氧气、汽油和氧气、丙烷和氧气。其与电焊的区别是电焊用电给焊条通电放热,氧焊是氢和氧燃烧放热,用途上是一样的。

(2)二氧化碳气体保护焊是焊接方法中的一种,是以二氧化碳气为保护气体,进行焊接的方法,在应用方面操作简单,适合自动焊和全方位焊接,在焊接时不能有风,适合室内作业。

(3)碳弧气刨焊是指使用石墨棒或碳棒与工件间产生的电弧将金属熔化,并用压缩空气将其吹掉,实现在金属表面上加工沟槽的方法。

(4)熔化极惰性气体保(MIG 焊)。采用与母材相同(近)材质的焊丝作为电极。焊丝为电弧的一极,焊丝熔化后形成熔滴过渡到熔池中,与母材熔化金属共同形成焊缝。为防止外界空气混入电弧、熔池所组成的焊接区,采用了 Ar、He 保护。

2. 气焊特点

气焊热量较分散,加热缓慢,温度较低,宜焊接 3 mm 以下的薄板、管件及小件。可以焊接碳素钢,还可以焊铸件、钢、铝等有色金属。

二、气焊设备与工具

气焊与气割设备包括乙炔气瓶、氧气瓶、减压器、焊炬(割炬)等,其组成如图 4-8 所示。

(1)氧气瓶:瓶体外表涂天蓝色漆加黑色字体(氧气),纯度 98.5% 以上。

(2)乙炔气瓶:瓶体为乳白色漆加红色字(乙炔),利用丙酮在压力下能吸收乙炔气体的原理工作。

(3)减压器:是将气瓶内的高压气体减压为工作需要的低压气体的调压装置,同时起到稳定压力的作用。

(4)焊炬:是使可燃气和氧气按一定的比例混合,并喷出燃烧而形成稳定火焰的工具。

(5)回火防止器:是一个气体单向阀,防止乙炔气回火燃烧。

(6)软胶管:输送氧气和乙炔的胶管。

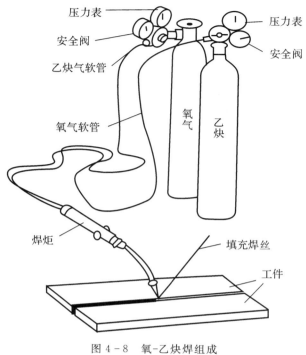

图 4 - 8　氧-乙炔焊组成

三、焊丝与焊剂

焊丝是气焊焊接中的填充材料。根据工件材料的化学成分,选择相应的焊丝。焊丝的化学成分直接影响焊缝的质量和焊缝的机械性能。

焊剂是气焊焊接中的助熔剂,能除去气焊熔池中形成的氧化物等杂质,减少空气对熔池金属的侵袭,改善熔池金属的湿润性。

焊剂主要用于铸铁、合金钢及各种有色金属,如:粉 101 用于不锈钢及耐热钢,粉 102 用于铸铁,粉 301 用于钢及铜合金,粉 401 用于铝及铝合金。

四、氧-乙炔焊

气焊的火焰由焰心、内焰、外焰三部分组成。燃烧时由于氧、乙炔的体积比不同,可以得到三种性质不同的火焰,如图 4 - 9 所示。

(1)中性焰[见图 4 - 9(a)]:氧与乙炔的体积比为 1.1~1.2。火焰区域基本上没有自由氧及自由碳存在,完全燃烧的火焰(一般碳素钢和有色金属多采用中性焰进行焊接。火焰的最高温度区在焰心前端 2~4 mm 处)。

(2)碳化焰[见图 4 - 9(b)]:氧与乙炔的体积比小于 1,焰区有碳存在,游离状态的碳会渗到熔池金属中,增加焊缝的含碳量,使塑性降低从而强度增高。它用于含碳量高的金属与硬质合金以及工件表面的硬化处理。

(3)氧化焰[见图 4 - 9(c)]:氧与乙炔的体积的比值大于 1.2,燃烧时有剩余的氧,氧化反应剧烈,焰芯、内焰、外焰都比较短,对金属有氧化作用。焊接一般铜材时,熔池产生沸腾现象,气孔和氧化物较多,使焊道金属变脆变坏,应注意使用。它主要用于黄铜、青铜以及锰钢材料的焊接。

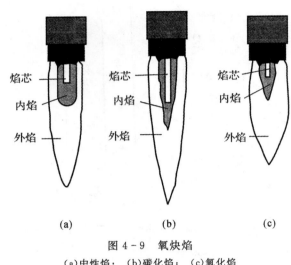

图 4-9 氧炔焰

(a)中性焰; (b)碳化焰; (c)氧化焰

五、文明生产

氧气瓶内装的是高压液态氧,氧气是良好的助燃剂。乙炔中有硫化氢(H_2S)、磷化氢(PH_2),具有爆炸性,当压力为 0.15 MPa,温度为 50℃～60℃时会产生自爆。乙炔和铜、银长期接触能产生成乙炔铜和乙炔银,乙炔铜和乙炔银都具有爆炸性。所以,在气焊生产过程中安全是非常重要的。

六、气焊操作

(1)准备工作:打开氧气、乙炔瓶阀,调节工作压力,检查设备有无漏气现象,清洁焊嘴。

(2)焊件清理:清除工件表面氧化物及杂质,这些杂质会使焊缝产生气孔夹渣和裂纹。

(3)火焰:点燃火焰,调节火焰大小,调节火焰性质。

(4)施焊:①预热工件及焊丝,熔化形成熔池。②火焰向焊缝纵向移动。③火焰在焊缝中横向摆动。④焊丝的送进。

(5)施焊时必须注意以下几点:

1)焊接时必须用焰芯前端 2～4 mm 温度最高区进行焊接,太近易产生回火危险,太远温度低,热量流失,熔化速度慢。

2)火焰纵向移动和横向摆动必须有规律地进行,不能离开熔池,并保持在熔池的前半部分,以保证焊缝的连续性。

3)注意观察金属的熔化深度,不能有假焊存在。

4)焊丝的送进速度必须根据焊缝的需要,不能太多或太少。

七、气割操作

1. 气割的原理

气割是利用气体火焰,将金属预热到能够在氧气中燃烧的温度(燃点,碳素钢的燃点大约在1 500℃),然后开放切割氧气(高压、高速、高纯度氧),将金属急剧熔化或氧化铁渣,并从切口处吹走,从而将金属分离的过程。割炬如图4-10所示。

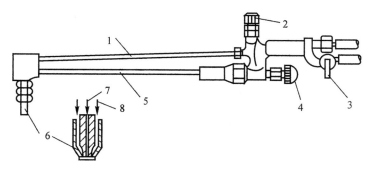

图4-10　气割示意图

1—切割气管;　2—切割氧气阀;　3—乙炔阀门;　4—预热氧气阀;

5—预热混合气气阀;　6—割嘴;　7—氧气;　8—混合气体

2. 气割的性质

(1)金属的燃点应低于熔点,金属在纯氧中燃烧时只发生固态燃烧发应,而不发生熔化,这样才能获得整齐的切口。

(2)燃烧生成的金属氧化物的熔点应低于金属本身的熔点,以使金属氧化物在液态下被气流吹走。

(3)金属燃烧时放出的热量多,且金属本身的导热性不宜太好,这样才能利用金属燃烧产生的热量将切口附近的金属预热到燃点,保证切割过程连续进行。

低碳钢和低合金钢能较好地满足以上要求。

3. 气割过程

点火—调节火焰大小,中性焰—预热金属至燃点—开放高压氧气阀,起割—沿切割线移动—停割,关闭割炬。

火焰钎焊:钎焊是利用熔点比母材低的金属作为接缝的填充材料,将两个焊件在固态下连接在一起的一种焊接方法。

焊接时焊件接头和钎料同时加热到钎料的熔点,钎料熔化而焊件不熔化,以便液态钎料渗入接头间隙,并向接头表面打散,形成钎焊接头。

软钎焊:钎料的熔点在450℃以下。

硬钎焊:钎料的熔点在450℃以上。

常用钎焊料为铜基钎料和银基钎料。

八、注意事项

(1)氧气瓶、调压阀严禁沾染任何油脂。

（2）乙炔瓶、氧气瓶禁止卧放工作和日光暴晒。

（3）乙炔瓶、氧气瓶与工作点须相距 5 m 以上，严禁近火放置。

（4）未经处理的油箱、油桶等容器禁止修焊。

（5）发生回火时，应立即关、开几次氧气阀和乙炔阀。

（6）操作时应戴好护目镜。

第四节　等离子切割加工

一、等离子弧的产生与特点

等离子切割是利用高温等离子电弧的热量使工件切口处的金属局部熔化（和蒸发），借高速等离子的动量排除熔融金属，并随着割嘴的移动以形成切口割缝的一种加工方法。等离子切割配合不同的工作气体可以切割各种氧气切割难以切割的金属，尤其是对于有色金属（不锈钢、铝、铜、钛、镍）切割效果更佳。其主要优点在于切割厚度不大的金属的时候，等离子切割速度快，尤其在切割普通碳素钢薄板时，速度可达氧切割法的 5～6 倍、切割面光洁、热变形小、几乎没有热影响区。

通常把具有自然条件下的电弧密度（未经压缩）的电弧称为自由弧。自由弧的导电气体没有完全电离，电弧的温度可达 6 000～8 000℃。而在气压、电压和磁场的作用下，柱状的自由弧（柱截面积正比于功率）可以压缩成等离子弧，等离子弧的导电截面小，能量集中。弧柱中气体几乎可全部达到离子状态，电弧温度可高达 15 000～30 000℃，能使金属等物体迅速熔化。

二、等离子切割的原理与应用

等离子切割，一般指的是金属的切割。等离子弧切割是利用极细而高温的等离子弧，使局部金属迅速熔化，再用气流把熔化的金属吹走的切割方法。等离子弧切割由于切割效率高、损耗低、适用范围广等优点已广泛应用于各类工程建设、制造等行业。

1. 等离子切割电源与氩弧焊电源技术参数比较

等离子切割电源与氩弧焊电源技术参数在输入电压、输出电流及使用气体等方面存在不同，具体见表 4 - 3。

表 4 - 3　等离子切割电源与氩弧焊电源技术参数

项　目	机　型	
	氩弧焊电源	等离子弧切割电源
输入电压	AC220V 或 AC380V	AC220V 或 AC380V
占空比	85%以上	90%以上
输出空载电压	DC50～70 V	DC200～300 V
输出电流	160～400 A	30～160 A
使用气体	氩气	空气

2.等离子切割机工作技术参数

等离子切割机在工作时,由于机型不同,其工作技术参数也会有所变化,具体见表4-4。

表4-4 等离子切割机工作技术参数

项 目	机 型					
	CUT30	CUT40	CUT60	CUT70	CUT100	CUT120
供电	AC220V			AC380V		
占空比	90%					
喷嘴孔径/mm	1.0	1.0	1.2	1.3	1.4	1.5
气压/kg	4	4.4	5	5.5	6	7
切割厚度/mm	1~8	1~12	1~23	1~25	1~35	1~40

3.等离子切割与气体切割比较

等离子切割是靠高频、高压电弧熔化金属,用压缩空气吹开熔化的金属液体实现金属切割的。气体切割是靠割炬高温加热金属钢材,再吹氧气使之氧化、断开。理论上,等离子切割可以切割任何金属材料,气割只能切割普通低碳钢材,具体见表4-5。

表4-5 等离子切割与气体切割比较

项 目	机 型	
	等离子切割	气体切割
能源	电、空气	氧气、乙炔
工作方式	人工	人工
损耗	小	大
切割速度	高	低
切割能力	能切割不锈钢、铜,切割厚度达80 mm以上的各种材料	不能切割不锈钢、铜、铝
效率	高	低

三、接触起弧与转移起弧

等离子切割一般有接触式和转移弧式两种起弧方式。

(1)接触式起弧:把与极针绝缘的喷嘴贴在工件(连接切割电源正端)上,然后把高电流加到连接电源负端的电极针(钨针)上,使极针喷出电弧,电弧在电压、气压、磁场的作用下形成等离子弧,通过大电流维持等离子弧稳定燃烧,然后稍抬高喷嘴(避免炽热的工件损坏喷嘴),开始切割。这种切割方式多适用于小电流(小功率)切割机(见图4-11)。

(2)转移弧式起弧(维弧式):即把电源正端通过一定的电阻和继电器开关联接到嘴上使得极针与喷嘴间形成电弧(由于有电阻限流,电弧较小),然后把喷嘴靠近直接联接电源正端的工件上,极针与工件间便形成能量更大的电弧,电弧被压缩后形成等离子弧,而喷嘴与电源正端的联接被断开,开始切割(见图4-12)。

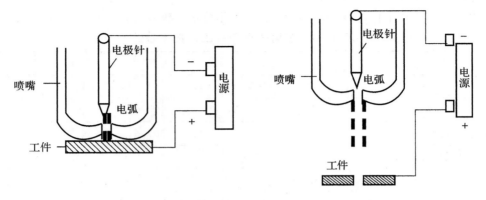

图 4 - 11 接触式等离子切割工作过程

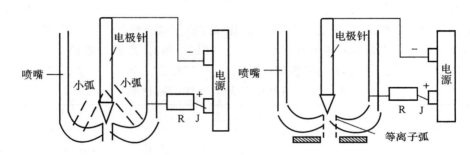

图 4 - 12 转移弧式等离子切割工作过程

切割机使用的是等离子弧,等离子弧的产生是电压、气压、磁场的共同作用,所以,切割机的输出要求要有较高的电压(一般为 100～180 V)和较小的电流(一般为 30～160 A)。

这样,相对于焊机,切割机的技术参数有所改变,主变压器匝数比变小,以得到较高的输出电压;慢(缓)起动时间变长,以保证气体的供给与气压正常;反馈增益变小,反馈运放增益由开环增益变为闭环增益;占空比变大(90％以上),以得到较高的输出电压;电抗器阻抗变大,以防高频干扰并保证控制继电器可靠的关断。

四、等离子弧切割工艺参数

影响数控等离子弧切割的工艺参数较多,其中主要包括切割电流、切割电压、切割速度、气体流量以及喷嘴距工件高度等。

1.切割电流

电流和电压决定了等离子弧的功率。随着等离子弧功率的提高,切割速度和切割厚度均可相应增加。一般依据板厚及切割速度选择切割电流,这个数据也是设备厂家提供给用户的。

2.切割电压

通常等离子弧切割机有较高的工作电压和空载电压,在采用如空气、氢气或氮气等电离能高的气体时,等离子弧稳定需要的电压会更高。当电流不变时,电压的提高意味着切割能力的提高和电弧熔值的提高。假如在提高熔值的同时,加大气体的流速并减小射流的直径,就能够获得更好的切割质量和更快的切割速度。同时,单纯增加电流使弧柱变粗,切口加宽,所以切割大厚度工件时,提高切割电压的效果更好。空载电压高,易于引弧。可以通过增加气体流量和改变气体成分来提高切割电压,但一般切割电压超过空载电压的 2/3 后,电弧就不稳定,容易熄弧。

3. 切割速度

切割速度一般由材料的厚度、材质、熔点、热导率以及熔化后的表面张力等因素来决定。切割速度快时,熔渣量虽然少,但附着的是难以剥落的熔渣。切割速度慢时,熔渣量虽然多,但熔渣容易剥落。

4. 气体流量

气体流量要与喷嘴孔径相适应。气体流量大,利于压缩电弧,使等离子弧的能量更为集中,提高工作电压,提高切割速度,及时吹除熔化金属。但当气体流量过大时,会因冷却气流从电弧中带走过多的热量,反而使切割能力下降,电弧燃烧不稳定,甚至使切割过程无法正常进行。

5. 喷嘴距工件高度

喷嘴距工件高度是等离子切割的重要工艺参数,为使割缝均匀一致,该高度值在切割过程中必须保持不变。但是,在等离子弧的高温、高速冲刷下,被切割金属板材会产生变形,使等离子体割炬头到被切割板材间的距离发生变化,导致割缝不均匀。为了提高切割质量,等离子体割炬头高度必须随被切割板材变形量的变化而自动调节,保证割炬头到被切割板材的距离不变。

第五节 二氧化碳气体保护焊

一、CO₂ 气体保护焊的原理

CO_2 气体保护电弧焊是利用 CO_2 作为保护气体的熔化极电弧焊方法。这种方法以 CO_2 气体作为保护介质,使电弧及熔池与周围空气隔离,防止空气中氧、氮、氢对熔滴和熔池金属的有害作用,从而获得优良的机械保护性能。生产中一般是利用专用的焊枪,形成足够的 CO_2 气体保护层,依靠焊丝与工件之间的电弧弧热,进行自动或自半动熔化极体保护焊接(见图 4 - 13)。其在应用方面操作简单,适合自动焊和全方位焊接,在焊接时不能有风,适合室内作业。

由于它成本低,CO_2 气体易生产,故广泛应用于各企业。由于 CO_2 气体的热物理性能的特殊影响,使用常规焊接电源时,焊丝端头熔化金属不可能形成平衡的轴向自由过渡,通常需要采用短路和熔滴缩颈爆断,因此,与熔化极惰性气体保护焊(Metal Inert - Gas welding,MIG 焊)自由过渡相比,飞溅较多。但如采用优质焊机,参数选择合适,CO_2 气体保护焊可以得到很稳定的焊接过程,使飞溅降低到最小的程度。由于所用保护气体价格低廉,采用短路过渡时焊缝成形良好,加上使用含脱氧剂的焊丝即可获得无内部缺陷的高质量焊接接头,因此这种焊接方法目前已成为黑色金属材料最重要的焊接方法之一。

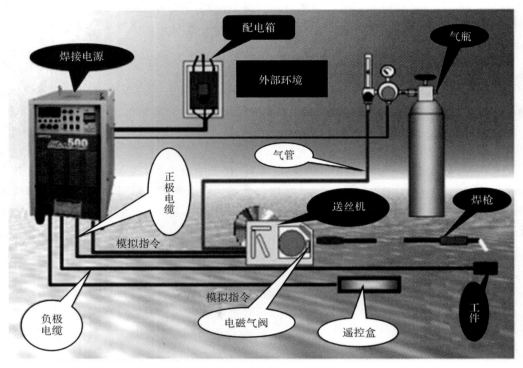

图 4 - 13 CO₂ 气体保护焊工作原理示意图

二、CO₂ 气体保护焊的特点

1. 优点

(1)生产效率高和节省能量。

(2)焊接成本低。

(3)焊接变形小。

(4)对油、锈的敏感度较低。

(5)焊缝中含氢量少,提高了低合金高强度钢抗冷裂纹的能力。

(6)电弧可见性好,短路过渡可用于全位置焊接。

2. 缺点

(1)焊接过程中金属飞溅较多,焊缝外形较为粗糙,特别是当焊接参数匹配不当时飞溅就更严重。

(2)不能焊接易氧化的金属材料,也不适合在有风的地方施焊。

(3)焊接过程弧光较强,尤其是采用大电流焊接进电弧的辐射较强,故要特别重视操作人员的劳动保障。

(4)设备比较复杂,需要有专业队伍负责维修。

(5)与手弧焊相比灵活性差。

三、CO₂ 气体保护焊的工作原理

在进行焊接时,电弧空间同时存在 CO_2、CO、O_2 等几种气体和 O 原子,其中 CO 不与液态金属发生任何反应,而 CO_2、O_2、O 原子却能与液态金属发生如下反应:

$$Fe+O_2 \longrightarrow FeO+CO(进入大气中)$$
$$Fe+O \longrightarrow FeO(进入熔渣中)$$
$$C+O \longrightarrow CO(进入大气中)$$

(1)CO 气孔问题。

由上述反应式可知,CO_2 和 O_2 对 Fe 和 C 都具有氧化作用,生成的 FeO 一部分进入熔渣中,另一部分进入液态金属中,这时 FeO 能够被液态金属中的 C 还原,反应式为

$$FeO+C \longrightarrow Fe+CO$$

这时所生成的 CO 一部分通过沸腾散发到大气中去,另一部分则来不及逸出,滞留在焊缝中形成气孔。

针对上述冶金反应,为了解决 CO 气孔问题,需使用焊丝中加入含 Si 和 Mn 的低碳钢焊丝,这时熔池中的 FeO 将被 Si、Mn 还原:

$$2FeO+Si \longrightarrow 2Fe+SiO_2(进入熔渣中)$$
$$FeO+Mn \longrightarrow Fe+MnO(进入溶渣中)$$

反应物 SiO_2、MnO 将生成 FeO 和 Mn 的硅酸盐浮出熔渣表面,另外,液态金属含 C 量较高,易产生 CO 气孔,所以应降低焊丝中的含 C 量,通常不超过 0.1%。

(2)氢气孔问题。

焊接时,工件表面及焊丝含有油及铁锈,或 CO 气体中含有较多的水分,但是用 CO_2 气体保护焊时,由于 CO_2 具有较强的氧化性,在焊缝中不易产生氢气孔。

第六节 埋 弧 焊

一、埋弧焊的工作原理及特点

埋弧焊也是利用电弧作为热源的焊接方法。埋弧焊时电弧是在一层颗粒状的可熔化焊剂的覆盖下燃烧,电弧不外露,埋弧焊由此得名。所用的金属电极是不间断送进的光焊丝。图 4-14 是埋弧焊焊缝形成过程示意图。

焊接电弧在焊丝与工件之间燃烧,电弧热将焊丝端部及电弧附近的母材和焊剂熔化。熔化的金属形成熔池,熔融的焊剂成为溶渣。熔池受熔渣和焊剂蒸气的保护,不与空气接触。电弧向前移动时,电弧力将熔池中的液体金属推向熔池后方。在随后的冷却过程中,这部分液体金属凝固成焊缝,如图 4-14 所示。熔渣则凝固成渣壳,覆盖于焊缝表面。熔渣除了对熔池和焊缝金属起机械保护作用外,在焊接过程中还与熔化金属发生冶金反应,从而影响焊缝金属的化学成分。

埋弧焊时,被焊工件与焊丝分别接在焊接电源的两极。焊丝通过与导电嘴的滑动接触与电源联接。焊接回路包括焊接电源、联接电缆、导电嘴、焊丝、电弧、熔池、工件等,焊丝端部在电弧热的作用下不断熔化,因而焊丝应连续不断地送进,以保持焊接过程的稳定进行,如图 4-

15 所示。焊丝的送进速度应与焊丝的熔化速度相平衡。焊丝一般通过由电动机驱动的送丝滚轮送进。随应用的不同,焊丝数目可以有单丝、双丝或多丝。有的应用中采用药芯焊丝代替实心焊丝,或是用钢带代替焊丝。

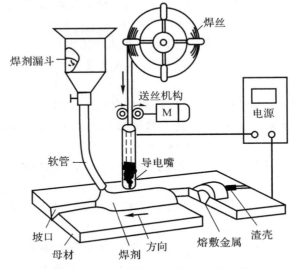

图 4-14 埋弧焊焊接工作过程示意图

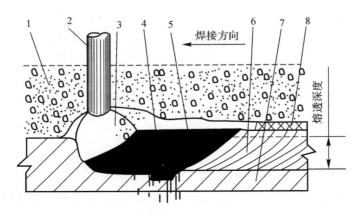

图 4-15 埋弧焊焊缝形成过程示意图

1—焊剂; 2—焊丝(电极); 3—电弧; 4—熔池; 5—熔渣; 6—焊缝; 7—母材; 8—渣壳

埋弧焊有自动埋弧焊和半自动埋弧焊两种方式。前者的焊丝送进和电弧移动都由专门的机头自动完成,后者的焊丝送进由机械完成,电弧移动则由人工进行。焊接时,焊剂由漏斗铺撒在电弧的前方。焊接后,未熔化的焊剂可用焊剂回收装置自动回收,或由人工清理回收。

二、埋弧焊的优点和缺点

1. 埋弧焊的主要优点

(1)所用的焊接电流大,相应的输入功率较大。加上焊剂和熔渣的隔热作用,热效率较高,熔深大。工件的坡口较小,减少了填充金属量。单丝埋弧焊在工件不开坡口的情况下,一次可熔透 20 mm。

（2）焊接速度高，以厚度为 8～10 mm 的钢板对接焊为例，单丝埋弧焊速度可达 50～80 cm/min，手工电弧焊则不超过 10～13 cm/min。

（3）焊剂的存在不仅能隔开熔化金属与空气的接触，而且会使熔池金属较慢凝固。液体金属与熔化的焊剂间有较多时间进行冶金反应，减小了焊缝中产生气孔、裂纹等缺陷的可能性。焊剂还可以向焊缝金属补充一些合金元素，提高焊缝金属的力学性能。

（4）在有风的环境中焊接时，埋弧焊的保护效果比其他电弧焊方法好。

（5）自动焊接时，焊接参数可通过自动调节保持稳定。与手工电弧焊相比，焊接质量对焊工技艺水平的依赖程度可大大降低。

（6）没有电弧光辐射，劳动条件较好。

2.埋弧焊的主要缺点

（1）由于采用颗粒状焊剂，这种焊接方法一般只适用于平焊位置。其他位置焊接需采用特殊措施以保证焊剂能覆盖焊接区。

（2）不能直接观察电弧与坡口的相对位置，如果没有采用焊缝自动跟踪装置，则容易焊偏。

（3）埋弧焊电弧的电场强度较大，电流小于 100A 时电弧不稳，因而不适于焊接厚度小于 1 mm 的薄板。

3.埋弧焊的适用范围

埋弧焊熔深大，生产率高，机械化操作程度高，因而适用于中厚板结构的长焊缝。在造船、锅炉与压力容器、桥梁、起重机械、铁路车辆、工程机械等制造部门，埋弧焊有着广泛的应用，是当今焊接生产中最普遍使用的焊接方法之一。

埋弧焊除了用于金属结构中构件的连接外，还可在基体金属表面堆焊耐磨或耐腐蚀的合金层。

随着焊接冶金技术与焊接材料生产技术的发展，埋弧焊能焊的材料已从碳素结构钢发展到低合金结构钢、不锈钢、耐热钢等，以及某些有色金属，如镍基合金、钛合金、铜合金等。

三、埋弧焊设备的结构和工作原理

1.埋弧焊电源

一般埋弧焊多采用粗焊丝，电弧具有水平的静特性曲线。按照前述电弧稳定燃烧的要求，电源应具有下降的外特性。在用细焊丝焊薄板时，电弧具有上升的静特性曲线，宜采用平特性电源［平特性是恒压，焊接时电压稳定，电流变化大，主要用在细丝焊弧焊中（电流小于 300 A）］。

埋弧焊电源可以用交流（弧焊变压器）、直流（弧焊发电机或弧焊整流器）或交直流并用。要根据具体的应用条件，如焊接电流范围、单丝焊或多丝焊、焊接速度、焊剂类型等选用。

一般直流电源用于小电流范围、快速引弧、短焊缝、高速焊接，所采用焊剂的稳弧性较差及对焊接工艺参数稳定性有较高要求的场合。采用直流电源时，不同的极性将产生不同的工艺效果。采用直流正接（焊丝接负极）时，焊丝的熔敷率最高；采用直流反接（焊丝接正极）时，焊缝熔深最大。

采用交流电源时，焊丝熔敷率及焊缝熔深介于直流正接和反接之间，而且电弧的磁偏吹最小。因此交流电源多用于大电流埋弧焊和采用直流时磁偏吹严重的场合。一般要求交流电源的空载电压在 65 V 以上。

2. 埋弧焊机

埋弧焊机分为半自动焊机和自动焊机两大类。

(1)半自动埋弧焊机。半自动埋弧焊机的主要功能是：①将焊丝通过软管连续不断地送入电弧区；②传输焊接电流；③控制焊接起动和停止；④向焊接区铺施焊剂。

半自动埋弧焊机主要由送丝机构、控制箱、带软管的焊接手把及焊接电源组成。软管式半自动埋弧焊机兼有自动埋弧焊的优点及手工电弧焊的机动性。在难以实现自动焊的工件上（例如中心线不规则的焊缝、短焊缝、施焊空间狭小的工件等），可用这种焊机进行焊接。

(2)自动埋弧焊机。自动埋弧焊机的主要功能是：①连续不断地向焊接区送进焊丝；②传输焊接电流；③使电弧沿接缝移动；④控制电弧的主要参数；⑤控制焊接的起动与停止；⑥向焊接区铺施焊剂；⑦焊接前调节焊丝端位置。

常用的自动埋弧焊机有等速送丝和变速送丝两种。它们一般都由机头、控制箱、导轨（或支架）以及焊接电源组成。等速送丝自动埋弧焊机采用电弧自身调节系统。

四、埋弧焊的焊接材料

埋弧焊时焊丝与焊剂直接参与焊接过程中的冶金反应，因而它们的化学成分和物理特性都会影响焊接的工艺过程，并通过焊接过程对焊缝金属的化学成分、组织和性能发生影响。正确地选择焊丝并与焊剂配合使用是埋弧焊技术的一项重要内容。

1. 焊丝

埋弧焊所用的焊丝有实芯焊丝和药芯焊丝两类。目前在生产中普遍使用的是实芯焊丝。

焊丝的品种随所焊金属种类的增加而增加。目前已有碳素结构钢、合金结构钢、高合金钢和各种有色金属焊丝以及堆焊用的特殊合金焊丝。

焊丝直径的选择依用途而定。半自动埋弧焊用的焊丝较细，一般直径为 3.2 mm、4 mm、2.8 mm，以便能顺利地通过软管，并且使焊工在操作中不会因焊丝的刚度而感到操作困难。自动埋弧焊一般使用直径为 3～6 mm 的焊丝，以充分发挥埋弧焊的大电流和高熔敷率的优点。对于一定的电流值可能使用不同直径的焊丝。同一电流使用较小直径的焊丝时，可获得加大焊缝熔深、减小熔宽的效果。当工件装配不良时，宜选用较粗的焊丝。

2. 焊剂

埋弧焊使用的焊剂是颗粒状可熔化的物质，其作用相当于焊条的涂料。

(1)对焊剂的基本要求。

1)具有良好的冶金性能。与选用的焊丝相配合，通过适当的焊接工艺来保证焊缝金属获得所需的化学成分和力学性能以及抗热裂和冷裂的能力。

2)具有良好的工艺性能。即要求有良好的稳弧、焊缝成形、脱渣等性能，并且在焊接过程中生成的有毒气体少。

(2)焊剂的分类。

埋弧焊焊剂除按其用途分为钢用焊剂和有色金属用焊剂外，通常按制造方法、化学成分、化学性质、颗粒结构等分类。

1)按制造方法可分为以下三大类。

A.熔炼焊剂。按配方比例称出所需原料，经干混均匀后进行熔化，随后注入冷水中急速冷却,使之粒化,再经干燥、捣碎、过筛等工序而成。熔炼焊剂按其颗粒结构又可分为玻璃状焊剂(呈透明状颗粒)、结晶状焊剂(颗粒具有结晶体特点)和浮石状焊剂(颗粒呈泡沫状)。

B. 烧结焊剂。将各种粉料组分按配方比例混拌均匀,加水玻璃调成湿料,在 750~1 000℃温度下烧结,再经破碎过筛而成。

C. 陶质焊剂。将各种粉料组分按配方比例混拌均匀,加水玻璃调成湿料,将湿料制成一定尺寸的颗粒,经 350~500℃温度烘干即可使用。

2)按化学成分分为以下两类。

A. 按碱度分为碱性焊剂、酸性焊剂和中性焊剂。

B. 按主要成分含量进行分类,见表 4-6。

表 4-6　焊剂按主要成分含量分类

按 SiO_2 含量分类		按 MnO 含量分类		按 CaF_2 含量分类	
焊剂类型	含量	焊剂类型	含量	焊剂类型	含量
高硅	>30%	高锰	>20%	高氟	>20%
中硅	10%~30%	中锰	15%~30%	中氟	10%~30%
低硅	<10%	低锰	2%~15%	低氟	<10%
		无锰	<2%		

3)按焊剂化学性质分为以下三类。

A. 氧化性焊剂:含大量 SiO_2、MnO 或 FeO。

B. 弱氧化性焊剂:含 SiO_2、MnO、FeO 等氧化物较少。

C. 惰性焊剂:含 Al_2O_3、CaO、MgO、CaF_2 等,基本上不含 SiO_2、MnO、FeO 等。

(3)焊剂型号编制方法。

1)熔炼焊剂:由 HJ 表示熔炼焊剂,后加三个阿拉伯数字组成。

A. 第一位数字表示焊剂中氧化锰的含量,1、2、3、4 分别代表无锰、低锰、中锰、高锰焊剂。

B. 第二位数字表示焊剂中 SiO_2、CaF_2 的含量,1~9 依次代表低硅低氟、中硅低氟、高硅低氟、低硅中氟、中硅中氟、高硅中氟、低硅高氟、中硅高氟和其他类型焊剂。

C. 第三位数字表示同一类型焊剂的不同牌号,按 0,1,2,…,9 的顺序排列。

D. 对同一牌号焊剂生产两种颗粒度时,在细颗粒焊剂牌号后面加"X"字样。

2)烧结焊剂:由 SJ 表示烧结焊剂,后加三个阿拉伯数字组成。第一位数字表示焊剂熔渣的渣系,1~6 依次代表氟碱型、高铝型、硅钙型、硅锰型、铝钛型和其他型焊剂。第二位、第三位数字表示同一渣系类型焊剂中不同牌号的焊剂,按 01,02,…,09 的顺序排列。

3. 焊剂和焊丝的选配

欲获得高质量的埋弧焊焊接接头,正确选用焊剂与焊丝是十分重要的。

低碳钢的焊接可选用高锰高硅型焊剂,配 H08MnA 焊丝,或选用低锰、无锰型焊剂配 H08MnA、H10Mn2 焊丝。低合金、高强度钢的焊接可选用中锰中硅或低锰中硅型焊剂配合与钢材强度相匹配的焊丝。

耐热钢、低温钢、耐蚀钢的焊接可选用中硅或低硅型焊剂配合相应的合金钢焊丝。铁素体、奥氏体等高合金钢,一般选用碱度较高的熔炼焊剂或烧结、陶质焊剂,以降低合金元素的烧损及掺加较多的合金元素。不同钢种焊接用的焊剂与焊丝配用见表 4-7。

表 4-7 常见焊剂用途及配用焊丝

焊剂型号	用途	焊剂颗粒度/mm	配用焊丝	适用电流种类
HJ130	低碳钢,低合金钢	0.45～2.5	H10Mn2	交、直流
HJ230	低碳钢,低合金钢	0.25～2.5	H08MnA,H10Mn2	交、直流
HJ250	低合金高强度钢	0.45～2.5	相应钢种焊丝	直流
HJ330	低碳钢,低合金钢	0.3～2	H08MnA,H10Mn2	直流
HJ433	低碳钢,低合金钢	0.45～2.5	H08A	交、直流
SJ301	合金结构钢	0.45～2.5	H08MnA,H08MnMoA,H10Mn2,	交、直流
SJ502	普通结构钢	0.3～3	H10Mn2MoA	交、直流

五、埋弧焊的操作技术和安全特点

1. 埋弧焊的工艺参数

埋弧焊焊接规范主要涉及焊接电流、电弧电压、焊接速度、焊丝直径等。

工艺参数主要有焊丝伸出长度、电源种类和极性、装配间隙和坡口形式等。

选择埋弧焊焊接规范的原则是保证电弧稳定燃烧,焊缝形状尺寸符合要求,表面成形光洁整齐,内部无气孔、夹渣、裂纹、未焊透、焊瘤等缺陷。常用的选择方法有查表法、试验法、经验法、计算法。不管采用哪种方法所确定的参数,都必须在施焊中加以修正,达到最佳效果时方可连续焊接。

2. 操作技术

(1) 对接直焊缝焊接技术。

对接直焊缝的焊接方法有两种基本类型,即单面焊和双面焊。根据钢板厚度又可分为单层焊、多层焊。另外还有各种衬垫法和无衬垫法。

1) 焊剂垫法埋弧自动焊。在焊接对接焊缝时,为了防止熔渣和熔池金属的泄漏,采用焊剂垫作为衬垫进行焊接。焊剂垫的焊剂与焊接用的焊剂相同。焊剂要与焊件背面贴紧,能够承受一定的均匀的托力。要选用较大的焊接规范,使工件熔透,以达到双面成形。

2) 手工焊封底埋弧自动焊。对无法使用衬垫的焊缝,可先行用手工焊进行封底,然后采用埋弧焊。

3) 悬空焊。悬空焊一般用于无破口、无间隙的对接焊,它不用任何衬垫,装配间隙要求非常严格。为了保证焊透,正面焊时要焊透工件厚度的 40%～50%,背面焊时必须保证焊透 60%～70%。在实际操作中一般很难测出熔深,经常是靠焊接时观察熔池背面颜色来判断估计,所以要有一定的经验。

4) 多层埋弧焊。对于较厚钢板,一次不能焊完的,可采用多层焊。第一层焊时,规范不要太大,既要保证焊透,又要避免裂纹等缺陷。每层焊缝的接头要错开,不可重叠。

(2) 对接环焊缝焊接技术。

圆形筒体的对接环缝的埋弧焊要采用带有调速装置的滚胎。如果需要双面焊,第一遍需将焊剂垫放在下面筒体外壁焊缝处。将焊接小车固定在悬臂架上,伸到筒体内焊下平焊。焊丝应偏移中心线下坡焊位置上。第二遍正面焊接时,在筒体外,上平焊处进行施焊。

第五章 锻压与冲压

第一节 锻 压

一、锻压的概念

锻压是在外力作用下使金属材料产生塑性变形,从而获得具有一定形状和尺寸的毛坯或零件的加工方法。它是机械制造中的重要加工方法。锻压包括锻造和冲压。锻造又可分为自由锻造和模型锻造两种方式。自由锻还可分为手工锻和机器锻两种。

用于锻压的材料应具有良好的塑性,以便锻压时产生较大的塑性变形而不致被破坏。在常用的金属材料中,铸铁无论是在常温或加热状态下,其塑性都很差,不能锻压。低中碳钢、铝、铜等有良好的塑性,可以锻压。

在生产中,不同成分的钢材应分别存放,以防用错。在锻压车间里,常用火花鉴别法来确定钢的大致成分。

锻造生产的工艺过程为:下料—加热—锻造—热处理—检验。

在锻造中、小型锻件时,常以经过轧制的圆钢或方钢为原材料,用锯床、剪床或其他切割方法将原材料切成一定长度,送至加热炉中加热到一定温度后,用锻锤或压力机进行锻造。塑性好、尺寸小的锻件,锻后可堆放在干燥的地面冷却;塑性差、尺寸大的锻件应在灰砂或一定温度的炉子中缓慢冷却,以防变形或产生裂缝。多数锻件锻后要进行退火或正火热处理,以消除锻件中的内应力和改善金属组织。热处理后的锻件,有的要进行清理,去除表面油垢及氧化皮,以便检查表面缺陷。锻件毛坯经质量检查合格后要进行机械加工。

冲压多以薄板金属材料为原材料,经下料冲压制成所需要的冲压件。冲压件具有强度高、刚性大,结构轻等优点,在汽车、拖拉机、航空、仪表以及日用品等工业的生产中有极为重要的地位。

二、锻造对零件力学性能的影响

经过锻造加工后的金属材料,其内部原有的缺陷(如裂纹,疏松等)在锻造力的作用下可被压合,形成细小晶粒。因此锻件组织致密、力学性能(尤其是抗拉强度和冲击韧度)比同类材料的铸件大大提高。机器上一些重要零件(特别是承受重载和冲击载荷)的毛坯,通常用锻造的方法生产。使零件工作时的正应力方向与流线的方向一致,切应力的方向与流线方向垂直。如图 5-1 所示,用圆棒料直接以车削的方法制造螺栓时,头部和杆部的纤维不能连贯而被切断,头部承受切应力时与金属流线方向一致,故质量不高,而采用局部镦粗法制造螺栓时,其纤维未被切断,且具有较好的纤维方向,故质量较高。

有些零件,为保证纤维方向和受力方向一致,应采用保持纤维方向连续性的变形工艺,使锻造流线的分节与零件外形轮廓相符合而不被切断,如吊钩用弯曲、钻头用扭转等。广泛采用的"全纤维曲轴锻造法",可以显著提高其力学性能,延长使用寿命,如图5-2所示。

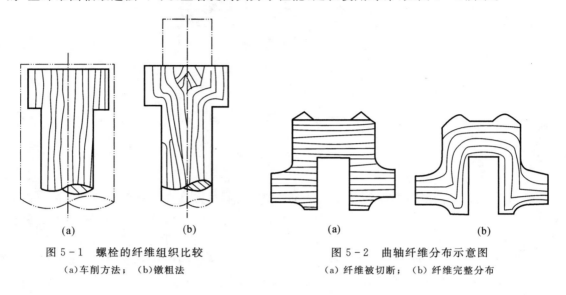

图5-1　螺栓的纤维组织比较

(a)车削方法;　(b)镦粗法

图5-2　曲轴纤维分布示意图

(a)纤维被切断;　(b)纤维完整分布

第二节　自由锻造

自由锻造是利用冲击力或压力使金属在上、下砧面间各个方向自由变形,不受任何限制而获得所需形状及尺寸和一定机械性能的锻件的一种加工方法,简称"自由锻"。自由锻造分手工自由锻和机器自由锻两种。

一、自由锻的特点

(1)自由锻的应用设备和工具有很大的通用性,且工具简单,所以只能锻造形状简单的锻件,操作强度大,生产率低。

(2)自由锻可以锻出质量从不到1 kg到200~300 t的锻件。对大型锻件,自由锻是唯一的加工方法,因此自由锻在重型机械制造中有特别重要的意义。

(3)自由锻依靠操作者控制其形状和尺寸,锻件精度低,表面质量差,金属消耗也较多。

因此,自由锻主要用于品种多、产量不大的单件小批量生产,也可用于模锻前的制坯工序。

二、自由锻的基本工序

工序是指在一个工作地点对一个工件所连续完成的那部分工艺过程。

无论是手工自由锻、锤上自由锻还是水压机上自由锻,其工艺过程都是由一些锻造工序所组成。根据变形的性质和程度不同,自由锻工序可分为:基本工序,如镦粗、拔长、冲孔、扩孔、芯轴拔长、切割、弯曲、扭转、错移、锻接等,其中镦粗、拔长和冲孔三个工序应用得最多;辅助工序,如切肩、压痕等;精整工序,如平整、整形等。

1.镦粗

镦粗是使坯料的截面增大、高度减小的锻造工序。镦粗有完全镦粗、局部镦粗两种方式。

局部镦粗按其镦粗的位置不同又可分为端部镦粗和中间镦粗两种,如图 5 - 3 所示。

镦粗主要用来锻造圆盘类(如齿轮坯)及法兰等锻件,在锻造空心锻件时,可作为冲孔前的预备工序,镦粗可作为提高锻造比的预备工序。

镦粗的一般规则、操作方法及注意事项如下:

(1)被镦粗坯料的高度与直径(或边长)之比应小于 2.5～3,否则会镦弯[见图 5 - 4(a)]。工件镦弯后应将其放平,轻轻锤击矫正[见图 5 - 4(b)]。局部镦粗时,镦粗部分坯料的高度与直径之比也应小于 2.5～3。

(2)镦粗的始锻温度采用坯料允许的最高始锻温度,并应烧透。坯料的加热要均匀,否则镦粗时工件变形不均匀,对某些材料还可能锻裂。

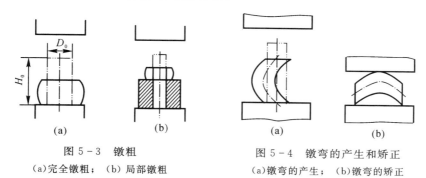

图 5 - 3　镦粗　　　　　　　　图 5 - 4　镦弯的产生和矫正

(a)完全镦粗；　(b)局部镦粗　　　　(a)镦弯的产生；　(b)镦弯的矫正

(3)镦粗的两端面要平整且与轴线垂直,否则可能会产生镦歪现象。矫正镦歪的方法是将坯料斜立,轻打镦歪的斜角,然后放正,继续锻打(见图 5 - 5)。如果锤头或抵铁的工作面因磨损而变得不平直时,则锻打时要不断将坯料旋转,以便获得均匀的变形而不致镦歪。

(4)锤击应力量足够,否则就可能产生细腰形,如图 5 - 6(a)所示。若不及时纠正,继续锻打下去,则可能产生夹层,使工件报废,如图 5 - 6(b)所示。

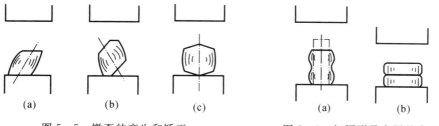

图 5 - 5　镦歪的产生和矫正　　　　　图 5 - 6　细腰形及夹层的产生

2.拔长

拔长是使坯料长度增加、横截面减少的锻造工序,又称延伸或引伸,如图 5 - 7 所示。拔长用于锻制长而截面小的工件,如轴类、杆类和长筒形零件。

拔长的规则、操作方法及注意事项为:

(1)拔长过程中要将毛坯料不断反复地翻转 90°,并沿轴向送进操作[见图 5 - 8(a)]。螺旋式翻转拔长[见图 5 - 8(b)],是将毛坯沿一个方向作 90°翻转,并沿轴向送进的操作。单面顺序拔长[见图 5 - 8(c)],是将毛坯沿整个长度方向锻打一遍后,再翻转 90°,同样依次沿轴向送进操作。用这种方法拔长时,应注意工件的宽度和厚度之比不要超过 2.5,否则再次翻转继续拔长时容易产生折叠。

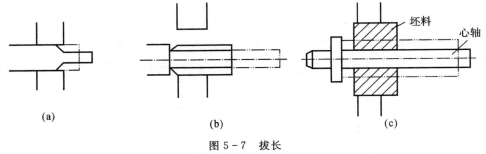

图 5-7 拔长

(a)拔长; (b)局部拔长; (c)心轴拔长

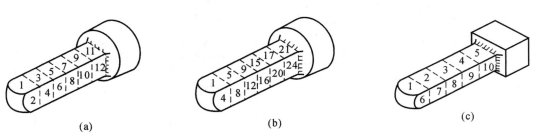

图 5-8 拔长时锻件的翻转方法

(a)反复翻转拔长; (b)螺旋式翻转拔长; (c)单面顺序拔长

(2)拔长时,坯料应沿抵铁的宽度方向送进,每次的送进量应为抵铁宽度的 3/10~7/10 [见图 5-9(a)]。送进量太大,金属主要向宽度方向流动,反而降低延伸效率[见图 5-9(b)]。送进量太小,又容易产生夹层[见图 5-9(c)]。另外,每次压下量也不要太大,压下量应等于或小于送进量,否则也容易产生夹层。

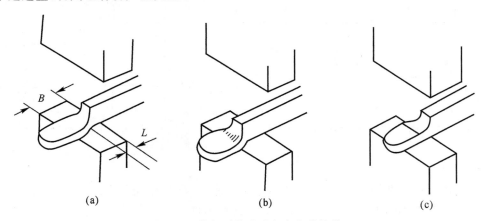

图 5-9 拔长时的送进方向和进给量

(a)送进量合适; (b)送进量太大、拔长率降低; (c)送进量太小、产生夹层

(3)由大直径的坯料拔长到小直径的锻件,应把坯料先锻成正方形,在正方形的截面下拔长,到接近锻件的直径时,再倒棱、滚打成圆形,这样锻造效率高,质量好,如图 5-10 所示。

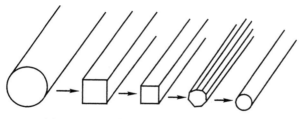

图 5-10　大直径坯料拔长时的变形过程

（4）锻制台阶轴或带台阶的方形、矩形截面的锻件时，在拔长前应先压肩，如图 5-11 所示。压肩后对一端进行局部拔长即可锻出台阶。

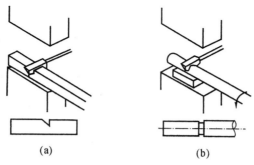

(a)　　　　　　　　(b)

图 5-11　压肩

(a)方料压肩；　(b)圆料压肩

（5）锻件拔长后须进行修整，修整方形或矩形锻件时，应沿下抵铁的长度方向送进，如图 5-12(a)所示，以增加工件与抵铁的接触长度。拔长过程中若产生翘曲应及时翻转 180°并轻打校平。圆形截面的锻件用型锤或摔子修整，如图 5-12(b)所示。

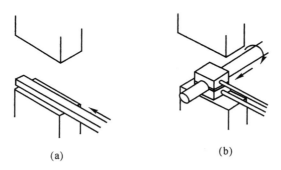

(a)　　　　　　　　(b)

图 5-12　拔长后的修整

(a)方形、矩形面的修整；　(b)圆形截面的修整

3.冲孔

冲孔是用冲子在坯料冲出透孔或不透孔的锻造工序。

一般规定：锤的落下部分质量在 0.15～5 t 之间，最小冲孔直径相应为 $\phi 30\sim 100$ mm；孔径小于 100 mm，而孔深大于 300 mm 的孔可不冲出，孔径小于 150 mm，而孔深大于 500 mm

的孔也不冲出。

根据冲孔所用的冲子的形状不同,冲孔分实心冲子冲孔和空心冲子冲孔。实心冲子冲孔又分单面冲孔和双面冲孔。

(1)单面冲孔。对于较薄工件,即工件高度与冲孔孔径之比小于0.125的零件,可采用单面冲孔(见图5-13)。冲孔时,将工件放在漏盘上,冲子大头朝下,漏盘的孔和冲子之间应有一定的间隙,冲孔时应仔细校正,冲孔后稍加平整。

(2)双面冲孔。如图5-14所示,其操作过程为:镦粗;试冲(找正中心冲孔痕);撒煤粉;冲孔,即冲孔到锻件厚度的2/3~3/4;翻转180°找正中心;冲除连皮;修整内孔;修整外圆。

冲孔前的镦粗是为了减小冲孔深度并使端面平整。由于冲孔锻件的局部变形量很大,为了提高塑性,防止冲裂,冲孔应在始锻温度下进行。冲孔时试冲的目的是保证孔的位置正确,即先用冲子轻冲出孔位的凹痕,并检查孔的位置是否正确,如果有偏差,可将冲子放在正确的位置上再试冲一次,加以纠正。孔位检查或修正无误后,向凹痕内撒放少许煤粉或焦炭粒,其作用是便于拔出冲子,因可利用煤粉受热后产生的气体膨胀力将冲子顶出,但要特别注意安全,防止冲子和气体冲出伤人,对大型锻件不用放煤粉,而是使冲子冲入坯料后,立即带着冲子滚外圆,直到冲子松动脱出。冲子拔出后可继续冲深,此时应注意保持冲子与砧面垂直,防止冲歪,当冲到一定深度时,取出冲子,翻转锻件,然后从反面将孔冲透。

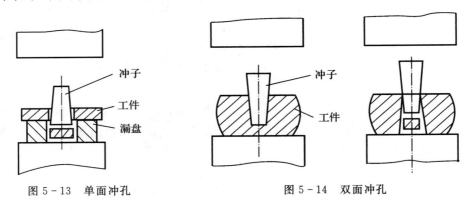

图 5-13 单面冲孔   图 5-14 双面冲孔

(3)空心冲子冲孔。当冲孔直径超过400 mm时,多采用空心冲子冲孔。对于重要的锻件,将其有缺陷的中心部分冲掉,有利于改善锻件的机械性能。

4. 扩孔

扩孔是使空心坯料壁厚减薄而内径和外径增加的锻造工序。其实质是沿圆周方向的变相拔长。扩孔的方法有冲头扩孔、马杠扩孔和劈缝扩孔等三种。扩孔适用于锻造空心圈和空心环锻件。

5. 错移

错移是将毛坯的一部分相对另一部分上下错开,但仍保持这两部分轴心线平行的锻造工序,如图5-15所示。错移常用来锻造曲轴。错移前,毛坯须先进行压肩等辅助工序。

6. 切割

切割是使坯料分开的工序,如切去料头、下料和切割成一定形状等。用手工切割小毛坯时,把工件放在砧面上,錾子垂直于工件轴线,边錾边旋转工件,当快切断时,应将切口稍移至砧边处,轻轻将工件切断。大截面毛坯是在锻锤或压力机上切断的,方形截面的切割是先将剁刀垂直切入锻件,至快断开时,将工件翻转180°,再用剁刀或克棍把工件截断,如图5－16(a)所示。切割圆形截面锻件时,要将锻件放在带有圆凹槽的剁垫上,边切边旋转锻件,如图5－16(b)所示。

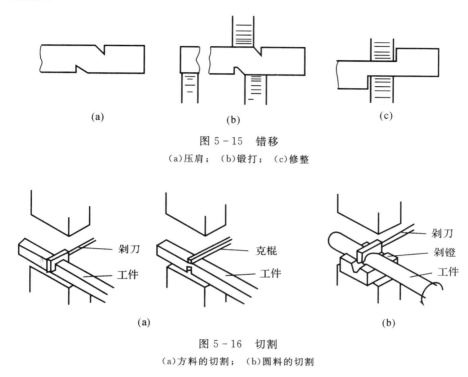

图 5－15　错移

(a)压肩;　(b)锻打;　(c)修整

图 5－16　切割

(a)方料的切割;　(b)圆料的切割

7. 弯曲

使坯料弯成一定角度或形状的锻造工序称为弯曲。弯曲用于锻造吊钩、链环、弯板等锻件。弯曲时锻件的加热部分最好只限于被弯曲的一段,加热必须均匀。在空气锤上进行弯曲时,将坯料夹在上、下抵铁间,使欲弯曲的部分露出,用手锤或大锤将坯料打弯,如图5－17(a)所示。或借助于成形垫铁、成形压铁等辅助工具使其产生成形弯曲,如图5－17(b)所示。

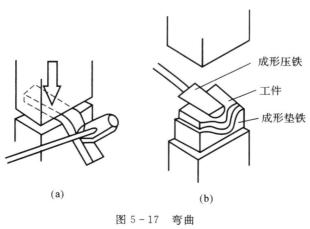

图 5－17　弯曲

(a)角度弯曲;　(b)成形弯曲

8. 扭转

扭转是将毛坯的一部分相对于另一部分绕其轴心线旋转一定角度的锻造工序,如图5-18所示。锻造多拐曲轴、连杆、麻花钻等锻件和校直锻件时常用这种工序。

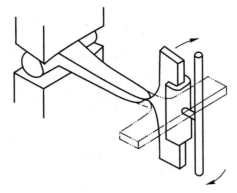

图 5-18 扭转

扭转前,应将整个坯料先在一个平面内锻造成形,并使受扭曲部分表面光滑,然后进行扭转。扭转时,由于金属变形剧烈,故要求受扭部分加热到始锻温度,且均匀热透。扭转后,要注意缓慢冷却,以防出现扭裂。

9. 锻接

锻接是将两段或几段坯料加热后,用锻造的方法连接成牢固整体的一种锻造工序,又称锻焊。锻接主要用于小锻件生产或修理工作,如锚链的锻焊、刃具的夹钢和贴钢,它是将两种成分不同的钢料锻焊在一起。典型的锻接方法有搭接法、咬接法和对接法。搭接法是最常用的,也易于保证锻件质量,而交错搭接法操作较困难,用于扁坯料。咬接法的缺点是锻接时接头中氧化溶渣不易挤出。对接法的锻接质量最差,只在被锻接的坯料很短时采用。锻接的质量不仅和锻接方法有关,还与钢料的化学成分和加热温度有关,低碳钢易于锻接,而中、高碳钢则难以锻接,合金钢更难以保证锻接质量。

三、机器自由锻造

1. 机器自由锻造设备

使用机器设备,使坯料在设备上、下两砧之间受力变形,从而获得锻件的方法称为机器自由锻。常用的机器自由锻设备有空气锤、蒸气-空气锤和水压机,其中空气锤使用灵活,操作方便,是生产小型锻件最常用的自由锻设备。

空气锤的型号(用汉语拼音字母和数字表示):

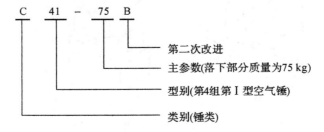

空气锤的规格由落下部分的质量来表示,一般为 50～1 000 kg。

1. 空气锤的结构原理

空气锤是由锤身(单柱式)、双缸(压缩缸和工作缸)、传动机构、操纵机构、落下部分和锤砧等几个部分组成的,如图 5-19 所示。空气锤是将电能转化为压缩空气的压力能来产生打击力的。空气锤的传动是由电动机经过一级皮带轮减速,通过曲轴连杆机构,使活塞在压缩缸内做往复运动产生压缩空气,进入工作缸使锤杆做上下运动以完成各项工作。

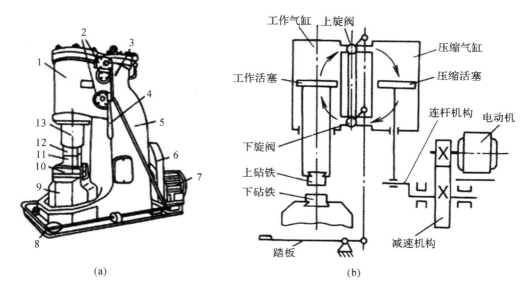

(a)　　　　　　　　　　　　　　(b)

图 5-19　空气锤

(a)外形图；　(b)传动示意图

1—工作缸；　2—上、下旋阀；　3—压缩缸；　4—连杆；　5—锤身；　6—减速机构；

7—电动机；　8—脚踏；　9—砧座；　10—下砧垫；　11—上砧块；　12—上砧块；　13—锤杆

2. 机器自由锻的工具

机器自由锻的常用工具如图 5-20 所示。

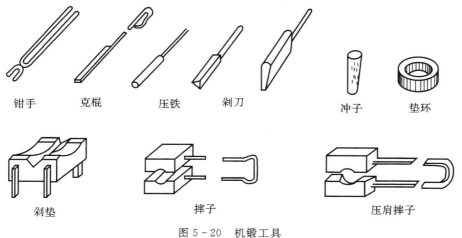

钳手　　　　克棍　　　　压铁　　　　剁刀　　　　　　　冲子　　　　垫环

剁垫　　　　　　　　　摔子　　　　　　　　　　压肩摔子

图 5-20　机锻工具

(1) 夹持工具:如圆钳、方钳、槽钳、抱钳、尖嘴钳、专用型钳等。

(2) 切割工具:剁刀、剁垫、克棍等。

(3) 变形工具:如压铁、摔子、压肩摔子、冲子、垫环等。

(4) 测量工具:如钢直尺、内外卡钳等。

(5) 吊运工具:如吊钳、叉子等。

3. 机器自由锻的操作

接通电源,起动空气锤后通过手柄或脚踏杆,操纵上、下旋阀,可使空气锤实现空转、锤头悬空、连续打击、压锤和单次打击五种动作,以适应各种加工需要。

(1)空转(空行程)。

当上、下阀操纵手柄在垂直位置,同时中阀操纵手柄在"空程"位置时,压缩缸上、下腔直接与大气连通,压力变成一致的,由于没有压缩空气进入工作缸,因此锤头不进行工作。

(2)锤头悬空。

当上、下阀操纵手柄在垂直位置,将中阀操纵手柄由"空程"位置转至"工作"位置时,工作缸和压缩缸的上腔与大气相通。此时,压缩活塞上行,被压缩的空气进入大气,压缩活塞下行,被压缩的空气由空气室冲开止回阀进入工作缸的下腔,使锤头上升,置于悬空位置。

(3)连续打击(轻打或重打)。

中阀操纵手柄在"工作"位置时,驱动上、下阀操纵手柄(或脚踏杆)向逆时针方向旋转使压缩缸上、下腔与工作缸上、下腔互相连通。当压缩活塞向下或向上运动时,压缩缸下腔或上腔的压缩空气相应地进入工作缸的下腔或上腔,将锤头提升或落下。如此循环,锤头产生连续打击。打击能量的大小取决于上、下阀旋转角度的大小,旋转角度越大,打击能量越大。

(4)压锤(压紧锻件)。

当中阀操纵手柄在"工作"位置时,将上、下阀操纵手柄由垂直位置沿顺时针方向旋转45°,此时工作缸的下腔及压缩缸的上腔和大气相连通。当压缩活塞下行时,压缩缸下腔的压缩空气由下阀进入空气室,并冲开止回阀经侧旁气道进入工作缸的上腔,使锤头压紧锻件。

(5)单次打击。

单次打击是通过变换操纵手柄的操作位置实现的。单次打击开始前,锤处于锤头悬空位置(即中阀操纵手柄处于"工作"位置),然后将上、下阀的操纵手柄由垂直位置迅速地向逆时针方向旋转到某一位置再迅速地转到原来的垂直位置(或相应地改变脚踏杆的位置)这时便得到单次打击。打击能量的大小随旋转角度而变化,转到45°时单次打击能量最大。如果将手柄或脚踏杆停留在倾斜位置(旋转角度≤45°),则锤头做连续打击。故单次打击实际上只是连续打击的一种特殊情况。

四、手工自由锻

利用简单的手工工具,使坯料产生变形而获得的锻件方法,称手工自由锻。

1. 手工锻造工具(见图5-21)

(1)支持工具:如羊角砧等。

(2)锻打工具:如各种大锤和手锤。

(3)成形工具:如各种型锤、冲子等。

(4)夹持工具:各种形状的钳子。

（5）切割工具：各种錾子及切刀。

（6）测量工具：钢直尺、内/外卡钳等。

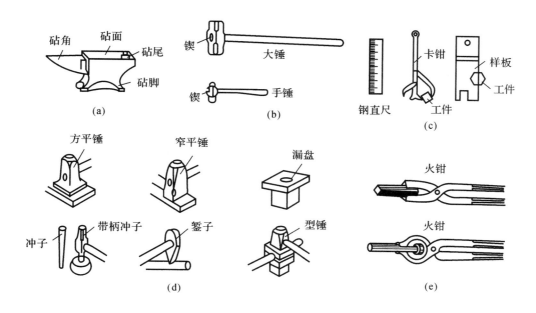

图 5-21　手工锻造工具

（a）铁钻；　（b）锻锤；　（c）测量工具；　（d）衬垫工具；　（e）火钳

3.手工自由锻的操作

（1）锻击姿势。手工自由锻时，操作者站在离铁砧约半步处，右脚在左脚后半步，上身稍向前倾，眼睛注视锻件的锻击点。左手握住钳杆的中部，右手握住手锤柄的端部，挥动小锤不断锤击。如果工件较大，需要另一个人协助，挥动大锤锤击工件，直至工件成形。锻击过程中，必须将锻件平稳地放置在铁砧上，并且按锻击变形需要，不断将锻件翻转或移动。

（2）锻击方法。手工自由锻时，持锤锻击的方法有：

1）手挥法：主要靠手腕的运动来挥锤锻击，锻击力较小，用于指挥大锤的打击点和打击轻重。

2）肘挥法：手腕与肘部同时作用、同时用力，锤击力度较大。

3）臂挥法：手腕、肘和臂部一起运动，作用力较大，可使锻件产生较大的变形量。但费力。

（3）锻造过程应严格注意做到"六不打"。

1）低于终锻温度不打。

2）锻件放置不平不打。

3）冲子不垂直不打。

4）剁刀、冲子、铁砧等工具上有油污不打。

5）镦粗时工件弯曲不打。

6）工具、料头易飞出的方向有人时不打。

第三节　模型锻造

一、模型锻造的概念

将加热后的坯料放到锻模的模腔内,经过锻造,使其在模腔所限制的空间内产生塑性变形,从而获得锻件的锻造方法叫作模型锻造,简称"模锻",如图 5-22 所示。模锻的生产率高,并可锻出形状复杂、尺寸准确的锻件,适宜在大批量生产条件下,锻造形状复杂的中、小型锻件。

目前常用的模锻设备有蒸汽-空气模锻锤、摩擦压力机等。蒸汽-空气模锻锤的规格也以落下部分的质量来表示,常用的为 1~10 t。

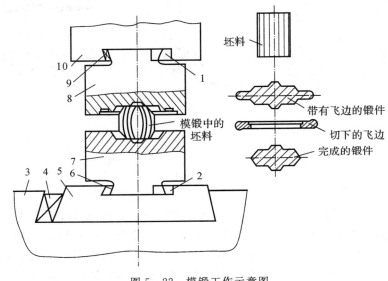

图 5-22　模锻工作示意图

1—上模用键；2—下模用键；3—砧座；4—模座用楔；5—模座；
6—下模用楔；7—下模；8—上模；9—上模用楔；10—锤头

二、胎模锻

胎模锻是在自由锻设备上使用简单的模具(称为胎模)生产锻件的方法。胎模的结构形式较多,图 5-23 为其中一种,它由上、下模块组成,模块上的空腔称为模膛,模块上的导销和销孔可使上、下模膛对准,手柄供搬动模块用。

胎模锻的模具制造简便,在自由锻锤上即可进行锻造,不需模锻锤。成批生产时,胎模锻与自由锻相比,锻件质量好,生产效率高,能锻造形状较复杂的锻件,在中、小批生产中应用广泛,但劳动强度大,不适于大型锻件。

胎模锻造所用胎模不固定在锤头或砧座上,按加工过程需要,可随时放在上、下抵铁上进行锻造。锻造时,先把下模放在下抵铁上,再把加热的坯料放在模膛内,然后合上上模,用锻锤锻打上模背部。待上、下模接触,坯料便在模膛内锻成锻件。胎模锻时,锻件上的孔也不能冲通,应留有冲孔连皮,锻件的周围亦有一薄层金属,称为毛边。因此,胎模锻后也要进行冲孔和切边,以去除连皮和毛边。其过程如图 5 - 24 所示。

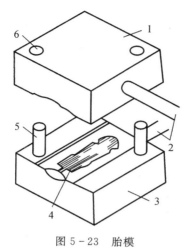

图 5 - 23　胎模

1—上模块;　2—手柄;　3—下模块;　4—模膛;　5—导销;　6—销孔

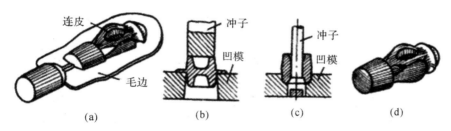

图 5 - 24　胎模锻的生产过程

(a)用胎模锻出的锻件;　(b)用切边模切边;　(c)冲掉连皮;　(d)锻件

　　常用的胎模结构形式主要有套筒模和合模两种。套筒模有开式筒模、闭式筒模和组合式筒模,主要用于锻造齿轮、法兰盘等回转体锻件。合模主要用于锻造连杆、叉形件等形状较复杂的非回转体锻件。

第四节　冲　　压

一、冲压生产概述

　　利用冲压设备和冲模使金属或非金属板料产生分离或变形的压力加工方法称为冲压,也称为板料冲压。这种加工方法通常是在常温下进行的,所以又称冷冲压。

　　板料冲压的原材料是具有较高塑性的金属材料,如低碳钢、铜及其合金、镁合金等,及非金属(如石棉板、硬橡皮、胶木板、皮革等)的板材、带材或其他型材。用于加工的板料厚度一般小于 6 mm。

　　冲压生产的特点如下:

（1）可以生产形状复杂的零件或毛坯。

（2）冲压制品具有较高的精度、较低的表面粗糙度，质量稳定，互换性能好。

（3）产品还具有材料消耗少、质量轻、强度高和刚度好的特点。

（4）冲压操作简单，生产率高，易于实现机械化和自动化。

（5）冲模精度要求高，结构较复杂，生产周期较长，制造成本较高，故只适用于大批量生产场合。

在一切有关制造金属或非金属薄板成品的工业部门中都可采用冲压生产，尤其在日用品、汽车、航空、电器、电机和仪表等工业生产部门，应用更为广泛。

二、板料冲压的主要工序

按板料在加工中是否分离，冲压工艺一般可分为分离工序和变形工序两大类。分离工序是在冲压过程中使冲压件与坯料沿一定的轮廓线互相分离；而变形工序是使冲压坯料在不被破坏的条件下发生塑性变形，并转化成所要求的成品形状。

在冲裁分离工序中，剪裁主要是在剪床上完成的。落料和冲孔又统称为冲裁，如图5-25所示，一般在冲床上完成。

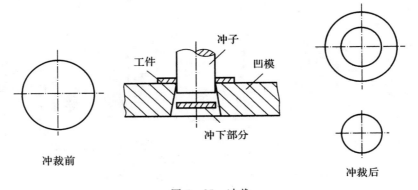

图5-25　冲裁

在变形工序中，还可按加工要求和特点不同分为弯曲（见图5-26）、拉深（又称拉延见图5-27）和成形等类。其中弯曲工序除了在冲床上完成之外，还可以在折弯机（如电气箱体加工）、滚弯机（如自行车轮圈制造等）上实行。弯曲的坯料除板材之外还可以是管子或其他型材。变形工序又可分为缩口、翻边（见图5-28）、扩口、卷边、胀形和压印等。

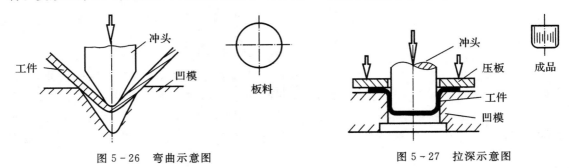

图5-26　弯曲示意图　　　　　图5-27　拉深示意图

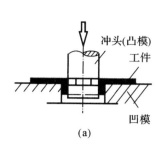 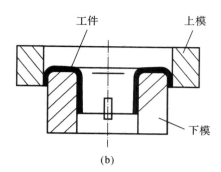

图 5-28　翻边

(a)内孔翻边；　(b)外缘翻边

三、冲压的主要设备

冲压所用的设备种类很多,但主要设备是剪床和冲床。

1. 剪床

剪床的用途是将板料切成一定宽度的条料或块料,以供给冲压所用,剪床传动机构如图 5-29 所示。剪床的主要技术参数是能剪板料的厚度和长度,如 Q11-2×1000 型剪床,表示能剪厚度为 2 mm、长度为 1 000 mm 的板材。当剪切宽度大的板材时,用斜刃剪床,当剪切窄而厚的板材时,应选用平刃剪床。

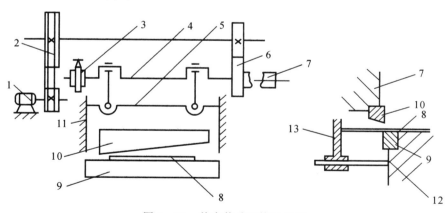

图 5-29　剪床传动机构示意图

1—电动机；　2—带轮；　3—制动器；　4—曲柄；　5—滑块；　6—齿轮；　7—离合器；　8—板料；
9—下刀片；　10—上刀件；　11—导轨；　12—工作台；　13—挡铁

2. 冲床

冲床是曲柄压力机的一种,可完成除剪切外的绝大多数基本工序。冲床按其结构可分为单柱式和双柱式、开式和闭式等;按滑块的驱动方式分为液压驱动和机械驱动两类。机械式冲床的工作机构主要由滑块驱动机构(如曲柄、偏心齿轮、凸轮等)、连杆和滑块组成。

图 5-30 为开式双柱式冲床的外形和传动简图。电动机经 V 带减速系统使大带轮转动,再经离合器使曲轴旋转。踩下踏板后,离合器闭合并带动曲轴旋转,再通过连杆带动滑块沿导轨做上下往复运动,完成冲压加工。冲模的上模装在滑块上,随滑块上下运动,上下模闭合一

次即完成一次冲压过程。踏板踩下后立即抬起,滑块冲压一次后便在制动器的作用下,停止在最高位置上,以便进行下一次冲压。若踏板不抬起,滑块则进行连续冲压。

通用性好的开式冲床的规格以额定标称压力来表示,如 100 kN(10 t)。其他主要技术参数有滑块行程距离(mm)、滑块行程次数(次/min)和封闭高度等。

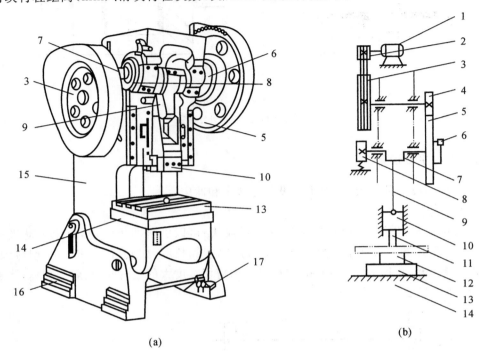

图 5-30 冲床

(a)外观图; (b)传动简图

1—电动机; 2—小带轮; 3—大带轮; 4—小齿轮; 5—大齿轮; 6—离合器;

7—曲轴; 8—制动器; 9—连杆; 10—滑块; 11—上模; 12—下模;

13—垫板; 14—工作台; 15—床身; 16—底座; 17—脚踏板

3.冲模

冲模是板料冲压的主要工具,其典型结构如图 5-31 所示。

一副冲模由若干零件组成,大致可分为以下几类:

(1)工作零件。如凸模 1 和凹模 2 为冲模的工作部分,它们分别通过压板固定在上、下模板上,其作用是使板料变形或分离,这是模具关键性的零件。

(2)定位零件。如导料板 9,定位销 10,用以保证板料在冲模中具有准确的位置。导料板控制坯料进给方向,定位销控制坯料进给量。

(3)卸料零件。如卸料板 8。当冲头回程时,可使凸模从工件或坯料中脱出。亦可用弹性卸料,即用弹簧、橡皮等弹性元件通过卸料板推下板料。

(4)模板零件。如上模板 3、下模板 4 和模柄 5 等。上模借助上模板通过模柄固定在冲床滑块上,并可随滑块上下运动;下模借助下模板用压板螺栓固定在工作台上。

(5)导向零件。如导套 11、导柱 12 等,是保证模具运动精度的重要部件,分别固定在上、下模板上,其作用是保证凸模向下运动时能对准凹模孔,并保证间隙均匀。

（6）固定板零件。如凸模压板 6、凹模压板 7 等,使凸模、凹模分别固定在上、下模板上。

（7）此外还有螺钉、螺栓等联接件。

以上所有模具零件并非每副模具都须具备,但工作零件、模板零件、固定板零件等则是每副模具所必须有的。

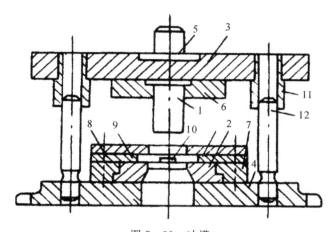

图 5 - 31　冲模

1—凸模；　2—凹模；　3—上模板；　4—下模板；　5—模柄；　6,7—压板；
8—卸料板；　9—导料板；　10—定位销；　11 导套；　12—导柱

冲床操作安全规范如下:

（1）冲压工艺所需的冲剪力或变形力要低于或等于冲床的标称压力。

（2）开机前应锁紧所有调节和紧固螺栓,以免模具等松动而造成设备、模具损坏和人身安全事故。

（3）开机后,严禁将手伸入上、下模之间,取下工件或废料时应使用工具。冲压进行时严禁将工具伸入冲模之间。

（4）两人以上共同操作时应由 1 人专门控制踏脚板,踏脚板上应有防护罩,或将其放在隐蔽安全处,工作台上应取尽杂物,以免杂物坠落于踏脚板上造成误冲事故。

（5）装拆或调整模具应停机后进行。

第六章 车削加工

第一节 概 述

一、车削加工的用途和特点

车削加工是机械加工方法中应用最为广泛的方法之一,是加工轴类、盘类零件的主要方法。车削加工可以加工各种回转体内外表面,如内/外圆柱面、圆锥面、成形回转面等(见图6-1),还可以利用特殊装置加工非圆表面。在机械制造中车床占机床总数的20%~35%,因此车削加工占有重要地位。

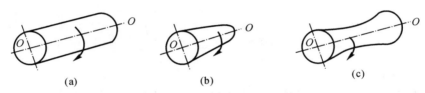

图 6-1 车削加工的各种表面
(a)圆柱面; (b)圆锥面; (c)成形回转面

现将车削加工的特点归纳如下:

(1)车削加工应用广泛,能很好适应工件材料、结构、精度、表面粗糙度及生产批量的变化,可车削各种钢材、铸件等金属,又可车削玻璃钢、尼龙、胶木等非金属。对不易进行磨削的有色金属工件的精加工,也可采用金刚石车刀进行精细车削。

(2)车削加工一般是等截面(即切削宽度、切削厚度均不变,其中,粗车时毛坯余量的不均匀可忽略不计)的连续切削,因此,切削力变化小,切削过程平稳,可进行高速切削和强力切削,生产率较高。

(3)车削采用的车刀一般为单刃刀,其结构简单、制造容易、刃磨方便、安装方便。同时,可根据具体加工条件选用刀具材料和切磨合理的刀具角度。这对保证加工质量、提高生产率、降低生产成本具有重大意义。

(4)车削加工尺寸精度范围一般在 IT12~IT7 之间,表面粗糙度值 Ra 为 12.5~0.8 μm,适于工件的粗加工、半精加工和精加工。

二、车削运动及参数

1. 车削运动

为了形成零件表面形状,刀具与工件之间的相对运动称为切削运动。

(1)主运动:切下切屑最主要的运动。

特点:在整个运动系统中,主运动速度最高、消耗的功率最大,主运动只有一个。

(2)进给运动:使金属层不断投入切削,加工出完整表面所需的运动。

特点:速度低、消耗的功率小,有一个或多个。

(3)零件上的三个表面:已加工表面、待加工表面、加工表面,如图6-2所示。

2.切削要素

(1)切削用量三要素(见图6-3)。

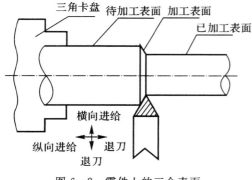

图6-2 零件上的三个表面

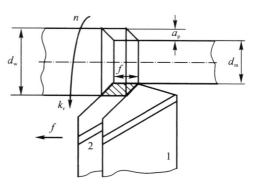

图6-3 切削用量三要素

1)切削速度 v(m/s)。

切削速度是指在单位时间内,工件或刀具沿主运动方向的相对位移。

$$v = \frac{\pi d_w n}{1\,000 \times 60}$$

2)进给量 f(mm)。

进给量是指在单位时间内(主运动的一个循环内),刀具或工件沿进给运动方向的相对位移。单位时间的进给量为进给速度(v_f)。

$$v_f = f \times n$$

3)切削深度 a_p(mm)。

$$a_p = \frac{d_w - d_m}{2}$$

(2)切削层的几何参数(见图6-4)。

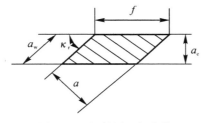

图6-4 切削层几何参数

切削层是指工件上正在被切削刃切削的那一层金属,即两个相邻加工表面之间的那一层金属。

1)切削厚度 a_c(mm)。

两相邻加工表面之间的垂直距离为切削厚度。

$$a_c = f \times \sin\kappa_r$$

2)切削宽度 a_w(mm)。

沿主刀刃度量的切削层的长度为切削宽度。

$$a_w = \frac{a_p}{\sin\kappa_r}$$

3)切削面积 A_c(mm^2)。

$$A_c = f \times a_p = a_c \times a_w$$

(3)切屑的形成过程及切屑的影响因素。

对塑性金属进行切削时,切屑的形成过程就是切削层金属的变形过程。在工件受到刀具的挤压以后,切削层金属在始滑移面 OA 以左发生弹性变形。在 OA 面上,应力达到材料的屈服强度,则发生塑性变形,产生滑移现象。随着刀具的连续移动,原来处于始滑移面上的金属不断向刀具靠拢,应力和变形也逐渐加大。在终滑移面上,应力和变形达到最大值。越过该面,切削层金属将脱离工件基体,沿着前刀面流出而形成切屑。

1)切屑的形成过程(见图 6-5)与切屑变形。

A. 切屑的形成过程:刀刃接触工件→挤压工件→弹性变形→塑性变形→挤压撕裂→形成切屑。

B. 切屑变形:切屑在车削加工的过程中,受切削力和切削高温的作用,发生弯曲变形。

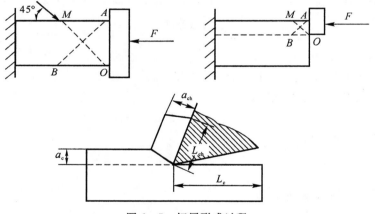

图 6-5　切屑形成过程

2)切屑的变形程度用变形系数 ξ 表示。

$$\xi = L_c/L_{ch} = a_{ch}/a_c > 1$$

3)影响屑变形的因素:

A. 刀具角度:前角增大,变形系数 ξ 减少。

B. 车削速度:车削速度增大,变形系数 ξ 减少。

C. 材料塑性:材料塑性减少,变形系数 ξ 减少。

D. 刀具与切屑之间的摩擦因数:摩擦因数,变形系数 ξ 减少。

第二节 车床主要结构

车床型号是根据 GB/T 15375—2008《金属切削机床 型号编制方法》的规定,用汉字、数字及英文字母按一定的组合进行编号的。

(1)车床的型号:CA6140。

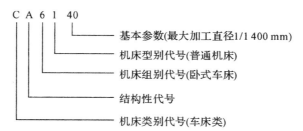

- 基本参数(最大加工直径1/1 400 mm)
- 机床型别代号(普通机床)
- 机床组别代号(卧式车床)
- 结构性代号
- 机床类别代号(车床类)

(2)主要组成:CA6140 型卧式车床主要由主轴箱、进给箱、溜板箱、挂轮、床身、刀架和尾座等部件组成,如图 6-6 所示。

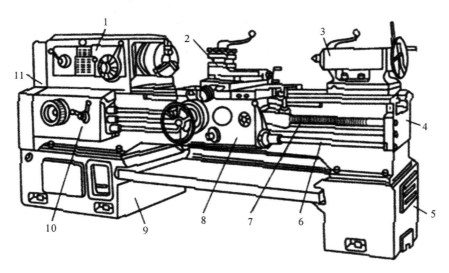

图 6-6 CA6140 型卧式车床
1—主轴箱; 2—刀架; 3—尾座; 4—床身; 5,9—床腿;
6—光杠; 7—丝杠; 8—溜板箱; 10—进给箱

1)床身:连接各主要部件并保证各部件之间有正确的相对位置,是机床的基础。

2)主轴箱:主轴箱内装空心主轴和主轴变速机构。动力经变速机构传给主轴,使主轴按规定的速度带动工件旋转,实现主运动。主轴又通过传动齿轮带动挂轮旋转,将运动传给进给箱。

3)进给箱:进给箱内装进给运动的变速机构,调整各手柄位置,可以获得所需要进给量或加工螺纹的螺距,并将主轴的旋转运动传给光杠或丝杠。

4)溜板箱(Glide Box):溜板箱与刀架相连,将光杠或丝杠的运动传给刀架。光杠运动时,可将刀架的横向或纵向进给。丝杠运动时,可实现车削螺纹。

5)光杠和丝杠:光杠和丝杠将进给箱的运动传给溜板箱。自动走用光杠,车削螺纹用丝杠,光杠和丝杠不能同时使用。

6)刀架:刀架用来装夹车刀并可做横向、纵向和斜向运动,由大拖板、中拖板、小拖板、转盘和方刀架组成。

大拖板与溜板箱连接,可带动车刀沿床身导轨做纵向移动。中拖板可沿大拖板上的导轨做横向移动,转盘与中拖板用螺栓紧固,松开螺母,可使其在水平面内转动任意角度。小拖板可沿转盘上的导轨做短距离纵向进给或在转动转盘后做斜向进给。方刀架安装在小拖板上,用于装夹刀具,可同时安装四把车刀。

7)尾座:尾座用来支撑工件,安装孔加工刀具,可在导轨上纵向移动并固定在所需位置上。

(3)主轴箱、溜板箱及尾座操作。

1)主轴箱的主要变换和操作手柄如图6-7所示。

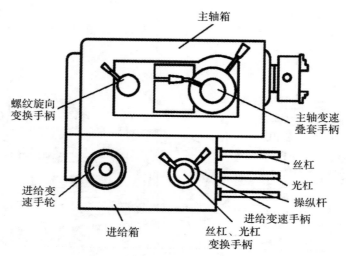

图6-7　主轴箱与进给箱的操作

2)溜板箱的操作台如图6-8所示。

3)尾座的结构和操作部件如图6-9所示。

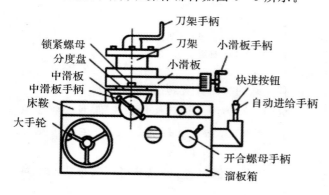

图6-8　溜板箱的操作

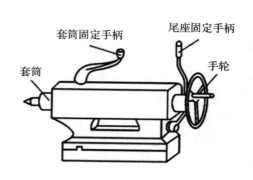

图6-9　尾座的结构和操作

（4）卧式车床的加工范围。

卧式车床所能加工的典型表面如图6－10所示。

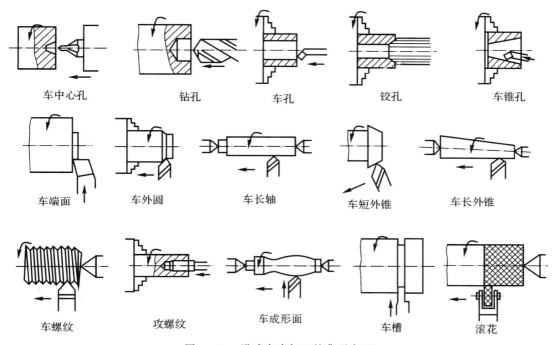

车中心孔　　　　钻孔　　　　车孔　　　　铰孔　　　　车锥孔

车端面　　　车外圆　　　车长轴　　　车短外锥　　　车长外锥

车螺纹　　　攻螺纹　　　车成形面　　　车槽　　　滚花

图6－10　卧式车床加工的典型表面

第三节　车刀及夹具

一、车刀

1.车刀的结构

车刀刀头在切削时直接接触工件，它具有一定的几何形状，如图6－11所示。

2.车刀的种类

（1）按用途车刀可分为以下几种：

1）外圆车刀：如图6－12（b）（c）（d）所示，主偏角一般取75°和90°，用于车削外圆表面和台阶。

2）端面车刀：如图6－12（i）所示，主偏角一般取45°，用于车削端面和倒角，也可用来车外圆。

3）切断、切槽刀：如图6－12（a）（k）所示，用于切断工件或车沟槽。

4）镗孔刀：如图6－12（m）（l）所示，用于车削工件的内圆表面，如圆柱孔、圆锥孔等。

5）成形刀：如图6－12（f）所示，有凹、凸之分，用于车削圆角和圆槽或者各种特殊面。

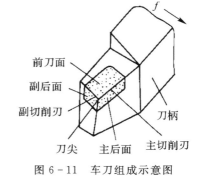

图6－11　车刀组成示意图

前刀面　副后面　副切削刀　刀尖　主后面　刀柄　主切削刃　f

6）内、外螺纹车刀：如图6-12(h)(j)所示，用于车削外圆表面的螺纹和内圆表面的螺纹。

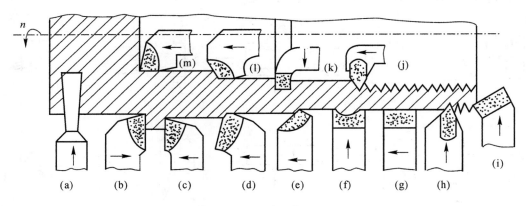

图6-12　车刀按用途分类

（2）按结构车刀分为以下几种：

1）整体式车刀：刀头部分和刀杆部分均为同一种材料。整体式车刀的刀具材料一般是整体高速钢，如图6-13(a)所示。

2）焊接式车刀：刀头部分和刀杆部分分属两种材料，即刀杆上镶焊硬质合金刀片，而后经刃磨所形成的车刀，如图6-13(b)所示。

3）机械夹固式车刀：刀头部分和刀杆部分分属两种材料。它是将硬质合金刀片用机械夹固的方法固定在刀杆上的，如图6-13(c)所示。

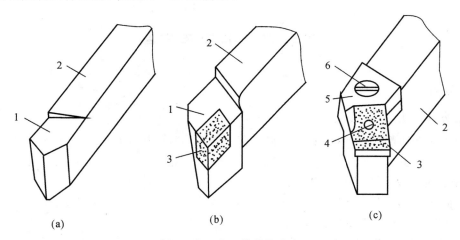

图6-13　车刀按结构分类
（a)整体式；　(b)焊接式；　(c)机夹式
1—刀头；　2—刀体；　3—刀片；　4—圆柱销；　5—嵌体；　6—压紧螺钉

二、车刀刃磨

（1）车刀刃磨的方法和步骤。

1）先磨去前面、后面上的焊渣，并将车刀底面磨平，可用粒度号为24～36号的氧化铝砂轮。

2)粗磨主后面和副后面的刀柄部分:刃磨时,在砂轮的外圆柱略高于砂轮中心的水平位置将车刀翘起一个比刀体上后角大20°～30°的角度,并做左右缓慢移动,以便刃磨刀体上的主后角和副后角。可选粒度为24～36号、中软的氧化铝砂轮。

3)粗磨刀体上的主后面:磨后刀面时,刀柄应与砂轮轴线保持平行,同时刀体的底平面向砂轮方向倾斜一个比主后角大20°的角度。刃磨时,先把车刀已磨好的后隙面靠在砂轮的外圆上,以接近砂轮的中心位置为刃磨的起始位置,然后使刃磨继续向砂轮靠近,并做左右缓慢移动。砂轮磨至刀刃处即可结束。这样可同时磨出主偏角与主后角。可选用36～60号的碳化硅砂轮。

4)粗磨刀体上的副后角:磨副后面时,刀柄尾部应向右转过一个副偏角的角度,同时车刀底平面向砂轮方向倾斜一个比副后角大20°的角度,具体刃磨方法与粗磨刀体上主后面大体相同,不同的是粗磨副后面时砂轮应磨到刀尖处为止,也可同时磨出副偏角和副后角。

5)粗磨前面:以磨光片的端面粗磨出车刀的前面,并在磨前面的同时磨出前角。

6)磨断屑槽:断屑槽有两种,一种是直线型,适用于切削较硬的材料;一种是圆弧型,适用于较软的材料。

7)精磨主后面与副后面:精磨前最好修整好磨光片,保持车刀平稳旋转,车刀的底平面靠在调整好的托架上,并使切削刃轻轻靠在砂轮端面上,沿砂轮的端面缓慢左右移动。可选用粒度为180～200号的砂轮。

8)磨负倒棱:负倒棱的倾斜角度为 $-100°\sim-50°$,宽度 $b=0.5\sim0.8$ mm。对于采用较大前角的硬质合金车刀,以及强度与硬度特别低的材料不宜采用负倒棱。磨负倒棱时,用力要轻,要使主切削刃的后端向刀尖方向摆动。刃磨时可采用直磨法和横磨法,最好采用直磨法。

9)磨过渡刃:磨过渡刃与磨后刀面的方法相同,刃磨车削较硬材料的车刀时,也可在过渡刃上磨出负倒棱。

10)车刀的手工研磨:用油石研磨,要求动作平稳,用力均匀。

(2)车刀刃磨的注意事项。

1)严格遵守砂轮机的使用规章制度。

2)每台砂轮机同时只允许一人使用。

3)车刀刃磨时,不能用力过大,以防打滑伤手。

4)车刀高低必须控制在砂轮水平中心,刀头略向上翘,否则会出现后角过大或负后角等弊端。

5)车刀刃磨时应做水平的左右移动,以免砂轮表面出现凹坑。

6)在平形砂轮上磨刀时,尽可能避免磨砂轮侧面,防止用力过大造成砂轮破碎,甚至伤人。

7)刃磨硬质合金车刀时,不可把刀头部分放入水中冷却,以防刀片突然冷却而碎裂。刃磨高速钢车刀时,应随时用水冷却,以防车刀过热退火,降低硬度。

8)在磨刀前,要对砂轮机的防护设施进行检查,如防护罩壳是否齐全,有托架的砂轮,其托架与砂轮之间的间隙是否恰当等。

9)结束后,应随手关闭砂轮机电源。

10)车刀刃磨练习的重点是掌握车刀刃磨的姿势和刃磨方法。

三、工件装夹方法

1. 工件的安装

(1)定位:工件在机床上加工时,为保证加工精度和提高生产率,必须使工件在机床上相对刀具占有正确的位置,这个过程称为定位。

(2)夹紧:为克服切削过程中工件受外力的作用而破坏定位,必须对工件施加夹紧力,这个过程称为夹紧。

(3)装夹:定位和加紧总称为装夹。

2. 安装方法

(1)直接找正安装法:用百分表、划针找正或用目测,在机床上直接找正工件,使工件获得正确位置的方法。该方法效率低,适于单件小批生产和定位精度要求较高的情况。

(2)划线找正安装法:当零件形状很复杂时,可先用划针在工件上画出中心线、对称线或各加工表面的加工位置,然后按划好的线来找正工件在机床上的位置。该方法适于单件小批生产或毛坯精度较低、大型工件粗加工。

(3)夹具安装法:机械加工中所使用的机床夹具是一种能使工件在机床上快速实现定位并夹紧的附加工艺装置。它在工件未安装前已预先调整好机床与刀具间正确的相对位置,所以加工一批工件时,不必再逐个找正定位,将工件安装在夹具中,就能保证加工的技术要求。该方法效率高,易保证质量,广泛用于批量生产。

四、常用车床夹具的种类

(1)三爪自定心卡盘。

三爪自定心卡盘用于多种金属机床上,能自定中心夹紧或撑紧圆形、三角形等各种形状的外表面或内表面的工件,进行各种机械加工,夹紧力可调,方之精度高,能满足普通精度机床的要求。三爪自定心卡盘的结构如图 6-14 所示。

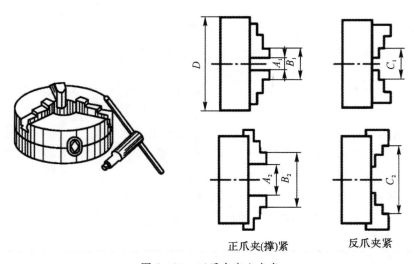

图 6-14 三爪自定心卡盘

（2）固定顶尖。

顶尖的一端可顶中心孔或管料的内孔，另一端可顶端面是球形或锥形的零件，顶尖由夹紧装置固定。当零件不允许或无法打中心孔时，可用夹紧装置直接夹住车削。壳体与芯轴钻有销孔，用固定销的销入或去除来实现顶尖的"死""活"二用。顶尖还可用于工件的钻孔、套牙和铰孔。

机床通用的机床固定顶尖，由三爪自定心卡盘或四爪卡盘通过紧固件连接在壳体上，壳体与芯轴之间配有轴承，用固定销嵌入配合，其特征在于顶尖一端是外凸的尖锥和斜花键，另一端是内凹的半球形和锥形盲孔。固定顶尖分为普通顶尖和镶硬质合金固定顶尖。固定顶尖结构如图 6-15 所示。

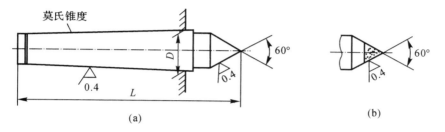

(a)

图 6-15　固定顶尖

(a)普通固定顶尖；　（b）镶硬质合金固定顶尖

（3）回转顶尖。

回转顶尖在机床对工件的加工中起到了非常重要的作用。回转顶尖进行转动，然后用顶尖插接，就能够使得机器更加顺畅运转。同时，如果机器中使用回转顶尖，就能够解决或者直接避免一些本可不必要的问题的产生。回转顶尖的基本结构如图 6-16 所示。

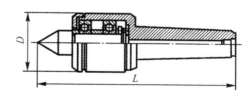

图 6-16　回转顶尖

（4）鸡心夹头。

鸡心夹头是一种用于加工轴类零件的夹具，主要通过主轴头上安装的卡盘拨动鸡心夹转动，由于鸡心夹紧紧地夹在工件上，工件自然随着工件转动，它限制了轴的回转自由度。鸡心夹头的样式如图 6-17 所示。

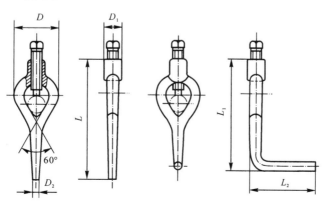

图 6-17　鸡心夹头

(5)花盘。

这类夹具的夹具体称花盘,上面开有若干个 T 形槽,安装定位元件、夹紧元件和分度元件等辅助元件,可加工形状复杂工件的外圆和内孔。这类夹具不对称,要注意平衡。花盘结构如图 6 - 18 所示。

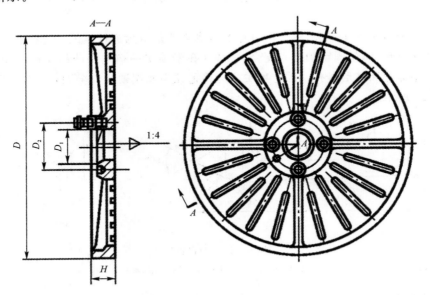

图 6 - 18　花盘

第四节　车　　削

根据加工工艺要求,车削分为粗车、半精车和精车。

粗车的目的是尽快切去毛还上大部分的加工余量,使工件接近形状和尺寸要求。粗车后,一般尺寸精度可达 IT12～IT1,表面粗糙度值 Ra 为 $12.5～6.3 \mu m$。

精车的目的是保证零件的尺寸精度和表面粗糙度要求。精车后尺寸精度可达 IT8～IT7、表面粗糙度值 Ra 为 $1.6 \mu m$(精车有色金属可达 $0.8～0.4 \mu m$)。精车一般靠试车保证尺寸精度。

一、车削外圆

车削外圆是最基本的车削加工方法,其方法如图 6 - 19 所示。

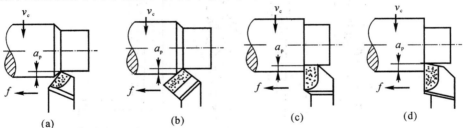

图 6 - 19　车削外圆

直头车刀主要用于无台阶的外圆粗车,并可倒角;45°弯头车刀用于有台阶的外圆粗车,也可用于车端面和倒角;90°车刀用于有直角台阶的外圆和细长轴的粗车和精车。

(1)外圆车削分粗车和精车。

粗车的目的是切除大部分余量,提高生产率。

精车的目的是保证零件的加工精度和表面质量,达到图样上的工艺要求。

(2)车外圆的方法。

1)移动床鞍至工件的右端,用中滑板控制进刀深度,摇动小滑板丝杠或床鞍纵向移动车削外圆,一次进给完毕,横向退刀,再纵向移动刀架或床鞍至工件右端,进行第二次、第三次进给车削,直至符合图样要求为止。

2)在车削外圆时,通常要进行试切削和实时测量。其具体方法是:在工件直径余量的 1/2 处做横向进刀,当车刀在纵向外圆上进给 2 mm 左右时,纵向快速退刀,然后停车测量(注意横向不要退刀)。如果已经符合尺寸要求,就可以直接纵向进给进行车削,否则可按上述方法继续进行试切削和试测量,直至达到要求为止。

3)为了确保外圆的车削长度,通常先采用刻线痕法,后采用测量法进行,即在车削前根据需要的长度,用钢直尺、样板或卡尺及车刀刀尖在工件的表面刻一条线痕,然后根据线痕进行车削,车削完毕后,再用钢直尺或其他工具复测。

二、车削端面

车削端面常用偏刀或弯头车刀,如图 6-20 所示。车刀安装时,刀尖应对准工件中心,以免车出的端面中心留有凸台或崩刃。为提高端面的加工质量,可由中心向外车削。

车削端面,先起动车床使工件旋转,移动小滑板或床鞍控制进刀深度,然后锁紧床鞍,摇动中滑板丝杠进给,由工件外圆向中心或由工件中心向外圆进行车削,如图 6-20 所示。

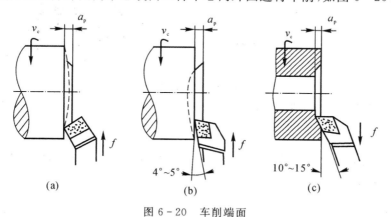

图 6-20 车削端面

三、车削锥面

车锥面的方法有小滑板转位法、尾座偏移法、宽刀法。

1.小滑板转位法

刀架调整:将小刀架扳转 $\alpha/2$,使车刀的运动轨迹与所要求的圆锥素线平行,如图 6-21所示。

特点:操作简单,可加工任意锥角的内、外锥面。但加工长度受小滑板行程的限制,一般手动进给,表面粗糙度较难控制。

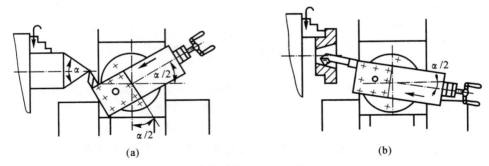

(a)   (b)

图 6-21　小滑板转位法车锥面

2.尾座偏移法

工件或心轴安装在前、后顶尖之间,将后顶尖横向偏移一定距离 S,使工件回转轴线与车床主轴轴线的夹角等于工件圆锥斜角 $\alpha/2$。松开固定螺母 5 和调节螺钉 3 或 6,再拧紧调节螺钉 6 或 3,尾座体即可沿尾座导轨横向移动,如图 6-22 所示。

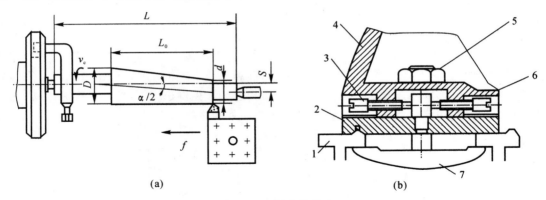

(a)   (b)

图 6-22　尾座偏移法

1—床身导轨；　2—尾座导轨；　3,6—调节螺钉；　4—尾固定；　5—螺母；　7—压板

3.宽刀法

用宽刀法车削会产生很大的切削力,易引起振动,所以车床刚性要好,并将中、小滑板的间隙调小一些,如图 6-23 所示。

四、车削孔

1.钻孔

为防止钻头钻偏,钻孔前一般应先加工孔的端面,将其车平,有时也用中心钻钻出中心孔作为钻头的定位孔,手动慢慢转动尾座手轮进给,在加工过程中多次退出钻头,以利排屑和冷却,钻削时要加注切削液,如图 6-24 所示。

2.扩孔

在车床上扩孔钻和扩孔(见图 6-25)的主要特点如下:

已有孔部分不切削,这样就避免了麻花钻钻削时横刃所产生的不良影响;由于背吃刀量小,切屑少,杆部直径大,刚性好,排屑容易,所以可增大切削用量;扩孔钻的刃齿比麻花钻多(前者一般有 3~4 齿),导向性好;扩孔可改善孔的加工质量,且生产率高。

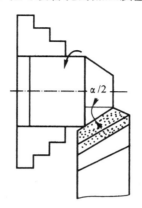

图 6 - 23　宽刀法车锥面

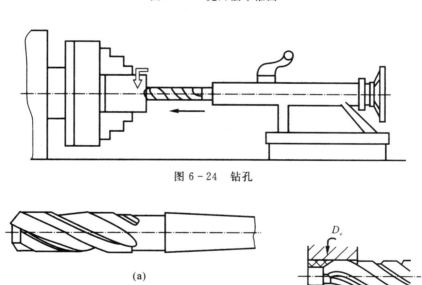

图 6 - 24　钻孔

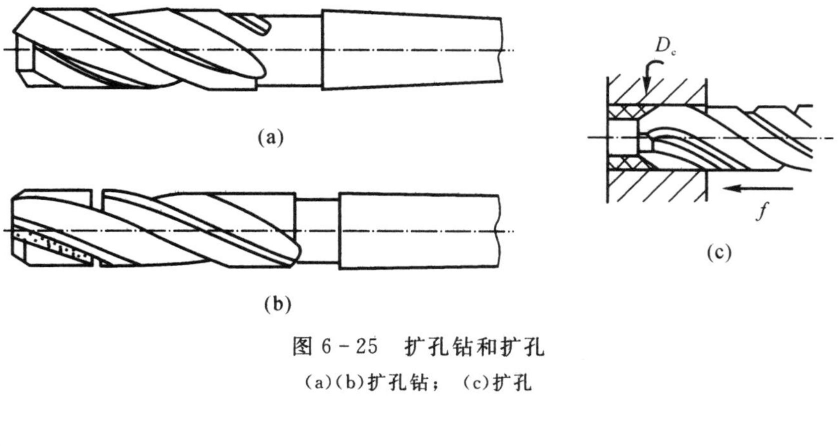

(a)

(b)

(c)

图 6 - 25　扩孔钻和扩孔

(a)(b)扩孔钻;　(c)扩孔

3. 铰孔

铰孔(见图 6 - 26)技术要求如下:

(1)正确选择铰刀直径。铰孔的精度主要取决于铰刀的尺寸,铰刀的选择取决于被加工孔的尺寸(直径和深度)和孔所要求的加工精度。

(2)注意铰刀刀刃质量。铰刀刃口必须锋利,没有崩刃、残留切屑和毛刺。

（3）正确安装铰刀。铰孔前，必须调整尾座套筒轴线，使其与主轴轴线重合，保证铰刀的中心线和被加工孔的中心线一致，防止出现孔径过大或喇叭口现象。

（4）铰削用量的选择。铰削加工余量视孔径和铰刀而定。

（5）合理选用切削液。铰钢件时，必须用切削液，一般多选用乳化液切削液；铰铸件时，一般不用切削液，或用煤油作切削液。

（6）铰孔前对孔的要求。铰孔前，孔的表面粗糙度值要小于 $3.2~\mu m$。

铰孔由于多采用浮动铰削，对修正孔的位置误差能力差，孔的位置精度由前道工序保证，因此铰孔前往往安排扩孔、车孔工序。

4. 车孔

车孔（见图 6-27）要解决的关键问题是提高内孔车刀的刚性和解决车通孔、盲孔的排屑问题。

产生这种问题的原因是车孔时，刀杆截面积受孔径限制，刀杆伸出长，刚性差，会造成孔轴线直线度误差。

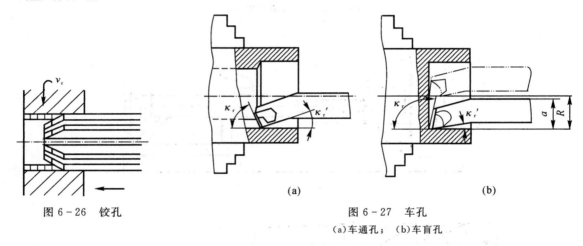

图 6-26 铰孔

(a)

(b)

图 6-27 车孔
(a)车通孔； (b)车盲孔

车孔方法如下：

（1）尽量增加刀杆的截面积，提高刀杆的刚性。

（2）刀杆的伸出长度应尽可能缩小。刀杆伸出长度只须略大于孔深，并要求刀杆的伸长能根据孔深加以调节。

（3）控制切屑的流出方向。采用正刃倾角内孔车刀使切屑流向待加工表面（前排屑）。

五、车削螺纹

车削螺纹是指螺纹加工的过程，具体是指工件旋转一转，车刀沿工件轴线移动一个导程，刀刃的运动轨迹就形成了工件的螺纹表面的螺纹加工过程。

螺纹的加工方法很多，其中用车削的方法加工螺纹是常用的。无论车削哪一种螺纹，车床主轴与刀具之间必须保持严格的运动关系：主轴每转一圈（即工件转一圈），刀具应均匀地移动一个导程的距离。工件的转动和车刀的移动都是通过主轴的带动来实现的，从而保证了工件和刀具之间严格的运动关系。

外螺纹车刀如图 6-28 和图 6-29 所示 。

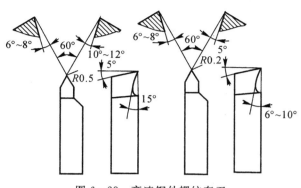

图 6-28　高速钢外螺纹车刀

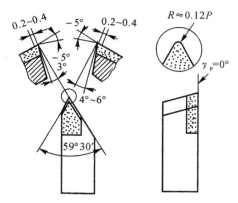

图 6-29　硬质合金外螺纹车刀

1. 车削螺纹技术要求

(1)螺纹加工前尺寸的确定。

一般螺纹外圆直径比螺纹大径尺寸小,一般为 0.12P(P 为螺距)。工件上应预先加工好退刀槽。

(2)机床调整。

车削螺纹时,要变换进给箱手柄,接通丝杠。根据所加工的螺距查阅进给箱铭牌,选择配换挂轮,并进行调整或装卸。

1)螺纹车刀。

螺纹车刀属于切削刀具的一种,是用来在车削加工机床上进行螺纹的切削加工的一种刀具。

2)切削用量确定。

为了获得合格的螺纹中径 d_2(或 D_2),必须准确控制多次进给切削的总背吃刀量。一般根据螺纹牙高(螺纹牙高为 0.541 3P),由刻度盘进行大致控制,每次走刀的背吃刀量按先粗后精的原则确定,并用螺纹量规或其他测量中径值的方法进行检验控制。最后一刀可采用光车。

3)螺纹车刀的安装(见图 6-30)。

刀尖必须与工件螺纹轴线等高,刀尖角的平分线必须与工件轴线垂直。将样板靠平工件外圆,螺纹车刀的两侧切削刃与样板的角度槽对齐,作透光检查,如车刀歪斜,用铜棒轻敲刀柄,使车刀位置对准样板。对好后,紧固车刀,再复查一次,以防拧紧刀架螺钉时车刀移动。

4)螺纹车削步骤(见图 6-31):

A. 精车至螺纹外径并倒角。

B. 根据铭牌表上的螺距调整进给速度,在工件表面试车划线。

C. 在工件表面上测量螺距。

D. 根据螺距计算出进刀深度,并计算进刀次数。

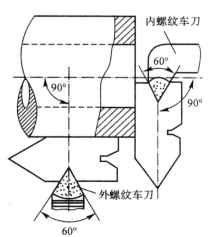

图 6-30　螺纹车刀的安装

E. 对刀,按下开和螺母,根据总进刀深度多次进给车内螺纹。

F. 车削完螺纹后,退刀。

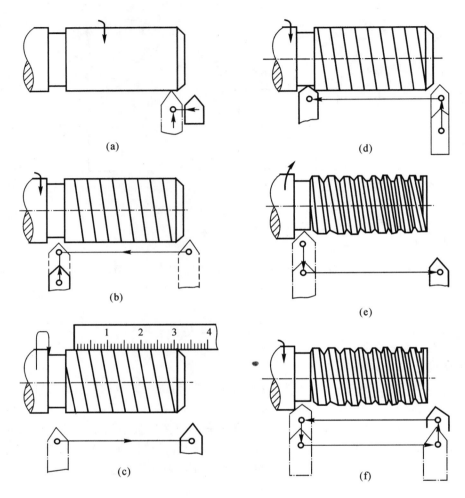

图 6-31 螺纹车削步骤

5)螺纹车削注意事项:

A. 车螺纹前要用样板仔细对刀,以保证车刀工作时具有正确的位置。

B. 工件装夹牢固,伸出部分不宜太长,避免工件松动。

C. 为了便于退刀,主轴转速不宜过高,主轴转速高时退刀槽要宽些。

D. 为降低螺纹的表面粗糙度,保证螺纹的中径,应多次用螺纹套规或标准螺母旋入检查,并细心地调整背吃刀量,直至合格。

E. 当丝杆螺距与工件螺距不等于整数时,加工过程中不能随意打开开合螺母,以避免发生"乱牙"。

F. 如果在车削过程中换刀或磨刀,则均应重新对刀。

六、滚花

1. 花纹的种类

滚花的花纹一般有直纹滚花和网纹滚花两种。

2. 滚花刀

滚花刀一般有单轮、双轮和六轮三种，单轮滚花刀通常是压直花纹用，双轮滚花刀和六轮滚花刀用于滚压网花纹。双轮滚花刀是由节距相同的一个左旋和一个右旋滚花刀组成一组，六轮滚花刀以模数分成三组安装在同一个特制的刀杆上，如图6-32所示。

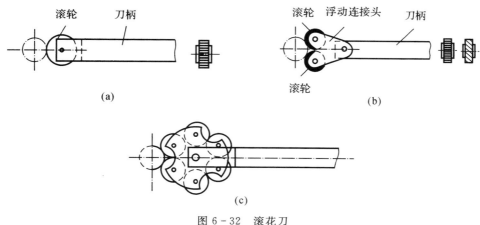

图 6-32　滚花刀

3. 滚花前的车削尺寸

由于滚花是使工件表面产生塑性变形而形成花纹的，随着花纹的形成，滚花后工件直径会增大，所以在车削滚花外圆时，应根据工件材料的性质和工件花纹要求的模数，将工件直径车小0.8～1.6 mm。

4. 滚花方法

滚花刀装夹在刀架上，滚轮中心与工件回转中心等高。滚压有色金属或滚花要求较高的工件时，滚花刀的装夹应与工件表面平行，滚压碳素钢或滚花要求一般的工件时，可使花刀刀柄尾部向左偏斜3°～5°以便于切入工件表面不产生乱纹。开始滚压时，挤压力要大，使工件圆周上一开始就形成较深的花纹，这样就不容易产生乱纹，为了减少开始时的径向压力，可用滚花刀宽度的1/2或1/3进行挤压，这样滚花刀就容易切入工件表面，在停车检查花纹符合要求后，即可纵向机动进给，这样滚压1～2次就可完成滚花。

5. 车床滚花的注意事项

滚压过程中，要经常加润滑油和清除切屑，避免滚花刀损坏和防止滚花刀被切屑滞塞而影响花纹的清晰度。切削深度要大，否则滚出来的花非常碎，转速要尽量慢，进给量也要小。

七、切槽

在工件表面上车沟槽的方法叫切槽，形式有外槽、内槽和端面槽，如图6-33所示。

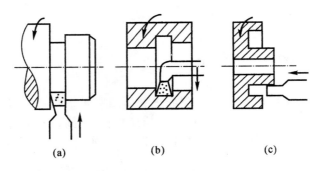

图 6-33　常用的切槽方法

(a)车外槽；　(b)车内槽；　(c)车端面槽

1.切槽刀的选择

常选用高速钢切槽刀切槽。

2.切槽的方法

车削精度不高和宽度较窄的矩形沟槽,可以用刀宽等于槽宽的切槽刀,采用直进法一次车出。精度要求较高的,一般分二次车成。

车削较宽的沟槽,可用多次直进法切削,如图 6-34 所示,并在槽的两侧留一定的精车余量,然后根据槽深、槽宽精车至尺寸。

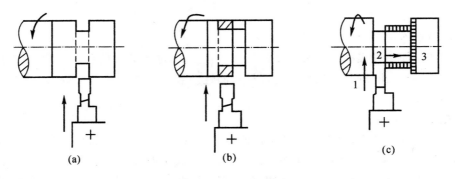

图 6-34　切宽槽

(a)第一次横向进给；　(b)第二次横向进给；　(c)末一次进给再以纵向进给

八、切断

1.切断刀

切断刀以横向走刀为主。为了减少材料的浪费,切断刀的主切削刃很窄,为了切到工件中心,切断刀的刀头很长,这样,它的刀头强度比其他车刀低,车削时很容易折断,要注意切削用量的选择。

(1)高速钢切断刀如图 6-35 所示。

(2)硬质合金切断刀如图 6-36 所示。

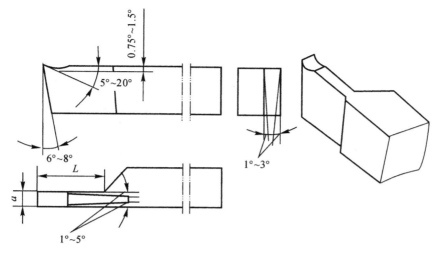

图 6 - 35　高速钢切断刀

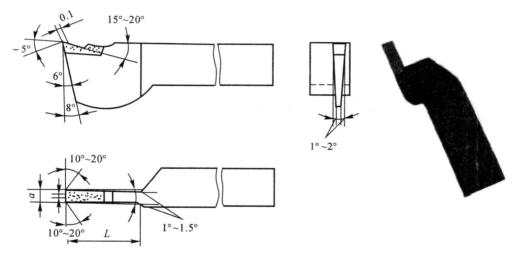

图 6 - 36　硬质合金切断刀

2. 切断的方法

(1) 直进法[见图 6 - 37(a)]:左右手轮换转动中滑板,使中滑板连续均匀进给,手感轻松,切屑排出顺利。

(2) 左右进刀法[见图 6 - 37(b)]:一般左手握住大滑板,右手握住中滑板,要求左右进刀速度、距离(大约半个刀宽)一致。

(3) 反切法[见图 6 - 37(c)]:刀具反装切屑,但卡盘与主轴连接部分必须装有安全保障装置。

3. 切断时的注意事项

(1)切断一般在卡盘上进行,工件的切断处应距卡盘近些,避免在顶尖安装的工件上切断,如图 6 - 38 所示。

(2)如图 6 - 39 所示,切断刀刀尖必须与工件中心等高,否则切断处将有凸台,且刀头也容易损坏。

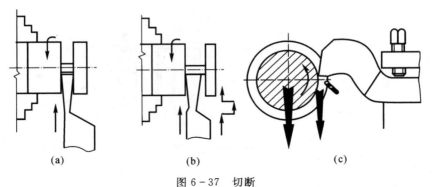

图 6-37 切断

(a)直进法； (b)左右进刀法； (c)反切法

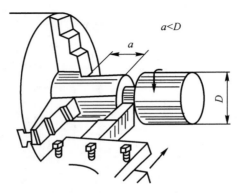

图 6-38 在卡盘上切断

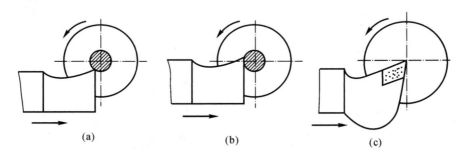

图 6-39 切断时车刀刀尖的位置

(a)刀尖低于工件中心； (b)刀尖高于工件中心； (c)刀尖与工件等高

（3）切断刀伸出刀架的长度不要过长,进给要缓慢均匀。将要切断时,必须放慢进给速度,以免刀头折断。

（4）切削钢件时需要加切削液进行冷却和润滑,切削铸铁时一般不加切削液,但必要时可用煤油进行冷却和润滑。

第七章 铣削加工

第一节 概　　述

一、铣削加工

在铣床上用铣刀切削工件上各种表面或沟槽的过程称为铣削加工。

1.铣削加工的范围

铣削加工的范围广泛,可加工各种表面、沟槽和成形面,还可进行切断、分度、铰孔、镗孔等工作。在切削加工中,铣床的工作量仅次于车床,在批量生产中,除加工狭长的平面外,铣床几乎可以替代刨床。铣削加工可完成的主要工作如图7-1所示。

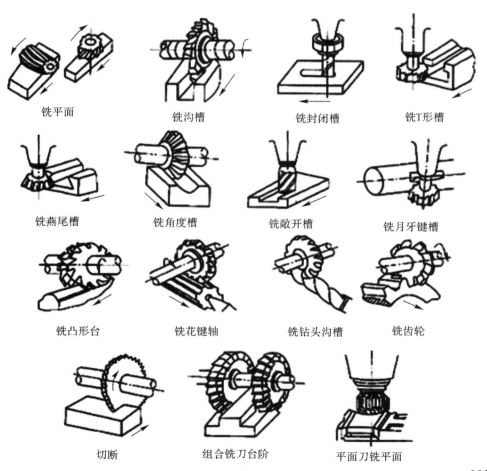

铣平面　　　　　铣沟槽　　　　　铣封闭槽　　　　　铣T形槽

铣燕尾槽　　　　铣角度槽　　　　铣敞开槽　　　　铣月牙键槽

铣凸形台　　　　铣花键轴　　　　铣钻头沟槽　　　　铣齿轮

切断　　　　　组合铣刀台阶　　　　平面刀铣平面

图7-1 铣削加工的工作范围

2．铣削加工的特点

由于铣刀是旋转的多齿刀具，铣削时，每个刀齿的散热条件好，可提高切削速度，故生产率高。但铣刀刀齿的不断切入和切出使切削力不断变化，因此易产生冲击和振动。铣刀的种类很多，所以铣削的加工范围较广。铣床的结构比较复杂，铣刀的制造和刃磨比较困难，铣削加工的成本较高。

3.铣削运动和铣削用量

（1）铣削运动。

铣削运动有主运动和进给运动。铣削加工时，其主运动是刀具旋转运动，工作台带动工件做往复运动为进给运动。主运动是切除工件上多于的金属层，形成工件新表面所必需的运动，它是切削加工中最基本、最主要的运动，也是切削运动中速度最高、消耗功率最大的运动。进给运动是机床的基本运动之一，对机床的加工质量和生产效率都有直接的影响。

（2）铣削用量。

铣削用量是指铣削过程中的铣削速度 v_c、进给量 f（或进给速度 v_f）、背吃刀深度 a_p 三者的总称。铣削运动及铣削用量如图 7-2 所示。

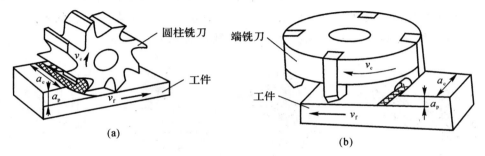

图 7-2　铣削运动及铣削用量

(a)圆周铣削；　(b)端面铣削

1）铣削速度。铣削速度 v_c 是指铣削时切削刃上选定点在主运动中的线速度，即

$$v_c = \pi d n / 1\,000$$

式中：v_c 为铣削速度（m/min）；d 为铣刀切削刃上的最大直径（mm）；n 为铣刀的转速（r/min）。

2）进给量。进给量是指铣刀在进给运动方向上相对工件的单位位移量，有两种表达形式。

A．每转进给量 f_r（mm/r）。铣刀每转过一转时，工件相对铣刀沿进给方向移动的距离。

B．每齿进给量 f_z（mm/z）。铣刀每转过一个齿时，工件相对铣刀沿进给方向移动的距离。

$$v_f = z n f_z$$

式中：v_f 为每个刃的进给速度 mm/z ，z 为铣刀刃数，n 为铣刀转速 r/mim。

3）背吃刀量 a_p 为平行于铣刀轴线方向测量的切削层尺寸。粗铣时为 3 mm 左右，精铣时为 0.3~1 mm。

一般情况下，选择铣削用量的顺序是：先选大的铣削深度，再选每齿进给量，最后选择铣削速度，铣削宽度尽量等于工件加工面的宽度。不同材料的铣刀铣削不同材料的工件铣削速度选择见表 7-1，各种类型的铣刀铣削不同材料的工件进给速度见表 7-2。

表 7 - 1　铣刀铣削速度　　　　　　　　单位:m/mim

工件材料	不同材料铣刀的铣削速度					
	碳素钢	高速钢	超高速钢	合金钢	碳化钛	碳化钨
铸铁(软)	10～20	15～20	18～25	28～40		75～100
铸铁(硬)		10～15	10～20	18～28		45～60
可锻铸铁	10～15	20～30	25～40	35～45		75～110
低碳钢	10～14	18～28	20～30		45～70	
中碳钢	10～15	15～25	18～28		40～60	
高碳钢		10～15	12～20		30～45	
合金钢					35～80	
高速钢			15～25		45～70	

表 7 - 2　各种铣刀进给速度　　　　　　　　单位:mm/z

工件材料	不同类型铣刀的进给速度						
	平铣刀	面铣刀	圆柱铣刀	端铣刀	成形铣刀	高速钢镶刃刀	硬质合金镶刃刀
铸铁	0.2	0.2	0.07	0.05	0.04	0.3	0.1
可锻铸铁	0.2	0.15	0.07	0.05	0.04	0.3	0.09
低碳钢	0.2	0.2	0.07	0.05	0.04	0.3	0.09
中高碳钢	0.15	0.15	0.06	0.04	0.03	0.2	0.08
铸钢	0.15	0.1	0.07	0.05	0.04	0.2	0.08

二、铣床的基本结构

铣床类型很多,包括卧式铣床、立式铣床、龙门铣床、工具铣床、键槽铣床等。

1.铣床的基本结构

以 X6132(见图 7-3)为例介绍铣床的型号。其中 X 为铣床(类代号),61 代表是卧式铣床,32 是指工作台宽 320 mm。

(1)床身。床身用来固定和支承铣床上所有的部件,内部装有主电动机、主轴变速机构和主轴等,上部有横梁,下部与底座相连,前部垂直导轨装有升降台等部件。

(2)主轴。主轴是一根空心轴,前端有 7∶24 的精密锥孔,用以安装铣刀刀杆并带动铣刀旋转。

(3)横梁。横梁前端装有吊架,用以支承刀杆。横梁可沿床身的水平导轨移动,其伸出的长度由刀杆的长度决定。

(4)吊架。吊架安装在横梁上,用来安装主轴。

(5)纵向工作台。纵向工作台由纵向丝杠带动在转台上做纵向移动,以带动工作台上的工件做纵向进给。台面上的 T 形槽用以安装夹具或工件。

（6）横向工作台。横向工作台位于升降台上面的水平导轨上,可带动纵向工作台一起做横向进给。

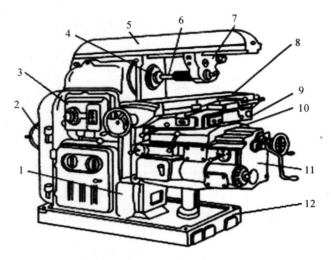

图 7 - 3　X6132 型卧式万能铣床

1—床身；　2—电动机；　3—变速机构；　4—主轴；　5—横梁；　6—刀杆；　7—刀杆支架；

8—纵向工作台；　9—转台；　10—横向工作台；　11—升降台；　12—底座

（7）转台。转台可将纵向工作台在水平面内旋转一定的角度(正反向均可转动范围 0°～45°),以便铣削螺旋槽等。

（8）升降台。升降台可以带动整个工作台沿床身的垂直导轨上下移动,以调整工件与铣刀的距离和实现垂直进给。

（9）底座。底座用以支承床身和工作台,内盛切削液,还有电气控制系统和冷却润滑系统等。

2.X5132 立式升降台铣床的基本结构

立式铣床与卧式铣床有很多地方相似。不同的是:它床身无顶导轨,也无横梁,前上部是一个立铣头,其作用是安装主轴和铣刀,通常立式铣床在床身与立铣头之间还有转盘,可使主轴倾斜成一定角度,铣削斜面。立式铣床可用来镗孔。

X5132 立式升降台铣床如图 7-4 所示。

三、铣床附件

1.平口钳

平口钳又名机用虎钳,是一种通用夹具,常用于安装小型工件,一般固定在机床工作台上,用来夹持工件进行切削加工。平口虎钳是刨床、铣床、钻床、磨床、插床的主要夹具,广泛用于铣床、钻床等进行各种平面、沟槽、角度等的加工。平口钳可分为固定式平口钳[见图 7-5(a)]和回转式平口钳[见图 7-5(b)]。固定式平口钳主要用来装夹矩形和圆柱形的中小工件,使用相当广泛。具有回转刻度盘的称为回转式平口钳,可借助它来扳角度。

图 7 - 4 X5132 立式升降台铣床

1—底座； 2—电器箱； 3—主电机； 4—主轴变速机构； 5—床身； 6—立铣头回转盘；

7—立铣头； 8—主轴进给手柄； 9—主轴套筒； 10—工作台； 11—纵向进给手柄；

12—滑鞍； 13—升降台； 14—进给变速机构

(a)

(b)

图 7 - 5 平口钳

(a)固定式平口钳； (b)回转式平口钳

2．回转工作台

回转工作台(见图 7 - 6)主要用来装夹加工圆弧形表面的工件,借助它可以铣削比较规则的内、外圆弧面。

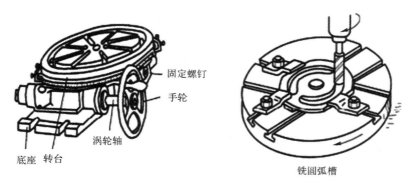

固定螺钉

手轮

涡轮轴

底座 转台

铣圆弧槽

图 7 - 6 回转工作台

3.万能铣头

万能铣头(见图7-7)是用来扩大卧式铣床加工范围的。在卧式铣床上装上万能铣头,不仅可以完成各种立式铣床的工作,而且可根据铣削的需要,把铣刀轴扳至任意角度。但由于安装万能铣头很麻烦,装上后又使铣床的工作空间大为减小,因而限制了它的使用。

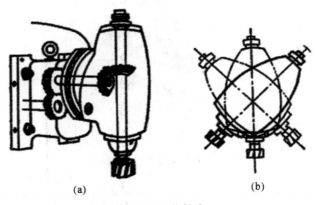

(a)   (b)

图7-7 万能铣头

(a)外形; (b)回转位置

4.万能分度头

万能分度头(见图7-8)是铣床的重要附件之一,常用来安装工件铣斜面,进行分度工作,以及加工螺旋槽等。

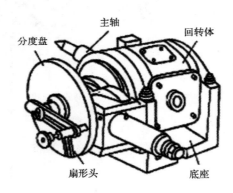

图7-8 万能分度头

(1)用各种分度方法(简单分度、复式分度、差动分度)进行各种分度工作。

(2)把工件安装成需要的角度,以便进行切削加工(如铣斜面等)。

(3)铣螺旋槽时,将分度头挂轮轴与铣床纵向工作台丝杠用"交换齿轮"联接后,当工作台移动时,分度头上的工件即可获得螺旋运动。

四、铣床安全操作规程及保养

1.铣床安全操作规程

(1)实习时应穿工作服和合适的鞋。女同学应戴工作帽,头发或辫子应塞入工作帽内。实习时不准戴手套。

(2)操作前检查机床各手柄是否放在规定的位置上,检查各进给方向自动停止挡铁是否紧固在最大行程以内,检查夹具和工件是否装夹牢固。

(3)装卸工件、更换铣刀、擦拭铣床时必须停机。

(4)不得在铣床转动时变换主轴转速。

(5)在进给过程中不准摸工件加工表面,自动进给完毕后应先停止进给,再停止铣刀旋转。

(6)铣刀的旋转方向要正确,主轴停稳后方可测量工件。

(7)铣削时,背吃刀量不能过大,毛坯工件应从最高部分逐步铣削。

(8)使用"快进"时要注意观察,防止铣刀与工件相撞。

(9)工作时要精力集中、专心操作、不准擅自离开铣床,离开时要关闭电源。

(10)工作台面和各导轨面不能直接放置工具和量具。

(11)工作结束后,及时养护机床,清除切屑,关闭机床电源。

2.铣床保养

(1)铣床表面的保养。

1)擦洗铣床外表及各死角,清除尘屑油污,实现"漆见本色铁见光"。

2)拆洗各罩壳,实现内外清洁,并补齐螺钉、螺帽、手柄、手球。

3)修刮导轨面和工作台面的拉毛、印痕,及时润滑防护。

(2)立铣刀、主轴箱。

1)尽量擦洗主轴箱的可见部分,清除尘垢、油污,检查箱内油质,更换或添加新油,实现油质良好、油量到位。

2)擦洗立铣头实现外表及 7∶24 锥孔内无油污并研刮锥孔中的毛刺、印痕。

(3)升降工作台。

1)清洗升降台纵横两层导轨面尘屑、油污,研刮毛刺、印痕并及时润滑。

2)检查并调整塞铁与工作台导轨的间隙至适中位置。

(4)清除 T 形槽内尘屑、油污。

(5)擦滑枕、刀杆套、减速箱。

1)擦洗滑枕、刀杆套,清除油污、尘垢。

2)擦洗减速箱,检查刀杆,修研 7∶24 锥度。

(6)润滑系统。

1)检查擦洗油泵、油管、油孔、油杯、油窗、油标、油池,实现油管排列整齐且清洁、油液畅通、油标醒目、油窗明亮。

2)清洗油毛毡,实现油毛毡松软、阻尘性能良好。

第二节　铣床刀具及铣削工艺

一、铣刀及其安装

1.铣刀

铣刀的种类有很多,按安装方法可分为带孔铣刀和带柄铣刀两大类。

(1)带孔铣刀。采用孔装夹的铣刀称为带孔铣刀,如图7-9所示。带孔铣刀多用在卧式铣床上,常用的主要有圆柱铣刀、圆盘铣刀、成形铣刀和角度铣刀。

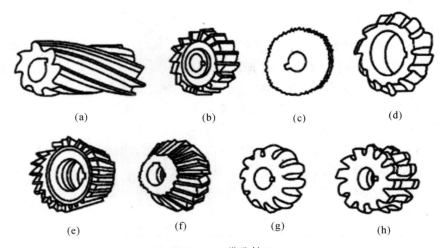

图7-9 带孔铣刀

(a)圆柱铣刀; (b)三面刃铣刀; (c)锯片铣刀; (d)模数铣刀;

(e)单角铣刀; (f)双角铣刀; (g)凹圆铣刀; (h)凸圆铣刀

1)圆柱铣刀[见图7-9(a)],主要用其圆柱面的切削刃铣削平面。

2)圆盘铣刀[见图7-9(b)(c)],其中,三面刃铣刀主要用于加工不同宽度的直角沟槽、小平面和台阶面等,锯片铣刀主要用于切断工件或铣削窄槽。

3)成形铣刀[见图7-9(d)(g)(h)],主要用于在卧式铣床上加工有特殊外形的表面,如凸圆弧、凹圆弧、齿轮等,或用来加工与切削刃形状相同的成形面。

4)角度铣刀[见图7-9(e)(f)],可具有各种不同的角度,用于加工各种角度的沟槽和斜面等。

(2)带柄铣刀。采用柄部装夹的铣刀称为带柄铣刀,有锥柄和直柄两种,如图7-10所示。带柄铣刀多用于立式铣床上,常用的有镶齿面铣刀、立铣刀、键槽铣刀、T形槽铣刀和燕尾槽铣刀等。

1)镶齿面铣刀[见图7-10(a)],用于在卧式或立式铣床上加工平面,通常刀体上装有硬质合金刀片,刀杆伸出部分短,刚性好,加工平面时可以进行高速铣削。

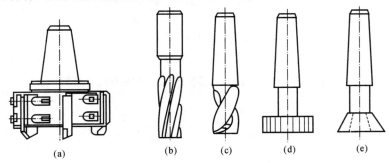

图7-10 带柄铣刀

(a)镶齿面铣刀; (b)立铣刀; (c)键槽铣刀; (d)T形槽铣刀; (e)燕尾槽铣刀

2)立铣刀[见图7-10(b)],一般有直柄和锥柄两种,多用于加工斜面、沟槽、小平面和台阶面等。

3)键槽铣刀和T形槽铣刀[见图7-10(c)(d)],其中,键槽铣刀专门用于加工封闭式键槽,T形槽铣刀专门用于加工T形槽。

4)燕尾槽铣刀[见图7-10(e)],专门用于加工燕尾槽。

2. 铣刀的安装

(1)带孔铣刀的安装。圆柱铣刀属于带孔铣刀,其结构如图7-11(a)所示。其安装步骤为:在刀杆上先套上几个套筒垫圈,装上键,再套上铣刀,如图7-11(b)所示;在铣刀外边的刀杆上,再套上几个套筒后拧上压紧螺母,如图7-11(c)所示;装上吊架,拧紧吊架紧固螺钉,轴承孔内加润滑油,如图7-11(d)所示;初步拧紧螺母,并开机观察铣刀是否装正,装正后用力拧紧螺母,如图7-11(e)所示。

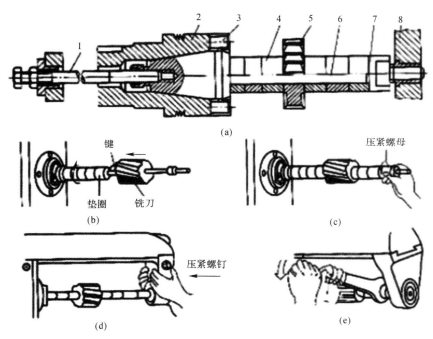

图7-11　带孔铣刀的安装
1—拉杆;　2—主轴;　3—端面锥;　4—套筒;　5—铣刀;　6—刀杆;　7—螺母;　8—吊架

(2)带柄铣刀的安装。

1)锥柄铣刀的安装。如果锥柄铣刀的锥柄尺寸与主轴孔内锥尺寸相同,则可直接装入铣床主轴中,并用拉杆将铣刀拉紧。如果铣刀锥柄尺寸与主轴孔内锥尺寸不同,则根据铣刀锥柄的大小,选择合适的变锥套,然后用拉杆把铣刀及变锥套一起拉紧在主轴上,如图7-12(a)所示。

2)直柄铣刀的安装。如图7-12(b)所示,这类铣刀多用弹簧夹头安装。将铣刀的刀杆插入弹簧套的孔中,用螺母压弹簧的端面,使弹簧的外锥面受压而缩小孔径,即可将铣刀压紧。

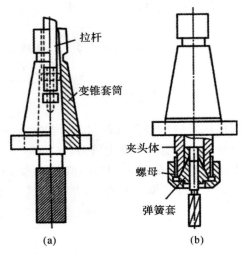

图 7-12 带柄铣刀的安装

(a)锥柄铣刀的安装； (b)直柄铣刀的安装

二、铣床附件的安装

1.平口钳安装工件

铣床上常用的夹具有机用平口钳、分度头、三爪自定心卡盘和平台夹具等,经济型铣床装夹工件时一般选用平口钳。

2.用压板、螺栓安装工件

对大型立式铣床工件或平口钳难以安装的工件,可用压板、螺栓和垫铁将工件直接固定在工作台上。

3.用分度头安装工件

分度头安装工件一般用在等分工作中。万能铣床既可以用分度头卡盘(或顶尖)与尾架顶尖一起安装轴类零件,也可以只使用分度头卡盘安装工件,又由于分度头的主轴可以在垂直平面内转动,因此可以利用分度头在水平、垂直及倾斜位置安装工件。

当零件的生产批量较大时,可采用专用夹具或组合夹具装夹工件,这样既能提高生产效率,又能保证产品质量。

三、铣削的方法及特点

1.铣削的方法(逆铣与顺铣)

定义:铣刀旋转方向和工件的进给方向相反时称为逆铣[见图 7-13(a)],相同时称为顺铣[见图 7-13(b)]。

2.顺铣特点

铣刀的旋转方向和工件的进给方向相同。当工件表面无硬皮,机床进给机构无间隙时,应选用顺铣。顺铣加工的零件表面质量好,刀齿磨损小。适合顺铣的材料有铝镁合金、钛合金耐热合金。

3. 逆铣特点

铣刀的旋转方向和工件的进给方向相反。当工件表面有硬皮，机床的进给机构有间隙时，多选用逆铣。逆铣加工刀齿是从已加工表面切入，不会崩刀，机床进给机构的间隙不会引起振动和爬行。

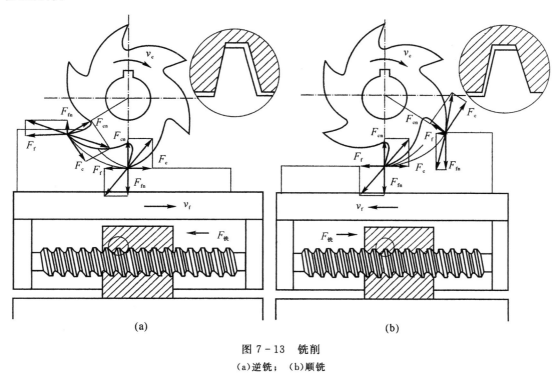

图 7-13 铣削

(a)逆铣； (b)顺铣

四、铣削加工工艺

1. 铣平面

铣平面(见图 7-14)是平面加工的主要方法之一，有端铣、周铣和二者兼有三种方式，所用刀具有镶齿端铣刀、套式立铣刀、圆柱铣刀、三面刃铣刀和立铣刀等。

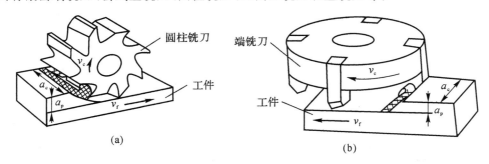

图 7-14 铣削平面

(a)在卧式铣床上铣平面； (b)在立式铣床上铣平面

2. 铣台阶面

先装上立铣刀,把立铣刀移动到要铣台阶的工件的上面,用立铣刀的端齿轻轻地蹭工件的上表面,然后把铣床的升降手柄刻度盘对零,再把立铣刀移动到工件的侧面,用铣刀的侧面轻轻地蹭工件的侧面,把相应方向的手柄刻度盘对零,接着就可以铣台阶了。根据加工余量的大小、材料的强度以及铣刀的大小来确定吃刀的深度。

3. 铣斜面

铣斜面与铣平面的原理一致,只是工件的切削位置相对工件的安装位置进行了相应的改变,以使斜面能达到准确的斜度。斜面的铣削方法主要有以下几种。

(1)使用倾斜垫铁铣斜面,如图 7－15(a)所示。在零件设计基准的下面垫一块倾斜的垫铁,则铣出的平面就与设计基准面成倾斜位置。改变倾斜垫铁的角度,即可加工不同角度的斜面。

(2)用万能铣头铣斜面,如图 7－15(b)所示。由于万能铣头能方便地改变刀轴的空间位置,因此可以转动铣头以使刀具相对工件倾斜一个角度来铣斜面。

(3)用角度铣刀铣斜面,如图 7－15(c)所示。较小的斜面可用合适的角度铣刀加工。当加工零件批量较大时,则常采用专用夹具铣斜面。

(4)用分度头铣斜面,如图 7－15(d)所示。在一些圆柱形和特殊形状的零件上加工斜面时,可利用分度头将工件转至所需位置而铣出斜面。

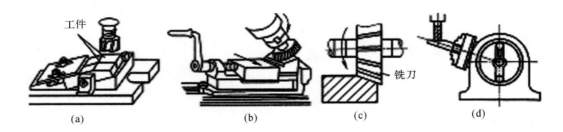

图 7－15 铣斜面的几种方法

(a)用倾斜垫铁铣斜面; (b)用万能铣头铣斜面; (c)用角度铣刀铣斜面; (d)用分度头铣斜面

4. 铣沟槽

在铣床上可以铣削键槽、直槽、T 形槽、V 形槽、燕尾槽和螺旋槽。图 7－16 所示为几种铣沟槽的方法。此类铣削加工多用立铣刀或盘铣刀。

(1)用三面刃铣刀铣直槽,如图 7－16(a)所示。

(2)用角度铣刀铣 V 形槽,如图 7－16(b)所示。

(3)用燕尾槽铣刀铣燕尾槽,如图 7－16(c)所示。

(4)用 T 形槽铣刀铣 T 形槽,如图 7－16(d)所示。

(5)用键槽铣刀铣键槽,如图 7－16(e)所示。

(6)用半圆键槽铣刀铣半圆形键槽,如图 7－16(f)所示。

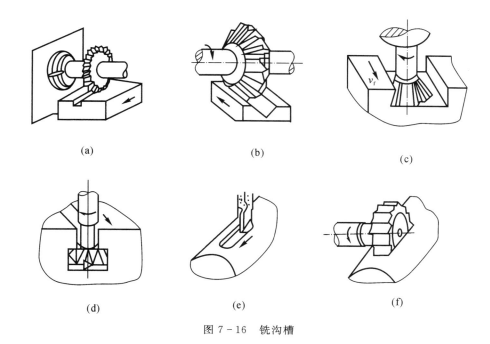

(a)   (b)   (c)

(d)   (e)   (f)

图 7-16 铣沟槽

5.铣齿形

齿轮齿形的加工原理可分为以下两类。

(1)展成法:此方法是利用齿轮刀具与被切齿轮的互相啮合运转而切出齿形的方法,如插齿和滚齿加工等,图 7-17(a)所示。

(2)成形法:此方法是利用与被切齿轮齿槽形状相符的盘状铣刀或指形齿轮铣刀切出齿形的方法,如图 7-17(b)所示。

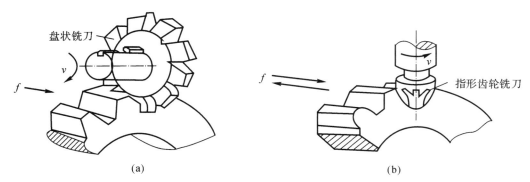

(a)   (b)

图 7-17 成形法铣齿轮

(a)用盘状铣刀铣齿轮; (b)用指形齿轮铣刀铣齿轮

铣削时,常用分度头和尾座装夹工件,如图 7-18 所示,可用盘状模数铣刀在卧式铣床上铣齿,也可用指形齿轮模数铣刀在立式铣床上铣齿。

圆柱齿轮和锥齿轮可在卧式铣床或立式铣床上加工,人字形齿轮可以在立式铣床上加工,蜗轮可以在卧式铣床上加工。卧式铣床加工齿轮一般用盘状铣刀,而在立式铣床上则使用指形齿轮铣刀。

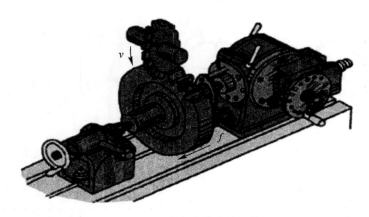

图 7-18　用分度头装夹铣工件

成形法加工的特点是：设备简单，只用普通铣床即可，刀具成本低。由于铣刀每切一齿槽都要重复消耗一段切入、退刀和分度的辅助时间，因此生产率较低。加工出的齿轮精度较低，只能达到 IT9～IT11 级。这是因为在实际生产中，不可能每加工一种模数、齿数的齿轮就制造一把成形铣刀，而只能将模数相同但齿数不同的铣刀编成号数，每号铣刀有它规定的铣齿范围，而且每号铣刀的刀齿轮廓只与该号范围的最小齿数齿槽的理论轮廓一致，对其他齿数的齿轮只能获得近似齿形。

第三节　典型铣削零件的加工

一、典型铣削零件（长方体）

1. 单件铣削

图 7-19 所示为长方体零件，毛坯长 300 mm、宽 21 mm、高 21 mm，材料为 45 钢。

2. 长方体工件的加工工艺

（1）铣削基准面 1，平口钳固定钳口与铣床主轴轴线垂直安装。以面 2 为粗基准，靠向固定钳口，两钳口与工件间垫铜皮装夹工件，如图 7-20(a)所示。

（2）铣削面 2，以面 1 为精基准靠向固定钳口，在活动钳口与工件间置圆棒装夹工件，如图 7-20(b)所示。

（3）铣面 3，仍以面 1 为基准靠向固定钳口，用相同方法装夹工件，如图 7-20(c)所示。

（4）铣面 4，以面 1 为基准靠向平口钳钳体导轨面上的平行垫铁，面 3 靠向固定钳口装夹工件，如图 7-20(d)所示。

（5）铣面 5，调整平口钳，使固定钳口与铣床主轴轴线平行安装，如图 7-20(e)所示。以面 1 为基准靠向固定钳口，用 90°刀口角尺校正工件面 2 与平口钳钳体导轨面垂直，装夹工件（如工件长度较长，可将工件平放在机用虎钳上夹紧，使用立铣刀圆周面，工作台纵向加工出第 5 面，因在加工前已对虎钳钳口找正，垂直精度得以保证）。

（6）铣面 6，以面 1 为基准靠向固定钳口，面 5 靠向平口钳钳体导轨面装夹工件，如图 7-20(f)所示。

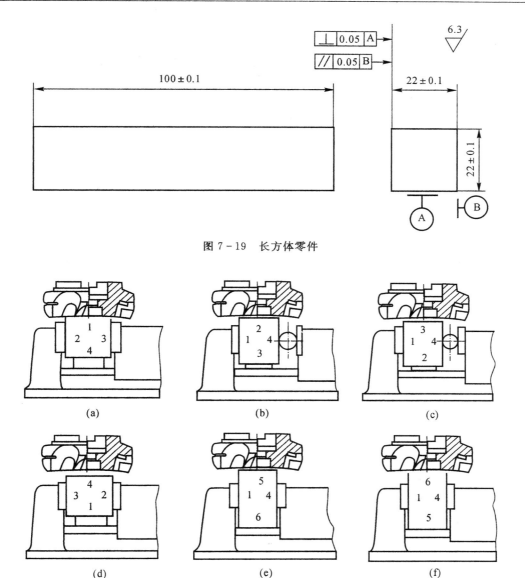

图 7-19　长方体零件

图 7-20　长方体零件加工工艺过程

3.注意事项

(1)要正确使用游标卡尺、样板、塞规来测量沟槽。

(2)铣床应合理选用转速和进给量。

(3)铣削前应检查滑板位置是否正确,工件装夹是否牢靠,卡盘扳手是否已取下。

(4)夹持工件必须牢固可靠。

(5)仔细测量,加工出符合图纸要求的合格零件。

第八章 刨削加工

第一节 概　述

一、刨削加工的概念

用刨刀对工件做水平直线运动的切削称为刨削。刨削主要用于加工平面（水平面、垂直面和斜面）、沟槽（包括直槽、V 形槽、T 形槽和燕尾槽等）和直线型成形面等。牛头刨床加工零件的举例如图 8-1 所示。

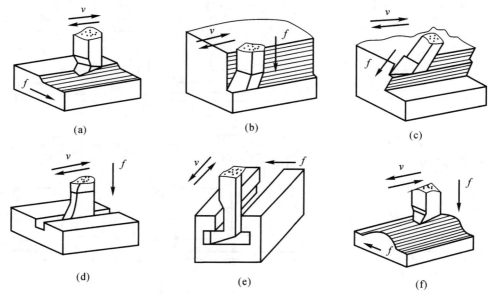

图 8-1　牛头刨床加工零件的举例

(a)刨平面；　(b)刨削直面；　(c)刨斜面；　(d)刨直槽；　(e)刨 T 形槽；　(f)刨成形面

刨削加工的尺寸精度一般为 IT7～IT9，表面粗糙度值 Ra 为 3.2～6.3 μm。

在牛头刨床上刨水平面时，刀具的直线往复运动为主运动，工件的间歇移动为进给运动，此时的切削用量如图 8-2 所示。刨削切削用量包括刨削速度、进给量和背吃刀量。

二、刨削的主体运动和进给运动

在切削过程中，主运动是提供切削可能性的运动，没有这个运动就无法进行切削。在切削过程中，主运动是速度最高、消耗动力最多的一个运动。进给运动是提供连续切削可能性的运动，没有进给运动就不能连续切削。牛头刨床的刀具直线往复运动为主运动，刨削水平面时工件的间歇移动为进给运动。

刨削用量三要素是指切削速度 v、进给量 f(或进给速度 v_f)和切削深度 a_p。

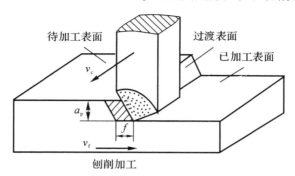

待加工表面　过渡表面　已加工表面

图 8-2　牛头刨床刨水平面时的切削用量

(1)刨削切削速度为

$$v = 2Ln_r/1\,000$$

式中:L 为牛头刨床刨刀的往复行程长度(mm);n_r 为牛头刨床刨刀每分钟往复的次数(r/min)。

(2)进给量 f:刨刀每往复一次,工件沿进给运动方向间歇移动的距离(mm/str)。mm/str 是指每转进给量或每行程进给量。

(3)切削深度:待加工表面与已加工表面的距离(mm)。

三、切削用量的选择

粗加工时,应选择较大的切削深度,合适的进给量,较小的切削速度;精加工时,应选择较小的切削深度,合适的进给量,较大的切削速度。这样才能获得较高的加工精度和表面粗糙度。

第二节　刨　　床

一、牛头刨床

牛头刨床是刨削类机床中应用最广的一种。下面以 B6065 型牛头刨床为例进行介绍。

1. 刨床型号

例如型号为 B6065 的刨床,其中:B 指刨床类机床,60 指牛头刨床,65 指最大刨削长度为 650 mm。

2. B6065 型牛头刨床的组成及作用

B6065 型牛头刨床一般由床身、滑枕、底座、横梁、工作台和刀架等组成。

(1)床身。床身用来支承和连接刨床的各个部件,其顶面导轨供滑枕做往复运动,其侧面导轨供工作台升降。床身内部装有齿轮变速机构的摆杆机构,以改变滑枕往复运动的速度和行程。

(2)滑枕。滑枕主要用来带动刨刀做直线往复运动。滑枕前端装有刀架,其内部装有丝杠螺母传动装置,该装置可以改变滑枕的往复行程位置。

（3）刀架。刀架是用以夹持刨刀的部件。摇动刀架进给手柄，滑板便可沿转盘上的导轨移动，带动刨刀做上下进刀运动或退刀运动。松开转盘上的螺母，将转盘扳转一定角度后，可使刀架做斜向进给。刀架的滑板装有可偏转的刀座，刀架的抬刀板可以绕刀座的销轴向上转动。刨刀安装在刀夹上，回程时，刨刀可绕销轴自由上抬，减小了刀具与工件的摩擦。

（4）横梁。横梁上装有工作台。工作台可沿着横梁一侧面的导轨做间歇进给运动，横梁也可以带动工作台沿床身垂直导轨做升降运动，其空腔内装有工作台进给丝杠。

（5）工作台。工作台是用来安装工件的，其台面上的 T 形槽可穿入螺栓来装夹工件或夹具。工作台可随横梁在床身的垂直导轨上进行上下调整，同时刨刀可在横梁的水平导轨上做水平方向的移动或间歇的进给运动。

3. 牛头刨床的传动系统

B6065 型牛头刨床的传动系统如图 8-3 所示，包括以下几部分：

（1）摆杆机构。摆杆机构的作用是把摇杆齿轮的旋转运动转变为滑枕的往复直线运动，摆杆机构及其工作原理如图 8-4 所示。摇杆齿轮每转一周，滑枕就往复运动一次。其中，摇杆滑块在工作行程的转角为 α，回程转角为 β，且 $\alpha > \beta$，则工作行程时间大于回程时间，但工作行程和回程的行程长度相等，因此回程速度比工作速度快。另外，无论在工作行程还是在回程，滑枕的速度都是不等的。

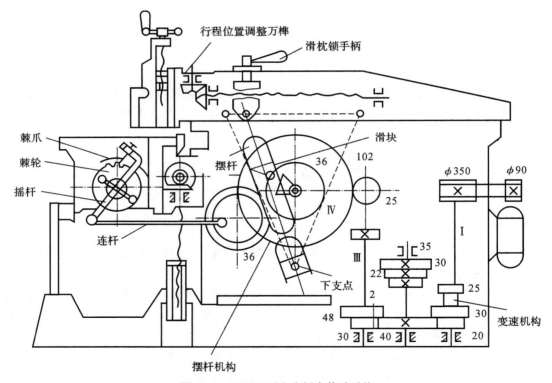

图 8-3 B6065 型牛头刨床传动系统

（2）变速机构。变速机构的作用是把电动机的旋转运动以不同的速度传递给摇杆齿轮。如图 8-3 所示，轴 I 和轴 II 上分别装有两组滑动齿轮，轴 III 6（计算过程为 3×2）种转速传给摇杆齿轮。

（3）进给机构。进给机构的作用是使工作台在滑枕回程结束与刨刀再次切入工件的瞬间做间歇横向进给。摇杆齿轮转动,通过连杆使棘爪摆动。棘爪摆动时,拨动棘轮,带动工作台横向进给,丝杠做一定角度的转动,从而实现工作台的横向进给。棘爪返回时,由于其后面为一斜面,只能从棘轮顶滑过,不能拨动棘轮,所以工作台静止不动。这样就实现了工作台的间歇横向进给。

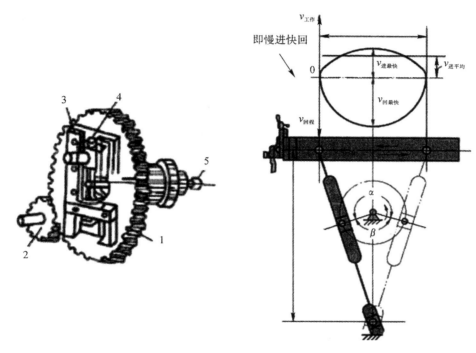

图 8 - 4 摆杆机构及其工作原理

1—大齿轮； 2—小齿轮； 3—曲柄螺母； 4—小丝杠； 5—轴

4. 牛头刨床的调整

牛头刨床的调整包括主运动调整和工作台横向进给运动调整两部分。

（1）主运动调整。牛头刨床的主运动是滑枕的往复运动,是通过摆杆机构实现的。

如图 8 - 4 所示,大齿轮 1 与摆杆通过曲柄螺母 3 与滑块等相连,曲柄螺母套在小丝杠 4 上,曲柄螺母上的曲柄销插在滑块内,滑块可在摆杆槽内滑动。大齿轮 1 旋转时,带动曲柄螺母 3、小丝杠 4 及滑块一起旋转,滑块在摆杆槽内滑动并带动摆杆绕下支点摆动。摆杆下端与滑枕相连,使滑枕获得直线往复运动。大齿轮转动一圈,滑枕往复运动一次。

滑枕往复运动的调整包括以下三方面：

1）滑枕行程长度的调整。滑枕行程长度一般比工件加工长度长 30～40 mm。调整时,转动轴 5,通过一对锥齿轮转动小丝杠 4,小丝杠使曲柄螺母 3 带动滑块移动,改变了滑块偏离大齿轮轴心的距离,偏心距越大,摆杆的摆动角度越大,滑枕的行程也越长,反之则越短。

2）滑枕行程位置的调整。行程长度调整好后,还应调整滑枕的行程位置。调整时,松开滑枕锁紧螺母,转动行程位置调整小轴,通过锥齿轮传动使丝杠旋转,由于螺母固定不动,所以丝杠带动滑枕移动,即可调整滑枕的行程位置。

3) 滑枕往复运动速度的调整。滑枕往复运动速度是由滑枕每分钟往复次数和行程长度确定的。它的调整是通过扳动变速手柄,改变滑动齿轮的位置来实现的,这种调整可使滑枕得到六种不同的每分钟往复次数。

(2) 工作台横向进给运动调整。工作台横向进给运动是间歇运动,并通过棘轮机构来实现。棘轮机构如图 8-5 所示。

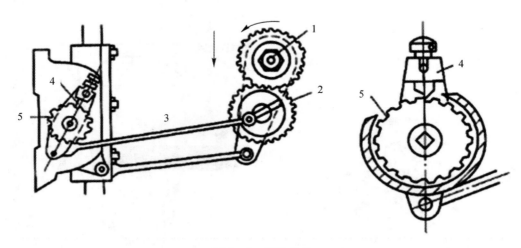

图 8-5 棘轮机构
1,2—齿轮; 3—连杆; 4—棘爪; 5—棘轮

进给运动的调整包括以下两个方面:

1) 横向进给量的调整。如图 8-5 所示,当大齿轮 1(见图 8-4)带动一对齿数相等的齿轮 1、2 转动时,通过连杆 3 使棘爪 4 摆动,并拨动固定在进给丝杠上的棘轮 5 转动。棘爪每摆动一次,便拨动棘轮和丝杠转动一定角度,使工作台实现一次横向进给。由于棘爪背面是斜面,当它朝反向摆动时,爪内的弹簧被压缩,棘爪从棘轮顶滑过,不带动棘轮转动,所以工作台的横向进给是间歇的。进给量的大小取决于滑枕每往复一次棘爪所能拨动的棘轮齿数,因此,调整横向进给量实际上是调整棘轮护罩缺口的位置,横向进给量调整范围为 0.33~3.3 mm。

2) 横向进给方向的调整。提起棘爪转动 180°,放回原来的棘轮齿槽中。此时棘爪的斜面与原来反向,棘爪每摆动一次,拨动棘轮的方向相反,即可实现进给运动的反向。此外,还必须将护罩反向转动,使另一边露出棘轮的齿,以便棘爪拨动。变向时,连杆 3 在齿轮 2 中的位置应调转 180°,以便刨刀后退时进给。提起棘爪转动 90°,使其与棘轮齿脱离接触,则停止自动进给。

二、液压牛头刨床

较大功率的牛头刨床(如 B690 型牛头刨床,见图 8-6)一般采用液压传动系统。牛头刨床的切削运动包括滑枕带动刀具的主运动和工作台带动工件的横向或纵向的间歇进给运动。两运动均为直线往复运动。但主运动要提供较大的切削力和较宽的变速范围,其消耗的功率随切削条件的不同而有较大的变化范围。进给运动虽说消耗的功率不大,但其动作与主运动协调,即在滑枕退至最后时带动工作台完成进给动作。

图 8-6 B690 型牛头刨床外形结构图

1. 主要组成部分

B690 型牛头刨床是 B6 组中的基本型刨床,它因具有形似牛头的滑枕而得名。它主要由床身、滑枕、刀架、工作台、横梁、底座等部分组成。

(1)床身:用于支撑和连接刨床的各部分,其顶面导轨供滑枕做往复运动,侧面导轨供横梁和工作台升降。床身内部装有传动机构。

(2)滑枕:用于带动刨刀做直线往复运动,前端装有刀架。

(3)刀架:用以夹持刨刀,并可做垂直或斜向进给。

(4)工作台:用于安装工件,可随横梁上下调整,并可沿横梁导轨横向移动或横向间歇进给。

(5)横梁:横梁安装在床身前部垂直导轨上,能做上下移动。工作台安装在横梁的水平导轨上,能做水平移动。

(6)底座:支撑机床床身,使机床固定在地面上。

2. 液压系统原理分析

根据该液压机床使用说明书中提供的半结构式工作原理图绘制出的用液压图形符号表示的工作原理图,如图 8-7 所示。

3. 主液压回路的工作原理

(1)调速回路工作原理。

对于执行装置为液压缸的主运动,其要考虑的问题主要是调速方式和换向方式的选择。该机床由于切削力大,调速范围宽,如何以较低廉的成本、较小的功率损耗完成较大的调速范围是一个主要问题,该机床的调速回路可简化为图 8-8 所示的液压回路。由图 8-8 可知,它是由双联定量泵配合单出杆活塞缸的有关特性组成的变级回路,再配以旁路节流调速回路完成无级调速功能的,即由一个四位的变级阀 2 将机床较大的变速范围(3～37 m/min)分解为 4

个级别的速度进行调整的。其 4 个级别的速度为：

Ⅰ级:变级阀左位工作,由小流量泵 1.1(50 L/min)供油,大流量液压泵 1.2(100 L/min)低压卸荷,工作速度为 3~8 m/min。回程速度为 21.5 m/min。

Ⅱ级:变级阀左二位工作,由大流量液压泵 1.2 供油,小流量泵 1.1 低压卸荷,工作速度为 8~16 m/min,回流速度为 43 m/min。

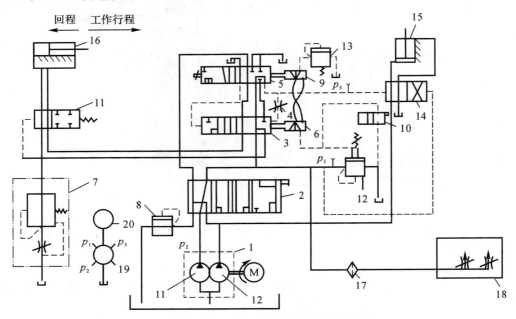

图 8-7 B690 型牛头刨床液压系统原理图

1—双联叶片泵(1.1—小流量液压泵,1.2—大流量液压泵); 2—变级阀; 3—换向阀; 4—节流阀; 5—操纵阀;
6—制动阀; 7—调速阀; 8—背压阀; 9—小操纵阀; 10—小换向阀; 11—换向阀; 12,13—溢流阀; 14—进给阀;
15—进给液压缸; 16—滑枕液压缸; 17—滤油器; 18—分油器; 19—压力表开关; 20—压力表

Ⅲ级:变级阀左三位工作,由小流量液压泵 1.1 和大流量液压泵 1.2 联合供油,工作速度为 16~24 m/min,回程速度为 65 m/min。

Ⅳ级:变级阀右位工作,由小流量液压泵 1.1 和大流量液压泵 1.2 联合供油,并采用单出杆活塞缸的差动回路工作,工作速度为 24~37 m/min,回程速度为 65 m/min。

在每一级速度中,由调速阀 7 构成的旁路节流调速回路完成了无级变速,联合变级调速回路后即完成了机床 3~37 m/min 的大范围无级调速。此调速回路结构简单,成本低,输出功率负载变化,功率损耗小。

图 8-7 中阀 12 是一先导式溢流阀,主要在旁路节流调速回路中起安全阀的作用,防止系统过载,其调定工作压力为 5 MPa。同时,其远程控制口还用于换向释压时压力控制和停机时系统卸荷。

(2)换向回路。

换向回路也是该机床主运动回路中的一个关键回路。对换向回路的要求是迅速、平稳、准确、可靠。图 8-9 是换向回路的原理图。

由于该机床滑枕质量较大,运动速度较高,因此该换向回路设计为由滑枕上的挡铁(图中未示出）操纵的机运式操纵阀 5 为先导阀控制液节流阀 4 完成换向的,这种换向回路有以下特点。第一,操纵阀 5 的动作是由挡铁执行的,位置准确,可靠性好;第二,换向阀的动作略滞后于操纵阀,且换向阀的动作时间可由节流阀 4 调节,换向平稳性好;第三,操纵阀换向动作时,对液压缸的回油路有节流预制动功能,换向精度高;第四,在操纵阀换向动作完成后,而换向阀动作完成前的瞬间由与阀 5 和阀 3 联动的小操纵阀 10 和小换向阀 11 配合,由远程调压阀 13 控制溢流阀 12 二级调压液压油经溢流阀 13 调压后,释压后换向,可避免滑枕换向时的液压冲击,进一步提高了换向的平稳性。

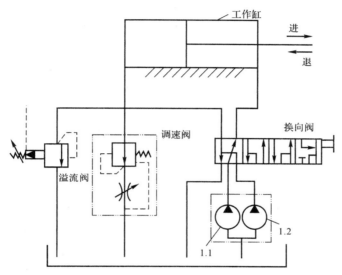

图 8-8 主运动调速回路原理图

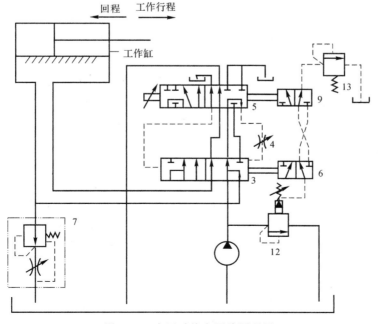

图 8-9 主运动换向回路原理图

（3）进给回路工作原理。

由进给回路传动链可知，进给系统仅需由液压缸提供往复运动的动力即可，如图 8-7 中的进给液压缸 15，其动作应与滑枕动作协调。其动作原理为，当滑枕退至最后点时，滑枕上的档块（图中未示出）使操纵阀右位接入系统，提供进给阀 14 左控制腔高压油，由于换向阀 3 相对于操纵阀有一个滞后（可由节流阀 4 调节），故换向阀暂时仍处于左位工作，溢流阀 12 通过小换向阀 10 右位，小操纵阀 9 左位由溢流阀 13 远程释压，释压后溢流阀 12 的进口压力为换向压力（0.6～0.8 MPa），故进给阀 14 右腔接低压油路，进给阀 14 换向，左位接入系统，进给液压缸 15 产生进给运动，进给缸的工作压力由背压阀 8 调定（0.6～0.8 MPa），背压阀同时还具有使滑枕液压缸运动平稳的作用。操纵阀动作一定时间后换向阀完成换向，右位接入系统，溢流阀 12 恢复调定的工作压力（5 MPa），进给阀左、右腔压力相等，不动作，滑枕换向后转为向前做切削运动，运动至最前点时，使操纵阀 5 左位接入系统，进给阀 14 左控制腔通过操纵阀 5 接油箱，压力近似为零，此时换向阀由于滞后仍暂时右位接入系统，溢流阀 12 由远程溢流阀 13 释压，但为保证进给阀 14 动作，未完成释压，仍保留有 0.6～0.8 MPa 的换向压力，故进给阀右控制接有 0.6～0.8 MPa 的换向压力，进给阀右位接入系统，进给缸退回，为下次进给做好准备，一定时间后，换向阀换向，左位接入系统，滑枕转为后退，系统恢复工作压力，进给阀仍维持右位工作。

（4）开停回路。

滑枕的开动与停止可由开停阀 11 和制动阀 6 配合完成。当开停阀左位接入系统时，溢流阀 12 卸荷，系统压力下降，制动阀 6 在弹簧的作用下右位接入系统，滑枕停止运动，此时系统处于卸荷状态。开停阀右位接入系统后，系统工作压力恢复，制动阀左位接入系统，滑枕液压缸 16 开始运动。由此可见，开停阀能使滑枕液压缸在任意位置"开"与"停"，且停止运动时，系统处于卸荷状态，减少了能量消耗。

（5）其他回路。

除了以上的介绍，系统还设置了滑枕导轨的润滑回路和系统测压调整回路。

从溢流阀 12 的进油口处引出一条油路，经滤油器 17、分油器 18 分为两路提供给滑枕导轨润滑。分油器内设有两个可调节流阀，可分别调整润滑油流量。

测压回路通过压力表开关控制，可分时测定液压系统的工作压力 p_1（由溢流阀 12 的调定压力，按第 I 级速度调整，为 5 MPa）、系统背压 p_2（由背压阀 8 调定，为 0.6～0.8 MPa）换向压力 p_3（由溢流阀 13 调定，为 0.6～0.8 MPa）正常工作时压力表是接油箱的。

三、龙门刨床

龙门刨床因有一个"龙门"式的框架而得名。龙门刨床的外形如图 8-10 所示。

与牛头刨床不同的是，在龙门刨床上加工零件时，零件随工作台的往复直线运动为主运动，进给运动是垂直刀架沿横梁上的水平移动和侧刀架在立柱上的垂直移动。

龙门刨床适用于刨削大型零件，零件长度可达几米、十几米，甚至几十米。也可在工作台上同时装夹几个中、小型零件，用几把刀具同时加工，故生产率较高。龙门刨床特别适于加工各种水平面、垂直面及各种平面组合的导轨面、T 形槽等。

龙门刨床的主要特点是：自动化程度高，各主要运动的操纵都集中在机床的悬挂按钮站和电气柜的操纵台上，操作十分方便；工作台的工作行程和空回行程可在不停车的情况下实现无级变速;横梁可沿立柱上下移动,以适应不同高度零件的加工;所有刀架都有自动抬刀装置,并可单独或同时进行自动或手动进给,垂直刀架还可转动一定的角度,用来加工斜面。

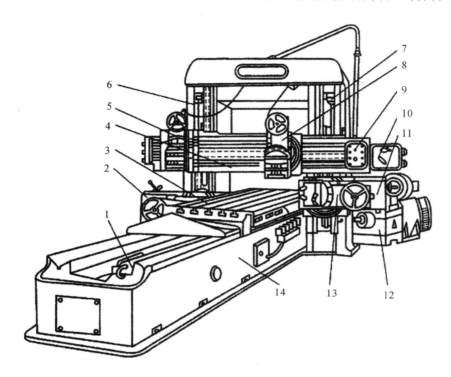

图 8-10　B2021A 型龙门刨床

1—液压安全器;　2—左侧刀架进给箱;　3—工作台;　4—横梁;　5—左垂直刀架;　6—左立柱;

7—右立柱;　8—右垂直刀架;　9—悬挂按钮站;　10—垂直刀架进给箱;

11—右侧刀架进给箱;　12—工作台减速箱;　13—右侧刀架;　14—床身

第三节　刨削刀具与加工

一、刨刀

1. 刨刀的特点

刨刀的几何参数与车刀相似,由于刨削加工的不连续性,刨刀切入工件时,受到较大的冲击力,所以一般刨刀刀杆的横截面均较车刀大 1.25～1.5 倍。此外为了增加刀尖的强度,刨刀的刃倾角一般取正值。刨刀往往作成弯头,这是刨刀的一个显著特点,这样是为了当刀具碰到工件表面上的硬点时,刀杆弯曲变形可围绕 O 点抬离工件,不致损害刀尖及加工表面。而直头刨刀受力变形时易扎入工件,故多用于切削量较小的刨削工作。

2. 刨刀的种类

(1)根据刨刀用途分类,刨刀可分为平面刨刀、偏刀、切刀、弯头刨槽刀、内孔弯头刨刀和成形刨刀等。

1)平面刨刀：用于粗、精刨平面。

2)偏刀：用于加工互成角度的平面、斜面或垂直面等。

3)切刀：用于切槽、切断、刨台阶面。

4)弯头刨槽刀：用于加工 T 形槽、侧面上的槽等。

5)内孔弯头刨刀：用于加工内孔表面，如内键槽。

6)成形刨刀：用于加工特殊形状表面，刨刀切削刃的形状与工件表面一致，一次成形。

(2)根据结构分类，刨刀可分为整体式刨刀、焊接式刨刀和装配式刨刀。

1)整体式刨刀：整体式刨刀的刀杆与刀头由同一种材料制成，中小规格的刨刀大都做成整体式。

2)焊接式刨刀：焊接式刨刀的刀头与刀杆由两种材料焊接而成，刀头一般为硬质合金刀片。

3)装配式刨刀：大规格的刨刀多做成装配式。刀头与刀杆为不同材料，用压板、螺栓等将刀头紧固在刀杆上。

(3)按加工精度刨刀可分为粗刨刀和精刨刀。

(4)按进给方向刨刀可分为左刨刀和右刨刀。

刨刀是指刨削加工所用的刀具。刨刀的好坏直接影响着工件的精度、表面粗糙度及生产效率，因此，作为一个刨工，必须能够掌握刨刀的几何角度，并能熟练地刃磨及选择刨刀。

3.刨刀的材料

刨刀的材料包括高速钢、硬质合金。

4.刨刀的正确安装

刨刀的结构、几何形状与车刀相似，但由于刨削过程有冲击力，刀具易损坏，所以刨刀截面通常比车刀大。为了避免刨刀扎入工件，刨刀刀杆常做成弯头的。刨刀形状如图 8-11 所示。

刨刀的种类很多，常用的刨刀如图 8-12 所示。其中平面刨刀用来刨平面，偏刀用来刨垂直面或斜面，角度偏刀用来刨燕尾槽和角度，弯切刀用来刨 T 形槽及侧面槽，切刀及割槽刀用来切断工件或刨沟槽。此外还有成形刀，用来刨特殊形状的表面。

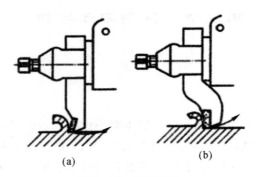

图 8-11 刨刀形状

(a)弯头刨刀； (b)直头刨刀

刨刀安装在刀架的刀夹上。如图 8-13 所示，把刨刀放入刀夹槽内，将锁紧螺柱旋紧，即可将刨刀压紧在抬刀板上。刨刀在夹紧之前，可与刀夹一起倾转一定的角度。刨刀与刀夹上的锁紧螺柱之间，通常加垫 T 形垫铁，以提高夹持稳定性。

装夹刨刀时,不要把刀头伸出过长,以免产生振动。直头刨刀的刀头伸出长度为刀杆厚度的 1.5 倍,弯头刨刀伸出量可长些。装刀和卸刀时,必须一手扶刀,一手用扳手夹紧或放松,无论装卸,扳手的施力方向均需向下。

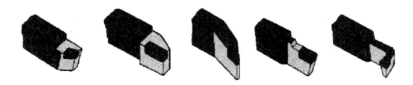

图 8 - 12　常用刨刀

(a)平面刨刀;　(b)偏刀;　(c)角度偏刀;　(d)切刀;　(e)弯切刀

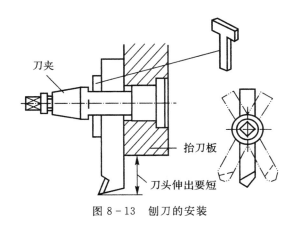

图 8 - 13　刨刀的安装

二、刨床的加工

(一)刨削平面

1. 刀具的选择与安装

平面刨刀一般有尖头、圆头和平头三种,尖头刨刀用于粗刨,圆头刨刀用于半精刨,平头刨刀用于精刨。粗刨时,用普通平面刨刀。精刨时,用窄的精刨刀(切削刃为 6～15 mm 半径的圆弧),背吃刀量 $a_p=0.5～2$ mm,进给量 $f=0.1～2$ mm/str。为了防止刨削时发生振动或折断刨刀,装刀时直头刨刀的伸出长度一般为刀杆厚度的 1.5～2 倍,弯头刨刀以弯曲部分不碰抬刀板为宜。

2. 工件的安装

在刨床上工件的装夹方法有以下几种。

(1)平口钳装夹。

较小的工件可用固定在工作台上的平口钳装夹,如图 8 - 14 所示。平口钳在工作台上的位置应正确,必要时应用百分表校正。装夹工件时应注意工件高出钳口或伸出钳口两端不宜过多,以保证夹紧可靠。

注意事项:工件的被加工表面必须高于钳口,则就要用平行垫铁垫高工件;为了能装夹牢固,防止刨削时工件松动,须把较平整的平面贴紧在垫铁和钳口上;为了不使钳口损害和保持已加工表面,夹紧工件时在钳口处应垫上铜皮;检查夹紧程度,如有松动,应松开平口钳重新夹紧;刚性不足的工件需要支实,以免夹紧力过大使工件变形。

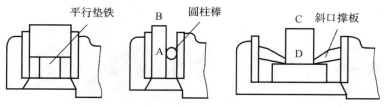

图 8-14 平口钳装夹工件

(a)刨削一般平面; (b)工件 A、B 面间有垂直要求时; (c)工件 C、D 面有平行要求时

(2)在工作台上装夹。较大的工件可直接放置于工作台上,用压板、螺栓、撑板、V 形块、角铁等直接装夹,如图8-15所示。

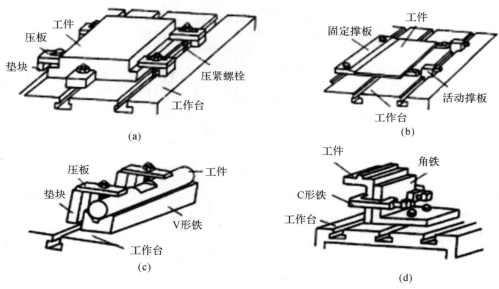

图 8-15 工作台装夹工件

(a)用压板和螺丝装夹; (b)用撑板装夹; (c)用 V 形铁装夹; (d)用 C 形铁装夹

注意事项:装夹时,先把工件找正,压板位置要安排得当,压点要靠近切削面,压力大小要合适,以免发生工件移动或工件变形等现象。工件要与垫铁贴紧,压板必须压在垫铁处,以免工件因受夹紧力而变形。

(3)用专用夹具装夹。

专用夹具是根据工件某一工序的具体要求而设计的,可以迅速而准确地装夹工件,这种方法多用于批量生产。

在刨床上还经常使用组合夹具装夹工件,以适应单件小批生产和满足加工要求。

3.调整行程长度、行程位置

由曲柄摇杆机构工作原理可知,改变滑块的偏心距,就能改变滑枕行程。偏心距越大,滑枕的行程长度就越长。调整时,松开行程长度调整方头上的螺母,用方孔摇把摇动方头,顺时针摇动则行程加长,反之,则缩短。

起始位置的调整:松开锁紧手柄,使丝杠能在螺母中转动,然后转动方头,通过锥齿轮使丝杠转动。由于螺母固定在摇杆上不能动,所以丝杠的转动使丝杠连同滑枕一起沿导轨做前后移动,从而改变滑枕的起始位置。调整后,再拧紧锁紧手柄。调整时,用方孔摇把转动滑枕位置调整方头,顺时针转动则起始位置前移;反之,则后移。

4.切削用量、对刀调整

切削用量包括切削速度、进给量和进给方向。

切削速度:通过变换变速手柄的位置,从而改变齿轮传动比,取得所需的滑枕每分钟往复次数。

进给量和进给方向:转动棘轮罩,改变缺口位置,可改变棘爪摆动一次拨动的齿数,从而调整横向进给量。横向进给量的调整范围为 0.33~3.3 mm,改变棘轮罩缺口方向,并使棘爪反向转 180°,则可改变进给方向。

对刀调整:对刀时,机床须静止,并摇横向工作台手柄,用刀尖对准工件的最高加工表面,对完后,摇出工作台进吃刀深度进行切削。

5.刨削水平面的顺序

刨削水平面的顺序如下:

(1)正确安装刀具和零件。

(2)调整工作台的高度,使刀尖轻微接触零件表面。

(3)调整滑枕的行程长度和起始位置。

(4)根据零件材料、形状、尺寸等要求,合理选择切削用量。

(5)试切。先手动试切,进给 1~1.5 mm 后停车,测量尺寸,根据测得的结果调整背吃刀量,再自动进给进行刨削。当零件表面粗糙度值 Ra 低于 6.3 μm 时,应先粗刨,再精刨。精刨时,背吃刀量和进给量应小些,切削速度应适当高些。此外,在刨刀返回行程中,用手掀起刀座上的抬刀板,使刀具离开已加工表面,以保证零件表面质量。

(6)检验。零件刨削完工后,停车检验,尺寸和加工精度合格后即可卸下。

(二)刨削垂直面

刨削垂直平面时,摇动刀架手柄使刀架滑板(刀具)做手动垂直进给,背吃刀量通过工作台的横向移动控制。此时采用偏刀,并使刀具的伸出长度大于整个刨削面的高度。偏刀几何形状如图 8-16 所示。

刀架转盘应对准零线,以使刨刀沿垂直方向移动。刀座必须偏转 10°~15°,如图 8-17 所示,以使刨刀在返回行程后离开零件表面,减少刀具的磨损,避免零件已加工表面被划伤。

(三)刨斜平面

刨倾斜平面有两种方法:一是倾斜装夹工件,使工件被加工斜面处于水平位置,用刨水平面的方法加工。图 8-18 所示。二是将刀架转盘旋转所需角度,摇动刀架手柄使刀架滑板(刀具)做手动倾斜进给。

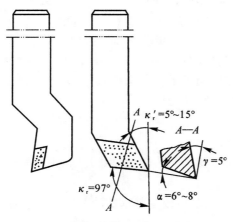

图 8-16 偏刀几何形状及参数   图 8-17 刨削垂直平面

(三)刨沟槽

1.刨直槽

刨直槽时,如果沟槽宽度不大,可用宽度与槽宽相当的直槽刨刀直接刨到所需宽度,旋转刀架手柄实现垂直进给,如图 8-19 所示。如果沟槽宽度较大,则可横向移动工作台,分几次刨削达到所需槽宽。

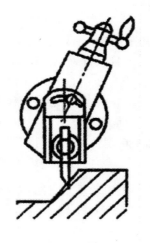

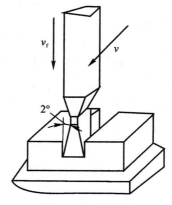

图 8-18 旋转刀架转盘刨斜平面   图 8-19 刨直槽

2.刨 V 形槽

刨 V 形槽的方法如图 8-20 所示:先按刨平面的方法把 V 形槽粗刨出大致形状,如图 8-20(a)所示;然后用切刀刨 V 形槽底的直角槽,如图 8-20(b)所示;再按刨斜面的方法用偏刀刨 V 形槽的两斜面,如图 8-20(c)所示;最后用样板刀精刨至图样要求的尺寸精度和表面粗糙度,如图 8-20(d)所示。

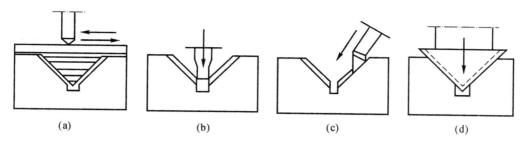

图 8 - 20　刨 V 形槽

（a）刨平面；　（b）刨直角槽；　（c）刨斜面；　（d）样板刀精刨

3.刨燕尾槽

刨燕尾槽的方法与刨 V 形槽相似,采用左、右偏刀按划线分别刨削燕尾槽斜面,其加工顺序如图 8 - 21 所示。

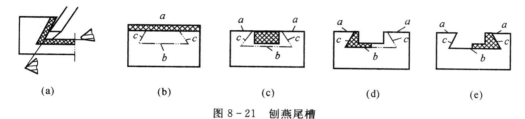

图 8 - 21　刨燕尾槽

（a）刨燕尾槽用角主偏刀；　（b）刨顶平面；　（c）刨直槽；　（d）刨左斜面；　（e）刨右斜面

4.刨 T 形槽

刨 T 形槽时,应先在零件端面和上平面划出加工线,需用直槽刀、左右弯切刀和倒角刀,按加工线依次刨直槽、两侧横槽和倒角,如图 8 - 22 所示。

(四)刨曲面

刨削曲面有两种方法:

(1)按划线通过工作台横向进给和手动刀架垂直进给刨出曲面。

(2)用成形刨刀刨曲面,如图 8 - 23 所示。

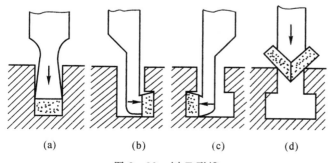

图 8 - 22　刨 T 形槽

（a）刨直槽；　（b）刨右横槽；　（c）刨 T 形槽；　（d）倒角

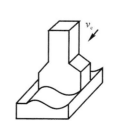

图 8 - 23　用成形刨刀刨曲面

三、刨削的工艺特点

(1)刨削的主运动是直线往复运动,在空行程时做间歇进给运动。由于刨削过程中无进给运动,所以刀具的切削角不变。

(2)刨床结构简单,调整与操作都较方便,刨刀为单刃刀具,制造和刃磨较容易,价格低廉。因此,刨削生产成本较低。

(3)由于刨削的主运动是直线往复运动,刀具切入和切离工件时有冲击负载,因而限制了切削速度的提高。此外,还存在空行程损失,故刨削生产率较低。

(4)刨削的加工精度通常为 IT10~IT8,表面粗糙度值 Ra 一般为 12.5~1.6 μm,采用宽刃刀精刨时,加工精度可达 IT6,表面粗糙度值 Ra 可达 0.8~0.2 μm。

基于以上特点,牛头刨床主要适于各种小型工件的单件、小批量生产。

四、刨削的应用

刨削主要用来加工平面(包括水平向、垂直面和斜面),也广泛地用于加工直槽,如直角槽、燕尾槽和 T 形槽等,如果进行适当的调整和增加某些附件,还可以用来加工齿条、齿轮、花键和母线为直线的成形面等。

牛头刨床的最大刨削长度一般不超过 1 000 mm,因此只适于加工中、小型工件,龙门刨床主要用来加上大型工件,或同时加工多个中、小型工件。B236 龙门刨床,最大刨削长度为 20 m,最大刨削宽度为 6.3 m。由于龙门刨床刚度较好,而且有 2~4 个刀架可同时工作,因此加工精度和生产率均比牛头刨床高。

第九章 磨削加工

第一节 概述

一、基本知识

在磨床上用砂轮对工件进行切削加工称为磨削。磨削原理和砂轮组成的表面放大图如图9-1所示，可以看到砂轮表面杂乱无章地布满尖棱形多角的磨粒。每个磨粒相当于一把小铣刀，当砂轮高速旋转时，磨粒就将工件表面的金属不断地切除。因此，磨削的实质相当于多刀刃的超高速铣削。

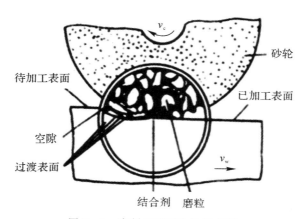

图9-1 磨削原理及砂轮组成图

由于砂轮的磨粒硬度极高，因此磨削不仅可以加工一般的金属材料，如碳钢、铸铁和有色金属，而且可以加工其他切削方法难以加工的各种硬材料，如淬硬钢、硬质合金、超硬材料、宝石、玻璃等。

磨削加工后工件的尺寸精度一般能达到 IT5～IT7 级，表面粗糙度值 Ra 为 0.8～$0.2\ \mu m$；采用超精磨削或研磨，工件的尺寸精度可达到 IT3～IT5 级，表面粗糙度值 Ra 为 0.1～$0.05\ \mu m$。在磨削过程中，由于磨削速度很高，产生大量的切削热，其温度可达 $1\ 000℃$ 以上。同时，高温磨屑在空气中被氧化产生火花。为了防止工件表面烧伤、工件变形，要使用大量的切削液来帮助散热，降低磨削温度，及时冲走磨屑，以保证工件加工质量。

磨削不仅可用于零件的内/外圆柱面、圆锥面、成形表面的精加工，而且以代替车削、铣削、刨削作粗加工和半精加工用，还可以代替气割、锯削来切断钢锭，以及清理铸、锻件的硬皮和飞边，作毛坯的粗加工用。

磨削的加工范围很广,不仅可以加工内/外圆柱面,内/外圆锥面和平面,还可加工螺纹、花键轴、曲轴、齿轮、叶片等特殊的成形表面。图9-2所示为常见的磨削加工。

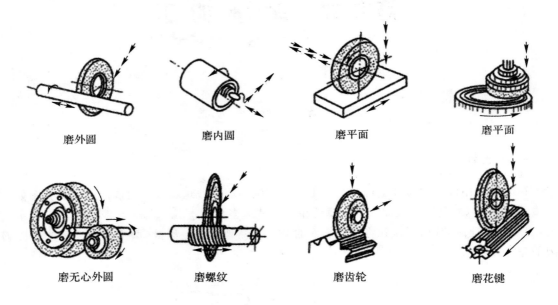

磨外圆　　　　　　磨内圆　　　　　　磨平面　　　　　　磨平面

磨无心外圆　　　　磨螺纹　　　　　　磨齿轮　　　　　　磨花键

图9-2　常见的磨削加工

1.磨削加工的特点

磨削加工和通常的车削、铣削、刨削等相比有以下特点:

(1)磨削属多刃、微刃切削,砂轮上每一磨粒相当于一个切削刃,而且切削刃的形状及分布处于随机状态,每个磨粒的切削角度、切削条件均不相同。

(2)加工精度高,磨削属于微刃切削,切削厚度极小,每一磨粒的切削厚度可小到数微米,故可获得很高的加工精度和低的表面粗糙度值。

(3)磨削速度高,一般砂轮的圆周速度达 2 000~3 000 m/min,目前的高速磨削砂轮线速度已达到 60~250 m/s,故磨削时温度很高,磨削区的瞬时高温可达 800~1 000℃。因此,磨削时一般都要使用切削液。

(4)加工范围广,磨粒硬度很高,因此磨削不但可以加工碳钢、铸铁等常用金属材料,还能加工一般刀具难以加工的高硬度、高脆性材料,如淬火钢、硬质合金等。但磨削不适宜加工硬度低而塑性很好的有色金属材料。

2.磨削运动

图9-3(a)(b)分别表示外圆磨床和卧式平面磨床加工长圆柱面和平面时的运动状况。

磨削运动分为主运动和进给运动。主运动是指砂轮的高速旋转运动。进给运动分为三项:一是工件运动,在外圆磨床上是工件的旋转运动,在卧式平面磨床上是工作台带动工件所做的直线往复运动;二是轴向进给运动,在外圆磨床上是工作台带动工件沿其轴向所做的直线往复运动,在卧式平面磨床上是砂轮沿其轴向的移动;三是径向进给运动,是指工作台在双程或单程内工件相对砂轮的径向移动量。

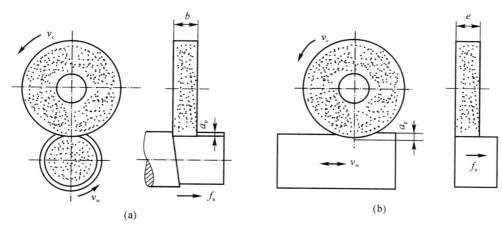

图 9 - 3　磨削时的运动情况

（a）磨外圆；　（b）磨平面

3. 磨削用量

描述磨削的四个运动参数即为磨削用量。常用磨削用量的定义、计算及选用见表 9 - 1。

表 9 - 1　常用磨削用量的定义、计算与选用

磨削用量	定义及计算
磨削速度，即砂轮圆周速度 v_c	砂轮外圆的线速度（m/s） $$v_c = \pi d_c n_c / (1\,000 \times 60)$$ 式中：d_c 为砂轮直径；n_c 为砂轮转速
工件的圆周速度 v_w	被磨削工件外圆处的线速度（m/s） $$v_w = \pi d_w n_w / (1\,000 \times 60)$$ 式中：d_w 为工件直径；n_w 为工件转速
纵向进给量 f_a	沿砂轮轴线方向的进给量
径向进给量 f_v	工作台双程或单行程内工件相对砂轮的径向移动量，即磨削深度 a_p，径向进给量 f

4. 磨削过程

从本质上讲，磨削也是一种切削，砂轮表面上的每个磨粒，可以近似地看成一个微小刀齿，凸出的磨粒尖棱，可以认为是微小的切削刃。由于砂轮上的磨粒具有形状各异和随机分布的特性，它们在加工过程中均以负前角切削，且它们各自的几何形状和切削角度差异很大，工作情况相差甚远。砂轮表面的磨粒在切入零件时，其作用大致可分为滑擦、刻划、切削 3 个阶段，如图 9 - 4 所示。

二、磨削加工的工艺特点与应用

磨削加工是一种多刀多刃的高速切削方法，它是为适应精加工和三角表面加工的需要而发展起来的。随着科学技术水平的不断提高，机器零件的精度和表面粗糙度要求愈来愈高，各种高硬度材料的使用日益增多，且随着精密铸造和精密锻造的工艺发展，很多毛坯可以不经过其他切削加工而直接磨削成成品。此外,随着磨料磨具和高速磨削工艺的发展,以及高磨床结构性能的不断改进、磨削效率和经济性的显著提高,磨削加工已从精加工逐步扩大到粗加工领域。因此,现代机械制造中磨床的使用范围日益扩大,磨削加工量在机械加工部量中所占比例也将进一步增大。

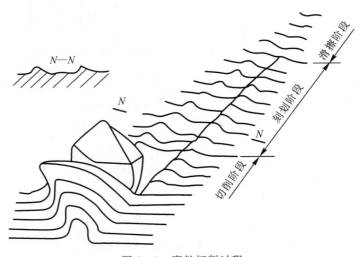

图 9 - 4　磨粒切削过程

　　磨削加工可以达到的经济精度为 IT6～IT5,表面粗糙度值 Ra 为 0.32～1.25 μm。磨削的工艺范围很广,可以划分为预磨(粗磨)、精磨、细磨及镜面磨削。预磨的工件精度可达 IT9～IT8,表面粗糙度值 Ra 可达到 0.01 μm。

　　由于磨削加工所采用的磨具(磨料)具有颗粒细小、硬度高、耐热性好等特点,因而能加工一般金属刀具所不能加工的零件表面,如带有不均匀铸锻硬皮的工件表面、淬硬表面。加工过程中同时参与切削运动的颗料数量多,能切除极薄、极细的切屑,因面加工精度高,表面粗糙度值小。磨削加工件作为一种精加方法,无论在单件小批量生产、中批量生产,还是大批量生产中都得到了广泛应用,近年来,由于强力磨削的发展,也可直接在毛坯上用磨削进行粗精加工。

第二节　砂　　轮

　　砂轮是主要的磨削工具。它是由磨料和黏合剂粘接在一起焙烧而成的疏松多孔体,可以粘接成各种形状和尺寸。砂轮表面上尖硬的棱角颗粒称为磨料,起着切削作用。把磨料粘接在一起的黏结材料叫做结合剂。磨料、结合剂之间有许多空隙,起着散热和容纳磨屑的作用。磨料、结合剂和空隙构成砂轮结构的三要素。

一、砂轮的特性和选用

　　砂轮特性包括磨料、粒度、结合剂、硬度、组织、形状和尺寸等。每种砂轮根据其本身的特性都有一定的适用范围,故应根据工件的材料、热处理方法以及形状和尺寸等选用合适的砂轮。

　　(1)磨料。磨料是砂轮的主要成分,它直接担负切削工作,必须具有很高的硬度、热硬性和相当的韧性。常用的磨料见表 9 - 2。

表 9-2　常用磨料

类别	名称	代号	特性	用途
氧化物	棕刚玉	A	含91%～96%氧化铝,棕色,硬度高,韧性好,价格便宜	磨碳钢、合金钢、可锻铸铁
	白刚玉	WA	含97%～99%氧化铝,白色,硬度比棕刚玉高,韧性低,磨削发热少	精磨淬火钢,高碳钢,高速钢,易变形的钢件
碳化硅	黑色碳化硅	C	含95%以上的碳化硅,黑色或深蓝色,有光泽,硬度比白刚玉高,性脆而锋利,导热性能好	磨铸铁、黄铜,铝及非金属材料
	绿色碳化硅	GC	含97%以上的碳化硅,绿色,硬度和脆性比黑色碳化硅高,导热导电性能好	磨硬质合金、玻璃、宝石、玉石、陶瓷等
高硬磨料	人造金刚石	MBD	无色透明或淡黄色、黄绿色、黑色,性脆,硬度极高,价格贵	磨硬质合金、玻璃、宝石、难加工的高硬材料等
	立方氮化硼	CBN	黑色或淡白色,立方晶体,硬度略低于人造金刚石,耐磨,发热量小	磨高温合金、高钼合金、高钒合金、高钴合金、不锈钢等

（2）粒度。粒度是指磨料颗粒的大小,即粗细程度。粒度分磨粒和微粉两组:磨粒是用筛选法分类,是以 1 in(1 in＝2.54 cm)的筛子上的孔网数来表示的,粒度号越大,磨粒越细;微粉是用显微测量法实际量到的磨粒尺寸分类,在磨料尺寸前加 W 来表示,用这种方法表示的粒度号越小,磨粒越细。通常磨软材料时,为防止砂轮堵塞,用粗磨粒;磨硬、脆材料和精磨时,用细磨粒。粒度大小对磨削效率和工件表面粗糙度有很大影响。不同粒度的使用范围见表 9-3。

表 9-3　不同粒度的使用范围表

粒度号	一般使用范围
14～24	磨钢锭、铸件毛刺,切断钢坯
36～60	磨平面、外圆、内圆,无心磨
60～100	精磨,工具刃磨等
120～W20	精磨,珩磨、螺纹磨等
W20 以下	镜面磨,精细珩磨、超精磨等

（3）结合剂。结合剂是砂轮中用以黏结磨粒的物质,它的种类和性质将影响砂轮的强度、热硬性、耐冲击性和耐蚀性等。结合剂对磨削温度、工件表面粗糙度也有影响。常见的结合剂见表 9-4。

表 9-4　常用的结合剂

名称	代号	性能	用途
陶瓷结合剂	V	性能稳定,气孔率大,热硬性、耐蚀性好,强度较大,黏结力大;弹性、韧性、抗振性差,价格便宜	轮速小于 35 m/s,用于成形磨削,磨螺纹齿轮,曲轴,能制各种磨具,应用最广

续表

名称	代号	性能	用途
树脂结合剂	B	强度大,弹性好,耐冲击,自锐性好,气孔率小;热硬性、耐腐蚀性差,不宜长期存放	轮速大于 50 m/s 的高速磨削,能制成薄片,砂轮磨槽,刃磨刀具,高精度磨削
橡胶结合剂	R	强度、弹性更好,退让性好,磨时振动小,气孔率小;热硬性、耐油性差	可制成更薄的砂轮,无心磨导轮,柔软抛光轮
金属结合剂	M	韧性、成形性好,强度大,使用寿命长,自锐性差	制造各种金刚石磨具,一般用青铜,当直径小于 1.5 mm 时用电镀镍

(4)硬度。砂轮硬度是指结合剂黏结磨粒的牢固程度,即砂轮工作表面上的磨料在磨削力的作用下脱落的难易程度。砂轮硬度低的,磨粒易脱落;反之,不易脱落。因此,砂轮的硬度与磨粒的硬度不是一个概念。砂轮的硬度对磨削生产率和加工的表面质量影响极大。砂轮的硬度等级见表 9-5。

表 9-5 砂轮的硬度等级名称及代号

硬度等级	大级	超软			软			中软		中		中硬			硬		超硬
	小级	超软1	超软2	超软3	软1	软2	软3	中软1	中软2	中1	中2	中硬1	中硬2	中硬3	硬1	硬2	超硬
代号		D	E	F	G	H	J	K	L	M	N	P	Q	R	S	T	Y

一般情况下,工件材料硬,砂轮的硬度应选得软些,使磨钝的砂粒及时脱落,以便露出有尖锐棱角的新磨粒,以防止磨削温度过高而产生"烧伤"。工件材料软,砂轮的硬度应选得硬些,以便充分发挥磨粒的切削作用。

(5)组织。砂轮的组织表示砂轮结构的松紧程度,它与磨粒、结合剂和气孔三者的比例有关。砂轮的组织号是以磨粒所占砂轮体积的百分比来确定的。组织号越大,砂轮组织越松,磨削时不易堵塞,磨削效率高,但由于磨刃少,磨削后工件表面粗糙度较高。砂轮的组织分类及用途见表 9-6。

表 9-6 砂轮的组织分类及用途

砂轮组织	紧密	中等	疏松
砂轮组织代号	0~4	5~8	9~14
用途	成形磨削,精密磨削	磨削淬火钢,刃磨刀具	磨削韧性大而硬度低的材料,大面积磨削

二、砂轮尺寸、选择及安装

(1)砂轮尺寸及选择。

为了适应在不同类型的磨床上磨削各种形状和尺寸的工件,砂轮也需制成各种形状和尺寸。在可能的情况下,砂轮的外径应尽量选得大一些,提高砂轮的线速度,以获得较高的生产率和较低的表面粗糙度。表 9 - 7 为常用砂轮的形状、代号。

表 9 - 7 常用砂轮的形状、代号

砂轮名称	简图	代号	主要用途
平形砂轮	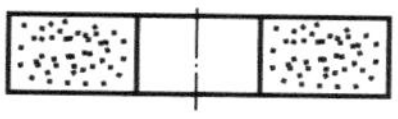	P	磨外圆、内圆、平面、螺纹,用于无心磨、工具磨和砂轮机上
双斜边一号砂轮	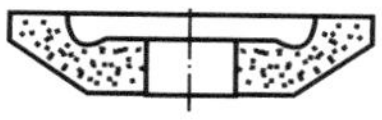	PSX	磨齿轮和单线螺纹
双面凹砂轮	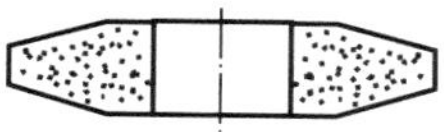	PSA	磨外圆,刃磨刀具,用作无心磨的磨轮和导轮
薄片砂轮	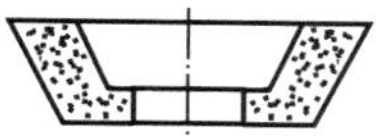	PB	切断和开槽
碟形一号砂轮	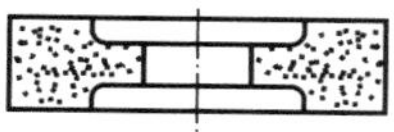	D1	刃磨铣刀、铰刀、拉刀和其他刀具,大尺寸砂轮还可用于磨齿轮
碗形砂轮	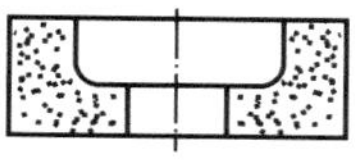	BW	磨机床导轨,刃磨工具
杯形砂轮	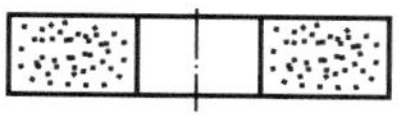	B	端面刃磨铣刀、铰刀、扩孔钻、拉刀等,圆周磨平面,内圆
筒形砂轮	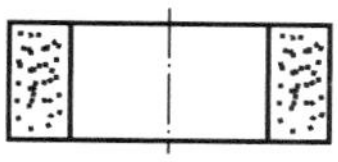	N	用于立式平面磨床的立轴上,磨平面

(2)砂轮型号。砂轮是用符号和数字表示该砂轮的特性,标在砂轮的非工作表面上。例如:

P　　400×40×203　　A　　46　　5　　V　　30
形状　外径厚度孔径　　磨料　粒度　硬度　组织号　结合剂　允许的磨削速度

(3)砂轮的安装。

砂轮是在高速运转下工作的,安装前先外观检查,再敲击听其响声判断砂轮是否有裂纹,以防止高速旋转时砂轮破裂。

安装砂轮时,砂轮内孔与砂轮轴配合间隙要适当,过松会使砂轮旋转时偏向一边而产生振动;过紧,则磨削时受热膨胀易将砂轮胀裂,一般配合间隙为 0.1～0.8 mm。砂轮用法兰盘与螺帽紧固,在砂轮与法兰盘之间垫以 0.3～3 mm 厚的皮革或耐油橡胶垫片,如图 9-5 所示。

为使砂轮工作时平稳,不发生振动,一般直径在 125 mm 以上的砂轮都要进行静平衡调整。如图 9-6 所示,将砂轮装在心轴上,再放在平衡架导轨上,如果不平衡,较重的部分总是转到下面,这时可移动法兰盘端面环形槽内的平衡块进行平衡。反复进行,直到砂轮在导轨上任意位置都能静止为止。

砂轮工作一段时间后,磨粒逐渐变钝,砂轮表面空隙堵塞,砂轮几何形状失准,使磨削质量和生产率都下降,这时需要对砂轮进行修整。修整砂轮通常用金刚石刀进行。修整时,金刚石刀与水平面倾斜 10°左右,与垂直面成 20°～30°,刀尖低于砂轮中心 1～2 mm 以减少振动,如

图 9-7 所示。修整时要用冷却液充分冷却,横向进给量为 0.01~0.02 mm,纵向进给量与加工表面粗糙度有关,进给量越小,砂轮表面修出的微刃等高性越好,磨出的工件表面粗糙度值越小。

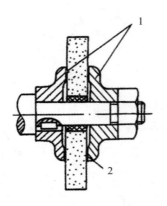

图 9-5　砂轮的安装

1—法兰盘；　2—垫片

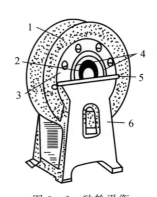

图 9-6　砂轮平衡

1—砂轮；　2—心轴；　3—法兰；

4—平衡铁；　5—平衡轨道；　6—平衡架

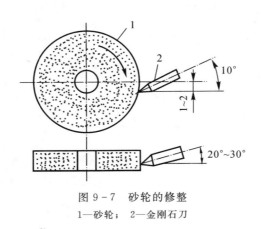

图 9-7　砂轮的修整

1—砂轮；　2—金刚石刀

第三节　磨　　床

一、磨床的基本知识

(1)磨床类型与型号。磨床有外圆磨床、内圆磨床、平面磨床、齿轮磨床、导轨磨床、无心磨床、工具磨床等,常用的是外圆磨床和平面磨床。磨床型号的表示可见《金属切削机床　型号编制方法》(GB/T 15375—2008)规定,如 M7130GL 平面磨床。M7130A 表示内容如下:

M 表示磨床类机床;71 表示卧轴矩台式平面磨床;30 表示工作台面宽度为 200 mm;A 表示第一次重大改进。

M7130 平面磨床的结构如图 9-8 所示。

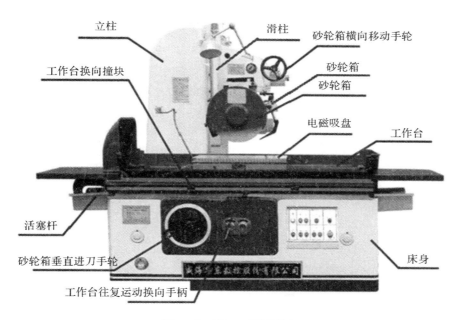

图 9 - 8 M7130 平面磨床

砂轮架——安装砂轮并带动砂轮做高速旋转,砂轮架可沿滑座的燕尾导轨做手动或液动的横向间隙运动。

滑座——安装砂轮架并带动砂轮架沿立柱导轨做上下运动。

立柱——支承滑座及砂轮架。

工作台——安装工件并由液压系统驱动做往复直线运动。

床身——支承工作台,安装其他部件。

冷却液系统——向磨削区提供冷却液(皂化油)。

液压传动系统——其组成有:

1)动力元件:如油泵,供给液压传动系统压力油。

2)执行元件:如油缸,带动工作台等部件运动。

3)控制元件:如各种阀,控制压力、速度、方向等。

4)辅助元件:如油箱、压力表等。

液压传动与机械传动相比具有传动平稳、能过载保护、可以在较大范围实现无级调速等优点。

(2)外圆磨床的主要组成及作用。外圆磨床又分为普通外圆磨床和万能外圆磨床。两者的主要区别是:万能外圆磨床的头架和砂轮下面都装有转盘,能绕垂直轴线偏转一定角度,并增加了内圆磨头等附件。因此万能外圆磨床不仅可以磨削外圆柱面、端面及外圆锥面,还可以磨内圆柱面、内台阶面及锥度较大的内圆锥面。现以 M1432A 型万能外圆磨床为例(见图 9－9)介绍外圆磨床的主要组成部分及作用。

1)床身。床身用来支承各部件,上部有工作台和砂轮架,内部装有液压传动系统。

2)工作台。工作台上装有头架和尾座。工作台有两层,下工作台可在床身导轨上做纵向往复运动,上工作台相对下工作台在水平面内能偏转一定的角度,以便磨削圆锥面。

3)头架内的主轴由单独的电动机经变速机构带动旋转,可得六种转速。主轴端部可安装顶尖、拨盘或卡盘。工件可支承在头架顶针和尾架顶针之间,也可用卡盘安装。

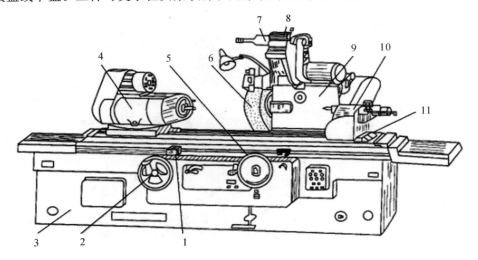

图 9 - 9　M1432A 万能外圆磨床
1—挡块；　2,5—手轮；　3—床身；　4—头架；　6—砂轮；　7—内圆磨具；
8—支架；　9—砂轮架；　10—尾座；　11—工作台

4)砂轮架用于安装砂轮,并由单独的电动机带动砂轮高速旋转。砂轮架可在床身后部的导轨上做横向进给,进给的方法有自动周期进给、快速引进或退出、手动三种,前两种是靠液压传动来实现的。

5)尾座用于支承工件。

(3)其他类型磨床。

1)内圆磨床。图 9 - 10 为 M2120 内圆磨床,它由床身、刀架、磨具架和砂轮修整器等部件组成。刀架可绕垂直轴转动角度,以便磨锥孔。工作台的往复运动也使用液压传动。

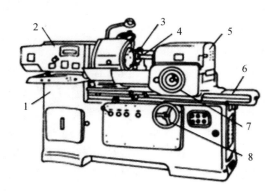

图 9 - 10　M2120 内圆磨床
1—床身；　2—刀架；　3—砂轮修整器；　4—砂轮；　5—磨具架；
6—工作台；　7—磨具架手轮；　8—工作台手轮

2)平面磨床分为立轴式和卧轴式两类:立轴式平面磨床用砂轮的端面磨削平面;卧轴式平面磨床用砂轮的圆周面磨削平面。图9-11所示为M7120A卧轴矩形平面磨床,它由床身、工作台、立柱、滑板、磨头和砂轮修整器等部件组成。

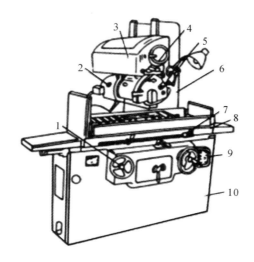

图9-11 M7120卧轴矩形平面磨床

1—工作台手轮; 2—磨头; 3—滑板; 4—横向进给手轮; 5—轮修整器;
6—立柱; 7—行程挡块; 8—工作台; 9—直进给手轮; 10—床身

矩形工作台装在床身的水平纵向导轨上,其上有安装工件用的电磁吸盘。工作台的往复运动是由液压驱动的,也可用手轮操纵。砂轮装在磨头上,由电动机直接驱动旋转。磨头沿滑板的水平导轨做横向进给运动,由液压驱动或手轮操纵。滑板可沿立柱的垂直导轨移动,以调整磨头的高低位置及垂直进给运动,这一运动由手轮操纵。

二、磨削加工范围

磨削时,一般有一个主运动和三个进给运动。这四个运动参数即为磨削用量,如图9-12所示。

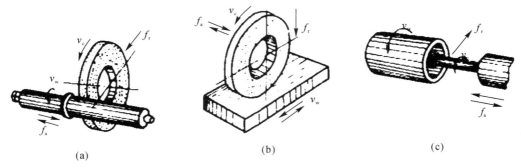

(a)   (b)   (c)

图9-12 磨削加工示例

(a)磨外圆; (b)磨平面; (c)磨内孔

v_c—主运动进给速度; v_w—圆周进给速度; f_a—纵向进给量; f_r—横向进给量

（1）主运动。

主运动是砂轮的高速旋转运动。主运动速度以砂轮外圆处的线速度 v_c(m/s)表示。高速磨削时，v_c 取 60～100 m/s；一般磨削时，v_c 取 30～35 m/s。

（2）圆周进给运动。

圆周进给运动是工件绕本身轴线做低速旋转的运动。圆周进给速度以工件外圆处的线速度 v_w(m/s)表示。v_w 取值范围为 0.2～0.4(m/s)，粗磨时取上限，精磨时取下限。

（3）背吃刀量的选择。

背吃刀量增大，生产率提高，工件表面粗糙度值增大，砂轮易变钝。一般 a_p＝0.01～0.03 mm，精磨时 a_p＜0.01 mm。

1.磨外圆

（1）工件的装夹。

磨削加工时，工件装夹的正确性、稳固性、迅速性和方便性，不但影响工件的加工精度和表面粗糙度，还影响到生产率和劳动强度，甚至在某些情况下还会造成事故。

磨外圆时，常用的装夹工件的方法有以下几种：

1）用前、后顶尖装夹。磨床上采用的前、后顶尖都是死顶尖。这样头架旋转部分的偏摆就不会反映到工件上来，用死顶尖的加工精度比活顶尖高。带动工件旋转的夹头，常用的有圆环夹头、鸡心夹头、对合夹头和自动夹紧夹头四种，如图 9-13 所示。

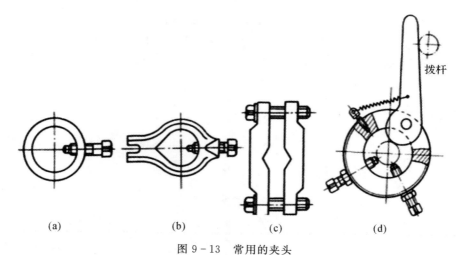

图 9-13 常用的夹头

(a)圆环夹头 ； (b)鸡心夹头 ； (c)对合夹头 ； (d)自动夹紧夹头

2）用心轴装夹。磨削套筒类零件时，常以内孔为定位基准，把零件套在心轴上，心轴再装夹在磨床的前、后顶尖上。常用的心轴有锥形心轴、带台肩圆柱心轴、带台肩可胀心轴等，如图 9-14 所示。

3）三爪自定心卡盘或四爪单动卡盘装夹。磨削端面上不能打中心孔的短工件时，可用三爪自定心卡盘或四爪单动卡盘装夹。四爪单动卡盘特别适于夹持表面不规则的工件。

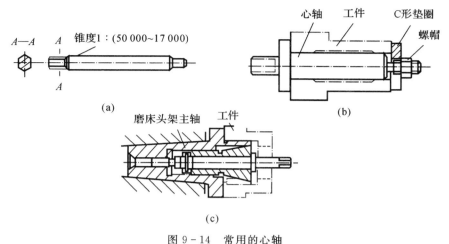

图 9 - 14　常用的心轴

(a)锥形心轴　；　(b)带台肩圆柱心轴；　(c)带台肩可胀心轴

　　4)用卡盘与顶尖装夹。当磨削工件较长,一端能打中心孔,一端不能打中心孔时,可一端用卡盘,一端用顶尖装夹工件。

　　(2)磨外圆的方法。在外圆磨床上磨外圆的方法有四种,如图 9 - 15 所示。

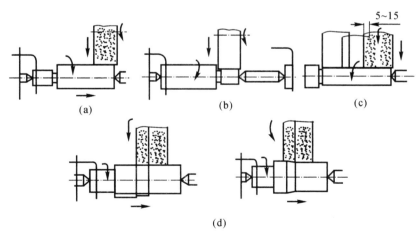

图 9 - 15　磨外圆的方法

(a)纵磨法；　(b)横磨法；　(c)分段综合磨法；　(d)深磨法

　　1)纵磨法。磨削时工件做圆周进给运动,同时随工作台做纵向进给运动,每一纵向行程或往复行程结束后,砂轮做一次小量的横向进给。当工件磨削至最终尺寸时,无横向进给的纵向往复几次,直至火花消失为止。纵磨时磨削深度小,磨削力小,磨削温度低,加之磨到最后又做几次无横向进给的光磨行程,能逐步消除由于机床、工件、夹具弹性变形而产生的误差,所以磨削精度较高。

　　纵磨法是最通用的一种磨削方法。其特点是可以用同一砂轮磨削长度不同的工件,且加工质量好,在单件、小批量生产及精磨时被广泛使用。

2)横磨法(切入磨法)。磨削时工件无纵向进给运动,采用一只比需要磨削零件表面宽(或等宽)的砂轮连续地或间断地向工件做横向进给运动,直到磨掉全部加工余量。横磨法生产率高,但由于工件相对于砂轮无纵向进给运动,相当于成形磨削,砂轮的形状误差直接影响工件的形状精度。另外,砂轮与工件的接触宽度大,则磨削力大,磨削温度高,因此,砂轮要勤修整,切削液供应要充分,工件刚性要好。

3)分段综合磨法。分段综合磨法是纵磨法和横磨法的综合应用。先在工件磨削表面的全长上,分成几段进行横磨,相邻两段间有 5~15 mm 重叠,每段都留下 0.01~0.03 mm 的精磨余量,然后用纵磨法将它磨去。

这种磨削方法综合了横磨法生产率高、纵磨法精度高的优点。当工件磨削余量较大,加工表面的长度为砂轮宽度的 2~3 倍,且一边或两边又有台阶时,采用此法最为合适。

4)深磨法。深磨法的特点是将全部磨削余量在一次纵向进刀中磨去。砂轮一端外缘修成锥形或阶梯形,磨削时工件的圆周进给速度和纵向进给速度都很慢,最后再以无横向进给做纵向进给,往复几次,直至火花消失为止,以获得较低的表面粗糙度。

深磨法的生产率约比纵磨法高一倍,磨削力大,但对工件刚性及装夹刚性要求高。它修整砂轮较复杂,只适合大批量生产,磨削时允许砂轮越出被加工面两端较大距离的工件。

2.磨平面

(1)工件的装夹。磨平面一般使用平面磨床,平面磨床工作台通常采用电磁吸盘来安装工件,对于钢、铸铁等导磁性工件可直接安装在工作台上;对于铜、铝等非磁性工件,要通过精密平口钳等装夹。电磁吸盘是按电磁铁的磁效应原理设计制造的。工件安放在电磁吸盘上,通过磁力作用将工件吸住,如图 9-15 所示。

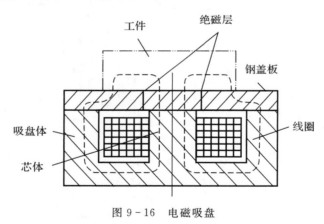

图 9-16 电磁吸盘

(2)磨平面的方法。根据磨削时砂轮工作表面的不同,磨平面的方法有两种:周磨法和端磨法,如图 9-17 所示。

1)周磨法。周磨法是用砂轮的圆周面磨削平面。周磨时,砂轮与工件接触面小,排屑和冷却条件好,工件发热量少,因此适于磨削易翘曲变形的薄片工件,能获得较好的加工质量,但磨削效率低。此法一般用于精磨。

2)端磨法。端磨法是用砂轮的端面磨削平面。端磨时由于砂轮轴伸出较短,主要是受轴向力,因而刚性较好,能采用较大的磨削用量。另外,砂轮与工件接触面积大,磨削效率高,但发热量大,也不易排屑和冷却,故加工质量较周磨低。此法一般用于粗磨和半精磨。

平面磨床的工作台有长方形和圆形两种,在这两种平面磨床上都能进行周磨和端磨。

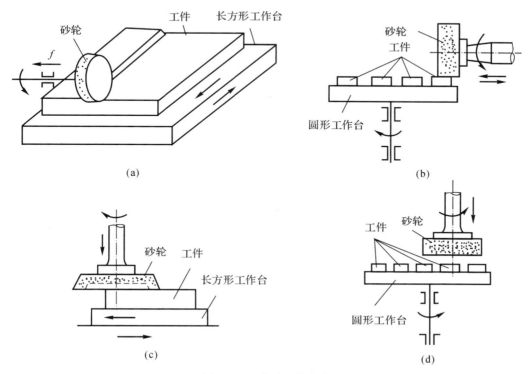

图 9-17 磨平面的方法
(a)(b)周磨法; (c)(d)端磨法

第十章 钳 工

第一节 概 述

一、钳工概述

钳工是手持工具对金属进行加工的方法。钳工工作主要以手工方法,利用各种工具和常用设备对金属进行加工。在实际工作中,有些机械加工不太适宜或其他工种不能解决的某些工作,还是由钳工完成,比如:设备的组装及维修等。随着工业的发展,在比较大的企业里,对钳工还有比较细的分工。

(1)钳工按专业可分为配钳工、修理钳工、模具钳工、划线钳工、工具/夹具钳工。

(2)钳工的基本操作为:①划线;②锯削;③錾削;④锉削;⑤钻孔、扩孔、铰孔;⑥攻螺纹、套螺纹;⑦刮削;⑧研磨;⑨装配。

(3)钳工的特点为:

1)加工灵活、方便,能够加工形状复杂、质量要求较高的零件。

2)工具简单,制造、刃磨方便,材料来源充足,成本低。

3)劳动强度大,生产率低,对工人技术水平要求较高。

(4)钳工的加工范围为:

1)加工前的准备工作,如清理毛坯,在工件上划线等。

2)加工精密零件,如锉样板、刮削或研磨机器量具的配合表面等。

3)零件装配成机器时互相配合零件的调整,整台机器的组装、试车、调试等。

4)机器设备的保养维护。

二、钳工的常用设备

1. 钳工台

钳工台是钳工常用设备之一,适用于各种检验工作,精密测量用的基准平面,用于机床机械测量基准,检查零件的尺寸精度或形位偏差,并作精密划线。钳工台在机械制造中也是不可缺少的基本工具[见图10-1(a)]。

钳工台一般规格:长、宽、高(2 100 mm×1 500 mm×800 mm)。

钳工台的特点如下:

(1)工作桌组装简便强度高,可使工作桌承受额定重力,按承重不同分为轻型、中型和重型工作桌。

(2)配合不同客户的使用要求,可选择各种不同材料的工作桌桌面。

(3)加装工具柜后更能合理地使用空间,有效并合理放置工具及零配件。

（4）工作桌可加装挂板、电器板、灯顶板、滑轮杆、棚板等桌上部件，能够满足各种工位需求。

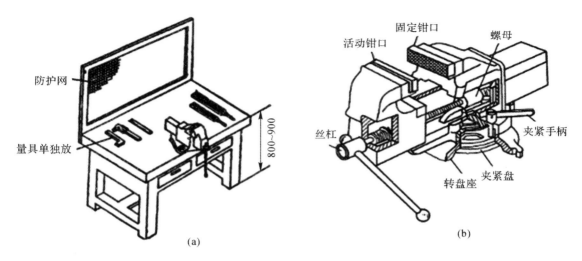

图 10-1　工作台与台虎钳
(a)工作台；　(b)台虎钳

2. 台虎钳

台虎钳是钳工最常用的一种夹持工具[见图 10-1(b)]。錾切、削、锉削以及许多其他钳工操作都是在台虎钳上进行的。钳工常用的台虎钳有固定式和回转式两种。图 10-1(b)所示为回转式台虎钳的结构图。台虎甜主体是用铸铁制成的，由固定部分和活动部分组成。台虎钳固定部分由转盘锁紧螺钉固定在转盘座上，转盘座内装有夹紧盘，放松转盘夹紧手柄，固定部分就可以在转盘座上转动，以变更台虎钳方向。转盘座用螺钉固定在钳工工作台上。连接手柄的螺杆穿过活动部分旋入固定部分的螺母内。扳动手柄使螺杆从螺母中旋出或旋进，从而带动活动部分移动，使钳口张开或合拢，以放松或夹紧零件。

为了延长台虎钳的使用寿命，台虎钳上端咬口处用螺钉紧固着两块经过淬硬的钢质钳口。钳口的工作面上有斜形齿纹，使零件夹紧时不至滑动。当夹持零件的精加工表面时，应在钳口和零件间垫上纯铜皮或铝皮等软材料制成的护口片（俗称为软钳口），以免夹坏零件表面。

台虎钳规格以钳口的宽度来表示，一般为 100~150 mm。

3. 钻床

钻床是用于孔加工的一种机械设备，它的规格用可加工孔的最大直径表示，其品种、规格颇多。其中最常用的是台式钻床（台钻），如图 10-2 所示。这类钻床小型轻便，安装在台面上使用，操作方便且转速高，适于加工中、小型零件上直径在 16 mm 以下的小孔。

三、实习纪律与安全

（1）进训练室时必须穿工作服，女生戴工作帽。

（2）操作者要在指定岗位进行操作，不得串岗、不准玩手机。

（3）遵守劳动纪律，不准迟到、早退。

（4）认真遵守钳工实训安全操作规程。

（5）爱护设备及工具、量具，工具、工件摆放整齐，清理现场卫生，对损坏和丢失的工具、量具要照价赔偿。

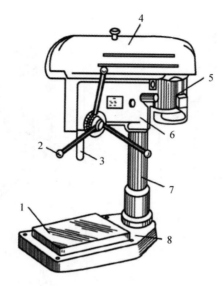

图 10-2　台式钻床

1—工作台；　2—进给手柄；　3、6—主轴；　4—带罩；

5—电动机；　6—立轴；　7—立柱；　8—底座

第二节　划　　线

一、划线的作用

（1）确定工件加工表面的位置和加工余量的大小。

（2）检查毛坯的形状、尺寸是否合乎图纸要求。

（3）合理分配各加工面的余量。

划线不仅能使加工有明确的界限，而且能及时发现和处理不合格的毛坯，避免造成损失，而在毛坯误差不太大时，往往又可依靠划线的借料法予以补救，使零件加工表面仍符合要求。

二、划线的种类

（1）平面划线（见图 10-3）：在工件的一个表面上划线的方法称为平面划线。

（2）立体划线（见图 10-4）：在工件的不同表面上划线的方法称为立体划线。

三、划线工具

1.基准工具

划线的基准工具包括划线平板和划线方箱（见图 10-5）。

划线平板是划线的基本工具。一般由铸铁制成，工作表面经过精刨或刮削加工［见图 10-5（a）］。由于平板表面是划线的基本平面，其平整性直接影响划线的质量，因此安装时必须使工作平面(即平板面)保持水平位置。划线方箱主要用于零部件的平行度、垂直度等的检验和划线。方箱是用铸铁或钢材制成的具体6个工作面的空腔正方体,其中一个工作面上有V形槽。

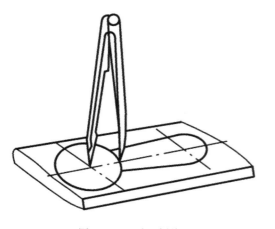

图 10-3 平面划线

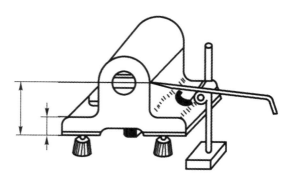

图 10-4 立体划线

划线方箱精度:按《铸铁平板》(GB/T 22095—2008)标准规定铸铁平板,铸铁平台精度等级分为0级、1级、2级、3级四个精度等级,一般0级、1级、2级做检验平板、检验平台用,3级做划线平板、划线平台用。对于刮制方箱除检定平面度外,检定接触斑点要用涂色的方法。在边长为25 mm的任意正方形内斑点数为:1级、2级不少于25点;3级不少于20点。

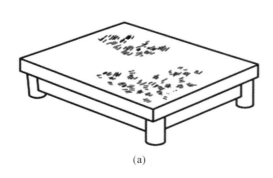

(a)

(b)

图 10-5 划线平板与方箱

(a)划线平板; (b)划线方箱

2.测量工具

划线的测量工具包括:游标高度尺(见图10-6)、钢尺和直角尺(见图10-7)。

高度尺用于测量零件的高度和精密划线。它的结构特点是用质量较大的基座4代替固定量爪5,而动的尺框3则通过横臂装有测量高度和划线用的量爪,量爪的测量面上镶有硬质合金,以提高量爪使用寿命。高度尺的测量工作,应在平台上进行。当量爪的测量面与基座的底平面位于同一平面时,如在同一平台平面上,主尺1与游标6的零线相互对准。所以在测量高度时,量爪测量面的高度,就是被测量零件的高度尺寸,与游标卡尺一样,它的具体数值可在主尺(整数部分)和游标(小数部分)上读出。应用高度尺划线时,调好划线高度,用紧固螺钉 2 把尺框锁紧后,也应在平台上先进行调整再进行划线。

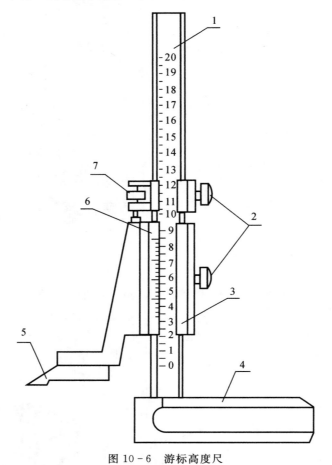

图 10-6 游标高度尺

1—主尺; 2—紧固螺钉; 3—尺框; 4—基座; 5—量爪; 6—游标; 7—微动装置

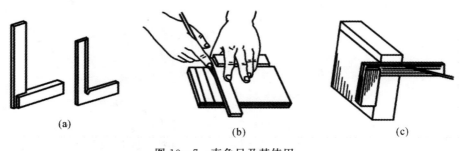

(a)　　　　　　　　　　(b)　　　　　　　　　(c)

图 10-7 直角尺及其使用

3.绘划工具

划线的绘划工具包括划针(见图 10-8)、划卡、划针盘(见图 10-9)和划规(见图 10-10)、样冲。

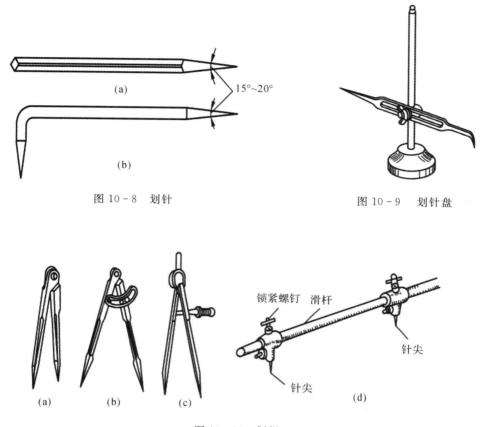

图 10 - 8　划针

图 10 - 9　划针盘

锁紧螺钉　滑杆

针尖

针尖

(a)　　　(b)　　　(c)　　　　　　(d)

图 10 - 10　划规

划针是用来在板料上划线的基本工具。一般是由中碳钢或高碳钢制成,弯头划针用于直头划针划不到的地方。划针长度约为 120 mm,直径为 4～6 mm。为了能使其在板料上划出清晰的标记线,划针尖端非常锐利,尖端角度一般在 15°～20°之间,且具有耐磨性。

划线时,划针的尖端必须紧靠钢板尺或样板,划针应朝向划线方向倾斜 50°～70°,同时向外倾斜 10°～20°,划线粗细不得超过 0.5 mm。划针的用法如图 10 - 11 所示。

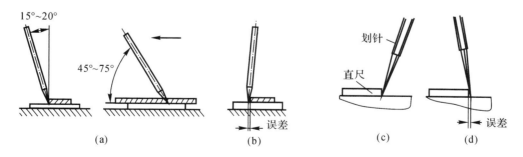

15°～20°

45°～75°

误差

划针

直尺

误差

(a)　　　　　　　(b)　　　　　(c)　　　　(d)

图 10 - 11　划针的用法
(a)(c)正确;　(b)(d)不正确

2.夹持工具

划线的夹持工具包括 V 形铁(见图 10 - 12)和千斤顶。

V 形铁既可用于轴类检验、校正、划线,又可用于检验工件垂直度和平行度,还可用于精密轴类零件的检测、划线、定仪及机械加工中的装夹。

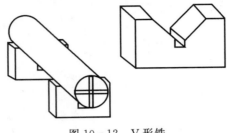

图 10 - 12   V 形铁

四、划线基准

在零件的许多点、线、面中,用指定的点、线、面能确定其他点、线、面的相互位置,这些指定的点、线、面被称为划线基准。基准就是确定其他点、线、面位置的依据,划线时都应从基准开始。在零件图中确定其他点、线、面位置的基准为设计基准,零件图的设计基准和划线基准是一致的。

划线的基准有以下两种:

(1)以零件的中心中心线为基准,见图 10 - 13(a)所示。

(2)以已加工平面为基准,见图 10 - 13(b)所示。

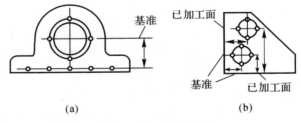

(a)   (b)

图 10 - 13   划线基准

五、划线步骤

(1)研究图纸,确定划线基准,详细了解需要划线的部位,这些部位的作用、需求以及有关的加工工艺。

(2)初步检查毛坯的误差情况,去除不合格毛坯。

(3)工件表面涂色(蓝油)。

(4)正确安放工件和选用划线工具。

(5)划线,包括划基准线、划已知线段、划中间线段、划连接线段。

(6)详细检查划线的精度以及线条有无漏划。

(7)在线条上打冲眼。

第三节 锯 削

一、锯削的概念及工作范围

1. 概念

锯削是用手锯锯断金属材料或在工件上锯出沟槽的操作。

2. 工作范围

(1)分割各种材料或半成品。

(2)锯掉工件上的多余部分。

(3)在工件上锯槽。

二、锯削工具

(1)锯弓。锯弓是用来安装和张紧锯条的工具,可分为可调式和固定式两种。图10-14(a)所示为可调式锯弓,装锯条的固定夹头在前端,活动夹头靠近捏手的一端。固定夹头和活动夹头上均有一销,锯条就挂在两销上。这两个夹头上均有方榫,分别套在弓架前端和后端的方孔导管内。旋紧靠近捏手的异形螺母就可把锯条拉紧。需要在其他方向装锯条时,只需将固定夹头和活动夹头拆出,转动方榫再装入即可。图10-14(b)所示为固定式锯弓,在手柄的一端有一个装锯条的固定夹头,前端有一个装锯条的活动夹头。

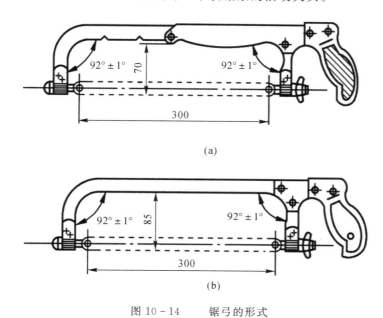

(a)

(b)

图 10-14 锯弓的形式

(2)锯条:锯条是开有齿刃的钢片条,齿刃是锯条的主要部分。锯条一般由工具钢或合金钢制成,并经淬火和低温回火处理。锯条规格用锯条两端安装孔之间的距离表示,并按锯齿齿距分为粗齿、中齿和细齿三种。粗齿锯条适用于锯削软材料和截面较大的零件,细齿锯条适用于锯削硬材料和薄壁零件。锯齿在制造时按一定的规律错开排列,形成锯路。

手用钢锯条型号数字代表每 25 mm 长度内的齿数,通常如下:

1)细锯齿,相应的齿距为(0.8 mm,1 mm);25 mm 长度内的齿数为 24～32 齿,如图 10 - 15(c)所示。

2)中锯齿,相应的齿距为(1.2 mm,1.4 mm);25 mm 长度内的齿数为 18～22 齿,如图 10 - 15(b)所示。

3)粗锯齿,相应的齿距为 1.8 mm,25 mm 长度内的齿数为 14～16 齿,如图 10 - 15(a)所示。

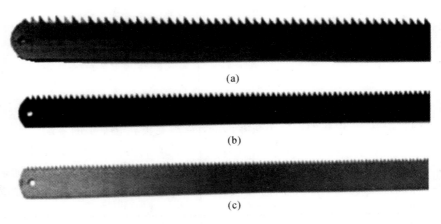

(a)

(b)

(c)

图 10 - 15　锯条的形式
(a)粗锯齿； (b)中锯齿； (c)细锯齿

三、锯削操作

1. 锯条的安装

根据工件材料及厚度选择合适的锯条,安装在锯弓上,锯齿方向必须朝前,松紧应适当,一般用两个手指的力能旋紧为止。锯条安装好后,不能有歪斜和扭曲,否则锯削时易折断,如图 10 - 16 所示。

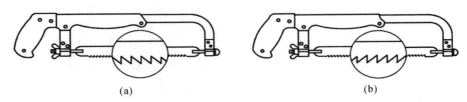

(a)　　　　　　　　　　　　　　(b)

图 10 - 16　锯条的安装

2. 工件的安装

工件伸出钳口不应过长,防止锯削时产生振动。锯线应和钳口边缘平行,并夹在台虎钳的左边,以便操作。工件要夹紧,并应防止变形和夹坏已加工表面。

3.握锯方法及锯削操作

一般握锯方法是右手握稳锯柄,左手轻扶弓前端,如图 10－17 所示。锯削时推力和压力由右手控制,左手压力不要过大,主要应配合右手扶正锯弓,锯弓向前推出时加压力,回程时不加压力,在零件上轻轻滑过。锯削往复运动速度应控制在 40 次/min 左右。

锯削时最好使锯条全部长度参加切削,一般锯弓的往返长度不应小于锯条长度的 2/3。

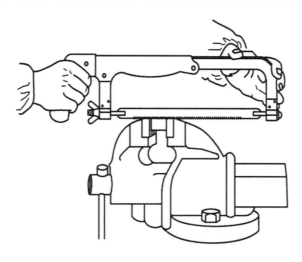

图 10－17 手锯的握法

4.锯削姿势

锯削时正确的站立姿势为:身体正前方与台虎钳中心线成大约 45°角,右脚与台虎钳中心线约成 75°角,左脚与台虎钳中心线约成 30°角,如图 10－18 所示。

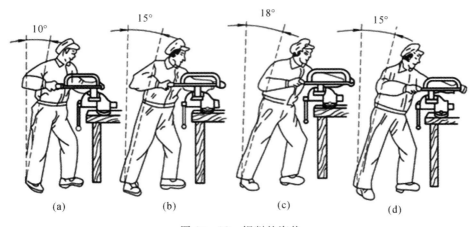

图 10－18 锯削的姿势

5.起锯

锯条开始切入零件称为起锯。起锯方式有近起锯图[见图 10－19(b)]和远起锯[见图 10－19(a)]。起锯时要用左手拇指指甲挡住锯条,锯弓往复行程要短,压力要轻,锯条要与零件表面垂直,当起锯到槽深 2～3 mm 时结束,结束前应逐渐将锯弓改至水平方向进行正常锯削。

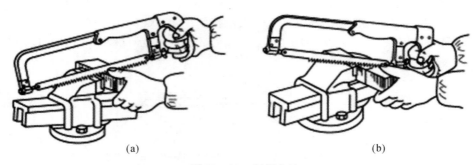

图 10-19　起锯方法

(a)远起锯；　(b)近起锯

四、典型表面的锯削方法

1.圆管锯削

一般情况下,钢管壁较薄,因此,锯管子时应选用细齿锯条。一般不采用一锯到底的方法,而是当管壁锯透后随即将管子沿着推锯方向转动一个适当的角度,再继续锯削,依次转动,直至将管子锯断,如图 10-20 所示。这样,一方面可以保持较长的锯削缝口,效率提高;另一方面也能防止因锯缝卡住锯条或管壁钩住锯齿而造成锯条损伤,消除因锯条跳动所造成的锯割表面不平整的现象。对于已精加工过的管件,为防止装夹变形,应将管件夹在有 V 形槽的两块木板之间。

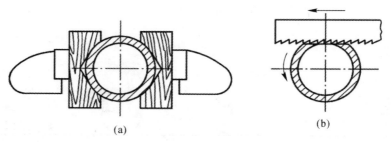

图 10-20　管子的夹持和锯削

(a)管子的夹持；　(b)转位锯削

2.薄板的锯削

锯削薄板时,要尽量从宽的面锯下去,使锯齿不易被勾住,如图 10-21 所示。当只能从窄面往下锯削时,极易产生晃动,影响切削质量,此时,可用两块木板夹持,连木板一起锯下,这样可避免锯齿被勾住,同时也增强了板料的刚度,锯削时不会产生晃动,也可将薄板夹在台虎钳上,用手锯做横向斜推锯,使锯条紧靠钳口,便可锯成与钳口平行的直锯缝。

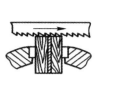
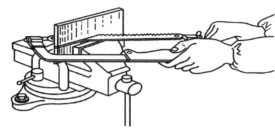

图 10-21 薄板料锯削方法

五、锯削安全操作

(1)锯条松紧要适度。

(2)工件快要锯断时,施给手锯的压力要轻,以防突然断开砸伤人。

六、锯条折断原因

(1)锯条安装得过紧或过松。

(2)工件装夹不正确。

(3)锯缝歪斜,纠正过急。

(4)压力太大,速度过快。

(5)新换的锯条在旧的锯缝中被卡住,而造成折断。

七、锯条崩齿原因

(1)起锯角度太大。

(2)起锯用力太大。

(3)工件勾住锯齿。

第四节 锉 削

一、锉削

锉削是利用锉刀对工件材料进行切削加工的一种操作。它的应用范围很广,可锉工件的外表面、内孔、沟槽和各种形状复杂的表面。

1. **锉刀及其作用**

锉刀的组成如图 10-22 所示。

锉刀面指锉刀的主要工作面。

锉刀边指锉刀的两侧面,一边有齿,一边无齿,无齿的边叫安全边或光边。

锉刀舌指锉刀尾的锥部,要插入木柄中,锉削时,便于握持及传递推力。

锉齿指在锉削过程中,直接担负切削工作的是锉刀的切屑齿,它同工件产生摩擦,并把切屑从工件上切下来。

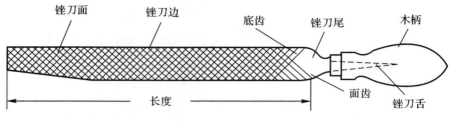

图 10-22　锉刀的组成

（1）锉刀材料为：T12 或 T13。

（2）锉刀种类为：

1）普通锉：按断面形状不同分为五种，即平锉、方锉、圆锉、三角锉、半圆锉。

2）整形锉：用于修整工件上的细小部位。

3）特种锉：用于加工特殊表面，种类较多，如棱形锉。

（3）锉刀的规格与类型。

1）锉刀的规格：以锉刀 10 mm 长的锉面上齿数的多少来确定。

2）锉刀的类型：

A. 粗锉刀（齿数为 4～12）：用于加工软材料，如铜、铅等或粗加工。

B. 细锉刀（齿数为 13～24）：用于加工硬材料或精加工。

C. 光锉刀（齿数为 30～40）：用于最后修光表面。

（4）锉刀的操作方法。

正确握持锉刀对于锉削质量的提高、锉削力的运用和发挥以及操作时的疲劳程度都有一定的影响。由于锉刀的大小和形状不同，锉刀的握持方法也有所不同，可有三种握法。

1）大型锉刀的握法。长度大于 250 mm 板锉的握法，右手紧握锉刀柄，柄端用拇指根部的手掌抵住，大拇指放在锉刀柄上部，其余手指由下而上地握着锉刀柄。左手的基本握法是将拇指的根部肌肉压在锉刀头上，拇指自然伸直，其余四指弯向手心，用中指、无名指捏住锉刀前端。右手推动锉刀并决定推动方向，左手协同右手使锉刀保持平衡。

2）中型锉刀的握法。对长度为 200 mm 左右的中型锉刀，其右手握法与大锉刀的握法相同，左手用大拇指、食指、中指轻轻地扶持即可。

3）小型锉刀的握法。对于长度为 150 mm 左右的小型锉刀，所需锉削力小，用左手大拇指、食指、中指捏住锉刀端部即可。长度在 150 mm 以下的更小的锉刀，只需右手握住即可。

（5）锉削姿势。

开始锉削时，人的身体向前倾斜 10°左右，左膝稍有弯曲，右肘尽量向后收缩；锉削的前 1/3 行程中，身体前倾至 15°左右，左膝稍有弯曲；锉刀推出 2/3 行程时，右肘向前推进锉刀，身体逐渐向前倾斜 18°左右；锉刀推出全程（锉削最后 1/3 行程）时，右肘继续向前推进锉刀至尽头，身体自然地退回到 15°左右。推锉行程终止时，两手按住锉刀，把锉刀略微提起，使身体和手恢复到开始的姿势，在不施加压力的情况下抽回锉刀，再如此进行下一次的锉削。锉削时身体的重心要落在左脚上，右腿伸直、左腿弯曲，身体向前倾斜，两脚站稳不动，锉削时靠左腿的屈伸使身体做往复运动。两手握住锉刀放在工件上面，左臂弯曲，小臂与工件锉削面的左右方向保持基本平行，右小臂要与工件锉削面的前后方向保持基本平行，但要自然（见图 10-23）。

锉削过程中,身体先与锉刀一起向前,右脚伸直并稍向前倾,重心在左脚,左膝部呈弯曲状态;当锉刀锉至约 3/4 行程时,身体停止前进,两臂则继续将锉刀向前锉到头,同时,左腿自然伸直并随着锉削时的反作用力,将身体重心后移,使身体恢复原位,并顺势将锉刀收回。当锉刀收回将近结束时,身体又开始先于锉刀前倾,做第二次锉削的向前运动。

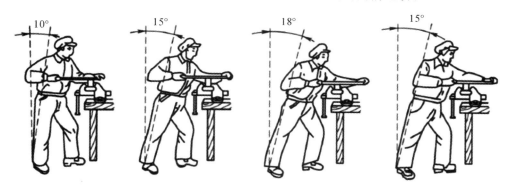

图 10-23　站立锉削姿势

(6)锉削力的运用。锉削时有两个力,一个是推力,一个是压力,其中推力由右手控制,压力由两手控制,而且,在锉削中,要保证锉刀前、后两端所受的力矩相等,即随着锉刀的推进左手所加的压力由大变小,右手的压力由小变大,否则锉刀不稳易摆动。

(7)注意事项。锉刀只在推进时加力进行切削,返回时,不加力、不切削 ,把锉刀返回即可,否则易造成锉刀过早磨损;锉削时利用锉刀的有效长度进行切削加工,不能只用局部某一段,否则局部磨损过重,造成寿命降低。

(8)速度:一般为 30～40 次/min,速度过快,易降低锉刀的使用寿命。

2.平面锉削

(1)选择锉刀。

1)根据加工余量选择:若加工余量大,则选用粗锉刀或大型锉刀;反之则选用细锉刀或小型锉刀。

2)根据加工精度选择:若工件的加工精度要求较高,则选用细锉刀,反之则用粗锉刀。

(2)工件夹持:将工件夹在虎钳钳口的中间部位,伸出不能太高、太长,否则易振动,若表面已加工过,则垫铜钳口。

(3)锉削方法:顺向锉、交叉锉、推锉。

1)顺向锉法:锉刀沿着工件表面横向或纵向移动,锉削平面可得到正、直的锉痕,锉痕比较整齐、美观。顺向锉法适用于锉削小平面和最后修光工件[见图 10-24(a)]。

2)交叉锉法:以交叉的两方向顺序对工件进行锉削。由于锉痕是交叉的,容易判断锉削表面的不平程度,因而容易把表面锉平。交叉锉法去屑较快,适用于平面的粗锉[见图 10-24(b)]。

3)推锉法:两手对称地握住锉刀,用两大拇指推锉刀进行锉削。对于表面较窄且已经锉平、加工余量很小的情况,适合用此方法来修正尺寸和减小表面粗糙度值[见图 10-24(c)]。

图 10-24 锉削方法

(a)顺向锉法； (b)交叉锉法； (c)推锉法

(4)锉削质量检验。

1)检查直线度。用钢尺和直角尺以透光法来检查,如图 10-25 所示。

2)检查垂直度。用直角尺采用透光法检查。应先选择基准面,然后对其他各面进行检查,如图 10-26 所示。

3)检查工件尺寸。用游标卡尺在全长不同的位置上测量几次。

4)检查表面粗糙度。一般用眼睛观察即可,如要求准确,可用表面粗糙度样板对照检查。

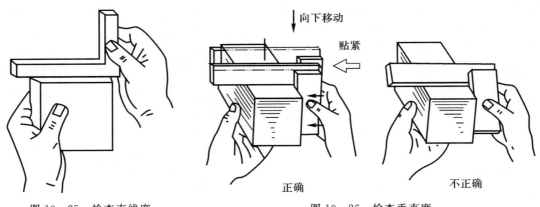

图 10-25 检查直线度　　　　图 10-26 检查垂直度

3.外圆弧面(曲面)的锉削

锉刀要同时完成两个运动:锉刀的前推运动和绕圆弧面中心的转动。前推是完成锉削,转动是保证锉出圆弧形状。常用的外圆弧面锉削方法有两种:顺锉法、滚锉法。

(1)顺锉法:锉刀锉削时,锉刀做直线运动,并同时沿着圆弧面不断摆动。将圆弧外的部分锉成接近圆弧的多边形,再用顺着圆弧锉的方法精锉成圆弧,这种方法锉削力较大,效率比较高,但锉后使整个弧面呈多棱形,一般用于圆弧面的粗锉[见图 10-27(a)]。

(2)滚锉法:挫削时,锉刀向前,右手下压,左手随着上提,沿着圆弧面均匀切去一层。这种锉法使圆弧面光洁圆滑,但锉削力不大,切削效率低,适用余量较小或精锉圆弧[见图 10-27(b)]。

(a)　　　　　　　　　　　(b)

图 10 - 27　圆弧面的锉削方法

(a)顺锉法；　(b)滚锉法

4.内圆弧面的锉削

内圆弧面锉削(见图 10 - 28)时,锉刀要同时完成三个运动,即锉刀的前推运动、锉刀的左右移动和锉刀自身的转动,否则,锉不好内圆弧面。

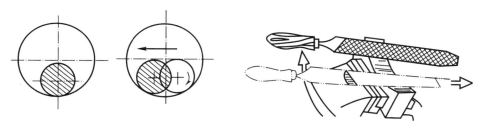

图 10 - 28　内圆弧面锉削

5.通孔的锉削

根据通孔的形状、工件材料、加工余量、加工精度和表面粗糙度要求来选择所需的锉刀,如图 10 - 29 所示。

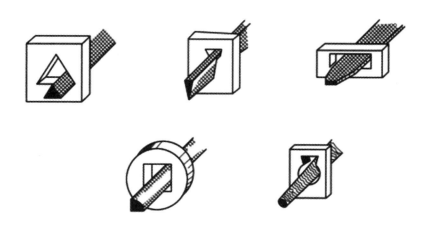

图 10 - 29　通孔的锉削

二、锉刀使用及安全注意事项

(1)不使用无柄或柄已裂开的锉刀,防止刺伤手腕。

(2)不能用嘴吹铁屑,防止铁屑飞进眼睛。

(3)锉削过程中不要用手抚摸锉面,以防锉削时打滑。

(4)锉面堵塞后,用铜锉刷顺着齿纹方向刷去铁屑。

(5)锉刀放置时不应伸出钳台以外,以免碰落砸伤脚。

第五节 錾 削

錾削是用手锤敲击錾子对工件进行切削加工的一种方法。錾削主要用于不便于机械加工的场合。它的工作范围包括去除凸缘、毛边,分割材料和錾油槽等,有时也用作较小表面的粗加工。

一、錾削用工具

1.手锤的结构

手锤(榔头)是钳工的重要工具,錾削、矫正和弯曲、铆接和装拆零件等都要用手锤敲击(见图 10-30)。手锤由锤头和木柄部分组成。锤头的质量大小表示手锤规格,有 0.25 kg、0.5 kg、1kg 等几种(英制规格为 0.5P、1P、1.5P 等)。锤头用 T7 钢制成,两个端部经淬硬处理。木柄选用比较坚固的木材做成,如檀木、白蜡等。常用的柄长为 350 mm 左右。

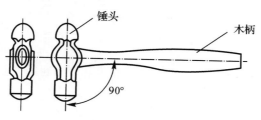

图 10-30 手锤的结构

2.手锤的握法

手锤的握法有紧握法(见图 10-31)和松握法(见图 10-32),柄端只能伸出 15～30 mm。紧握法是从挥锤到击锤整个过程中,全部手指一直紧握锤柄;松握法是在击锤时手指全部握紧,挥锤过程中只大拇指和食指握紧锤柄,其余三指逐渐放松,松握法轻便自如,击锤力大,不易疲劳。

3.錾子

錾子多为八棱形,用碳素工具钢锻成,并经过淬火与回火处理,长度为 125～170 mm。

常用的錾子结构如图 10-33 所示。要想錾子顺利地切削,它必须具备两个条件:一是切削部分的硬度比材料的硬度要高,二是切削部分必须做成楔形。

錾削时,要依据工件不同,选择不同的錾,錾子的种类如图 10-34 所示。扁錾用于錾平面和錾断金属,它的刃宽一般为 10～15 mm;窄錾用于錾槽,它的刃宽约为 5 mm;油槽錾用于錾油槽,它的錾刃应磨成与油槽形状相符的圆弧形。錾刃楔角 β 应根据所錾削材料的不同而不同,錾削铸铁时 $\beta=70°$;錾削钢时 $\beta=60°$;錾削铜、铝时 $\beta\leqslant60°$。

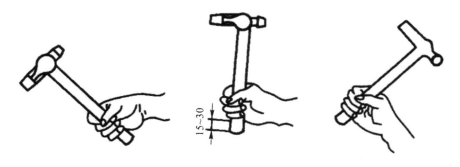

图 10-31 手锤的紧握法

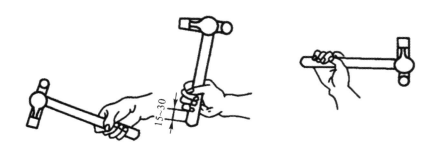

图 10-32 手锤的松握法

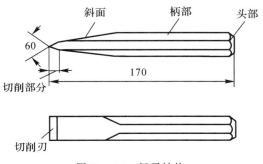

图 10-33 錾子结构

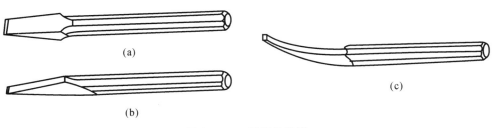

(a)

(b)

(c)

图 10-34 錾子的种类

4.錾子的握法

握錾子应轻松自如,主要用中指夹紧,錾头伸出 20～25 mm。錾子的握法有正握法、反握法和立握法,如图 10-35 所示。

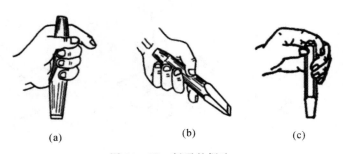

(a)   (b)   (c)

图 10-35　錾子的握法
(a)正握法;　(b)反握法;　(c)立握法

二、錾削的操作

1.錾削的姿势

錾削的站立步位和姿势如图 10-36 所示。錾削时的站立姿势要便于用力,挥锤要自然,眼睛注视錾刃和工件之间。

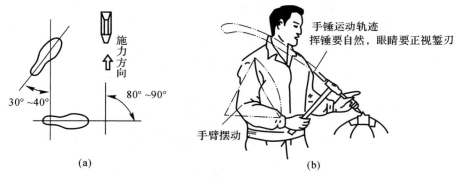

图 10-36　錾削时的站立姿势
(a)步位;　(b)姿势

2.起錾方法

起錾时錾子要握平或錾头略向下倾斜,如图 10-37 所示。用力要轻,以便切入工件和正确掌握加工余量,待錾子切入工件后再开始正常錾削。

3.錾削

錾削时,要挥锤自如,击锤有力,并根据切削层厚度确定合适后角进行錾削,如果錾削厚度过厚,不仅消耗体力,錾不动,而且易使工件报废。錾削厚度一般取 1～2 mm,细錾时取 0.5 mm 左右。粗錾时,錾子与工件之间的角度应小,以免錾子啃入工件;细錾时,錾子与工件之间的角度应大些,以免錾子滑出。

錾削过程中每分钟锤击次数应在 40 次左右。錾刃不要总是顶住工件,每錾 2～3 次后可将錾子退回一些,这样既可以观察錾削刃口的平整度,又可以使手臂肌肉放松一下,效果较好。

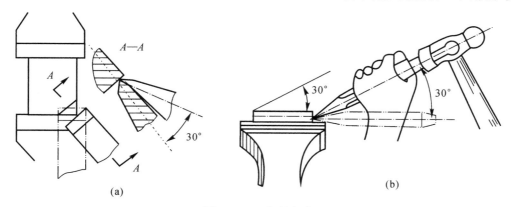

图 10－37　起錾方法

4.结束錾削的方法

当錾削到离工件终端 10 mm 左右时,应调转工件或反向錾削,轻轻錾掉剩余部分的金属,如图 10－38 所示,以避免单向錾削到终了时工件边角崩裂。脆性材料棱角处更容易崩裂,錾削时要特别注意。

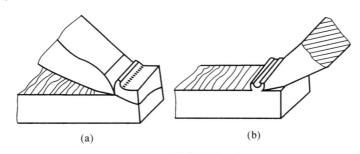

图 10－38　结束錾削的方法
(a)不正确；　(b)正确

5.錾削操作注意事项

(1)工件应夹持牢固,以防錾削时松动。

(2)錾头上出现毛边时,应在砂轮机上将毛边磨掉,以防錾削时手锤击偏碰伤人。

(3)操作时握手锤的手不允许戴手套,以防手锤滑出伤人。

(4)錾头、锤头不允许沾油,以防锤击时打滑伤人。

(5)手锤锤头与锤柄若有松动,应用楔铁楔紧。

(5)錾削时要戴防护眼镜,以防碎屑崩伤眼睛。

6.錾削示例

(1)錾削平面。用扁錾錾削平面时,每次錾削厚度为 0.5～2 mm。錾削大平面时,先用窄錾开槽,槽间的宽度约为平錾錾刃宽度的 3/4,然后用扁錾錾平,如图 10－39 所示。

(2)錾削油槽。錾削油槽时,应先在工件上划出油槽轮廓线,用与油槽宽度相同的油漕錾进行錾削,如图 10－40 所示。錾子的倾斜角要灵活掌握,随加工面形状的变化而不停地变化,以保证油槽的尺寸和表面粗糙度达到要求。錾削后用刮刀和砂布进行修光。

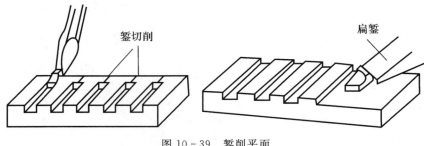

图 10-39 錾削平面

(a)先开槽; (b)錾成平面

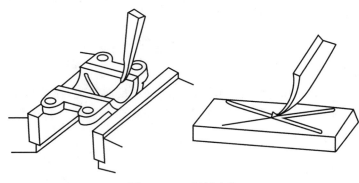

图 10-40 錾削油槽

(3)錾断。如图 10-41 所示,对于小而薄的金属板料,可以夹持在台虎钳上錾断。

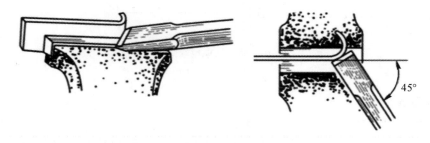

图 10-41 錾断

第六节 钻孔、扩孔、锪孔和铰孔加工

各种零件上的孔加工,除去一部分由车、铣、镗等完成外,很大一部分是由钳工利用各种钻床和钻孔工具来完成的。钳工加工孔的方法一般有钻孔、扩孔、锪孔和铰孔。

一、钻孔、扩孔实习的相关设备

1. 钻孔设备

钻孔使用的设备是钻床,常用的钻床有台式钻床、立式钻床和摇臂钻床 3 种,如图 10-42

所示。

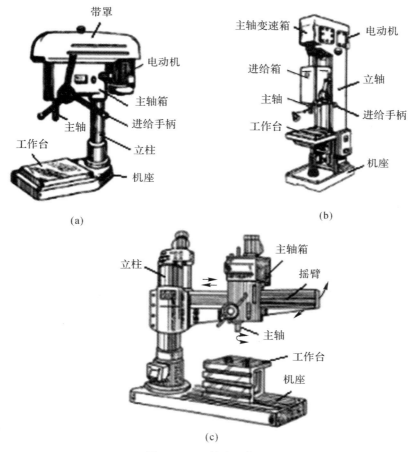

图 10-42　钻孔设备
(a)台式钻床；(b)立式钻床；(c)摇臂钻床

（1）台式钻床。台式钻床简称"台钻"，是一种放在工作台上使用的小型钻床，如图 10-42（a）所示。台式钻床结构简单，使用方便，主轴转速可通过改变传动带在塔轮上的位置处改变，主轴的轴向进给运动是靠扳动进给手柄实现的，适用于加工小型零件上直径小于 13 mm 的小孔。

（2）立式钻床。立式钻床简称"立钻"，如图 10-42（b）所示。常用的有钻孔直径 25 mm、35 mm、40 mm、50 mm 等几种。与台钻相比，立钻功率大，刚性好，轴的转速可以通过扳动主轴变速手柄来调节，主轴的进给运动可以实现自动进给，也利用进给手柄实现手动进给。立式钻床主要用于加工中小型零件上直径在 50mm 以下的孔。

（3）摇臂钻床。摇臂钻床如图 10-42（c）所示，其结构比较复杂，但操纵灵活。它的轴箱装在可以绕垂直立柱回转的摇臂上，并且可以沿摇臂的水平导轨移动，摇臂还可以沿立柱做上下移动。操作时能够很方便地调整刀具的位置，以对准被加工孔的中心，而不需要移动工件。摇臂钻的变速和进给方式与立钻相似，由于主轴转速范围和进给量大，所以适用于大型工件和多孔工件上孔的加工。

2.钻孔工具

钻孔是用钻头在实体材料上加工孔的操作,可以在工件上钻出 30 mm 以下的孔。钻孔使用的主要刀具是麻花钻,其结构如图 10-43 所示。

麻花钻有两条对称的螺旋槽,用来形成切削刃,且作输送切削液和排屑之用。前端的切削部分如图 10-43(b)所示,有两条对称的主切削刃。两个后刀面的交线叫作横刃,钻削时,作用在横刃上的轴向力很大,故大直径的钻头常采用修磨的方法缩短横刃,以降低轴向力,导向部分的两条棱边在切削时起导向作用,同时又能减少钻头与工件孔壁的摩擦。

柄部分为两种:钻头直径在 12 mm 以下时,柄部一般做成圆柱形(直柄);钻头直径在 12 mm 以上,时一般做成锥柄。

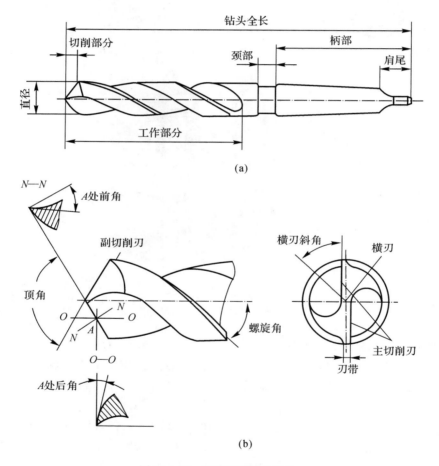

图 10-43 标准麻花钻的结构
(a)麻花钻结构; (b)麻花钻切削部分

3.钻头的装夹

直柄钻头可以用钻夹头(见图 10-44)装夹,通过转动紧固扳手可以夹紧或放松钻头;锥柄钻头可以直接装在机床主轴的锥孔内,钻头锥柄尺寸较小时,可以用钻套过渡连接,如图 10-45所示。

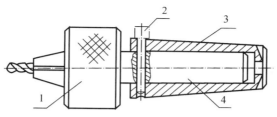

图 10 - 44 直柄钻头的结构

1—钻夹头； 2—限位销钉； 3—莫氏套筒； 4—直柄轴

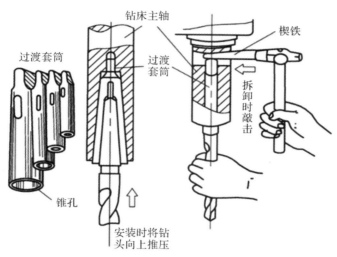

图 10 - 45 钻套过渡连接

二、孔的加工

1. 钻孔

一般情况下,钻孔是指用钻头在产品表面上加工孔的一种加工方式(见图 10 - 46)。一般而言,钻床上对产品进行钻孔加工时,钻头应同步完成两个运动:

(1)主运动,即钻头绕轴线的旋转运动(切削运动);

(2)次要运动,即钻头沿着轴线方向对着工件的直线运动(进给运动)。

在钻孔时,因为钻头结构上存在缺点,会在产品加工过的地方留下痕迹,影响工件加工质量,且加工精度一般在 IT10 级以下,表面粗糙度值 Ra 为 12.5 μm 左右,属于粗加工类。

2. 扩孔

扩孔用以扩大已加工出的孔(铸出、锻出或钻出的孔),它可以校正孔的轴线偏差,并获得正确的几何形状和较小的表面粗糙度,其加工精度一般为 IT9～IT10 级,表面粗糙度 $Ra=$ 3.2～6.3 μm。扩孔的加工余量一般为 0.2～4 mm(见图 10 - 47)。

扩孔时一般可用钻头扩孔,但当孔精度要求较高时常用扩孔钻。扩孔钻(见图 10 - 48)的形状与钻头相似,不同是:扩孔钻有 3～4 个切削刃,没有横刃,其顶端是平的,螺旋槽较浅,故钻芯粗实、刚性好,不易变形,导向性好。

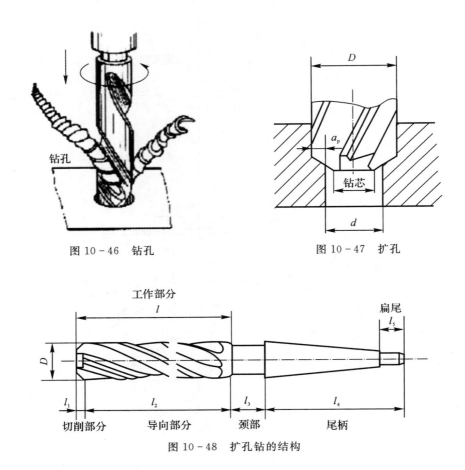

图 10-46　钻孔　　　　　　　图 10-47　扩孔

工作部分

图 10-48　扩孔钻的结构

3. 铰孔

铰孔(见图 10-49)是用铰刀从工件孔壁上切除微量金属层,以提高其尺寸精度和孔表面质量的方法。铰孔后可使孔的标准公差等级达到 IT7~IT9 级,表面粗糙度值 Ra 达到 3.2~0.8 μm。

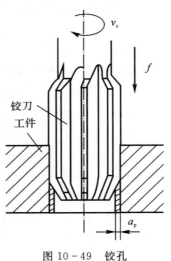

铰刀
工件

图 10-49　铰孔

铰刀(见图10-49)由工作部分、颈部及柄部组成。工作部分又分为切削部分、校准(修光)部分和倒锥部分。

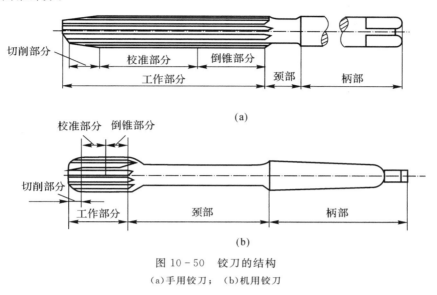

图 10-50　铰刀的结构
(a)手用铰刀；　(b)机用铰刀

4. 锪孔

锪孔是用锪钻对工件上已有的孔进行孔口形面的加工(见图10-51)，其目的是保证孔端面与孔中心线的垂直度，以便使与孔连接的零件位置正确，连接可靠。

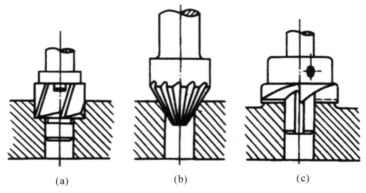

图 10-51　锪钻的方式
(a)锪柱孔；　(b)锪锥孔；　(c)锪端面

5. 钻孔的安全注意事项

(1)钻孔前应清理工作台，如使用的刀具、量具和其他物品不应放在工作台上。

(2)钻孔前要夹紧工件，钻通孔时要垫垫块，或使钻头对准工作台的沟槽，防止钻头损坏工作台。

(3)钻通孔时，零件底部应加垫块，通孔快钻穿时，要减少进给量，以防产生事故。

(4)松紧钻夹头应在停车后进行，要用"钥匙"来松紧，不能敲击。当钻头要从钻头套中退出时，要用斜铁等工具敲击。

（5）钻床要变速时，应停车后变速。

（6）钻孔时要扎紧衣袖，戴好工作帽，严禁戴手套。

（7）清除切屑不能用嘴吹、手拉、棉纱擦，要用毛刷清扫。卷绕在钻头上的切屑，应停车后用铁钩拉扒。

（8）钻孔时，不能两人同时操作，以防出现事故。

（9）试钻前，要把工件装夹牢固并找正。同时要根据钻头直径大小来调整钻床主轴转速。

第七节　攻螺纹和套螺纹

螺纹在日常生活用具和机械制造业应用十分广泛，下面我们先来了解有关螺纹的知识。

一、螺纹

螺纹分为内螺纹和外螺纹，在钳工实习中所做的螺纹为三角螺纹，它的牙型角为60°。螺纹的种类比较多，有三角螺纹、梯形螺纹、方螺纹、圆螺纹、管螺纹等等。

螺纹要素为牙形、直径、螺距、线数、旋向。

二、攻丝（加工外螺纹）

1.丝锥和丝锥铰杠

丝锥是专门用来攻丝的刀具。丝锥有机用和手用两种，机用丝锥一般为一支，手用丝锥可分为三个一组或两个一组，即头攻、二攻、三攻。常用的是两个一组的丝锥，使用时先用头攻，后用二攻。头锥的切削部分斜度较长，一般有5～7个不完整牙形，二锥较短，有1～2个不完整牙形（见图10-52）。攻丝时要合理地选用攻丝扳手，太小攻丝困难，太大丝锥易折断。攻丝前丝锥要用丝锥铰杠（见图10-53）固定，丝锥铰杠总长为150～600 mm，可保证丝锥装夹正确。

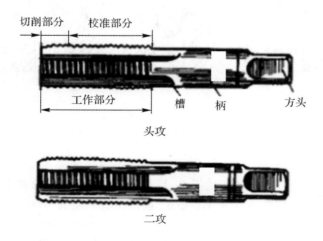

图10-52　丝锥的结构

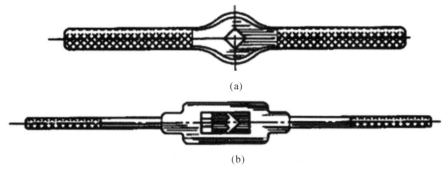

图 10-53　丝锥铰杠
(a)固定式；　(b)活动式

2.攻丝的步骤

(1) 钻孔。

攻丝前先钻螺纹底孔,底孔直径的选择可查有关手册,也可用公式计算。

脆性材料(铸铁、青铜等):

$$D=d-1.1t$$

塑性材料(钢、紫铜等):

$$D=d-t$$

式中:D 表示钻孔的直径;d 表示螺纹的外径;t 表示螺距。

攻盲孔(不通孔)的螺纹时,因丝锥不能攻到底,所以孔的深度要大于螺纹长度。孔的深度＝要求螺纹长度+0.7d。

(2)工件的装夹。

工件装夹时,一般情况下应将工件需要攻螺纹的一面置于水平或垂直位置,便于判断和保持丝锥垂直于工件基面。

(3)攻丝。

攻丝是用一定的扭矩将丝锥旋入要钻的紧固件胚料底孔中加工出内螺纹的金属切削工艺。

手动攻丝的步骤:

1)钻孔。攻丝前需钻螺纹底孔,底孔直径的选择可查有关手册,也可用公式计算。材料(转铁、青铜等):

$$D=d-1.1t$$

塑性材料(锅、紫铜等):

$$D=d-t$$

式中:D 表示结孔的直径,mm,d 表示螺纹的外径,mm,t 表示螺距,mm。

攻盲孔(不通孔)的螺纹时,因丝锥不能攻到底,所围孔的深度要大于螺纹长度,孔的深度＝螺纹长度+0.7d。

2)工件的装夹。工件装夹时,一般情况下应将工件需要攻螺纹的一面置于水平或垂直位置,保证丝攻垂直于工件基面。

3)攻丝。先用攻头攻螺纹。开始必须将头锥垂直放在工件内,用目测或直角尺从两个方向判断丝攻和工件是否垂直。开始攻丝时,一手垂直加压,另一手转动手柄,当丝锥开始切削时,即可平行转动手柄,不再加压,这时每转动 1～2 圈,丝攻要反转 1/4 圈,如图 10-54 所示。另外,攻丝时要加润滑液。

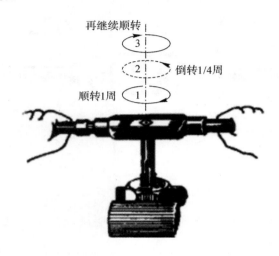

图 10-54 攻丝操作

头锥用完再用二锥,当攻通孔时,用头锥一次攻透即可,二锥不再使用,如不是通孔,二锥必须使用。

三、套丝 (加工内螺纹)

1.板牙和板牙架

板牙有固定式和开缝式(见图 10-55)两种,常用的为固定式,孔的两端 60°的锥度部分是板牙的切削部分,不同规格的板牙配有相应的板牙架(见图 10-56),板牙架的长度为 60～120 mm。

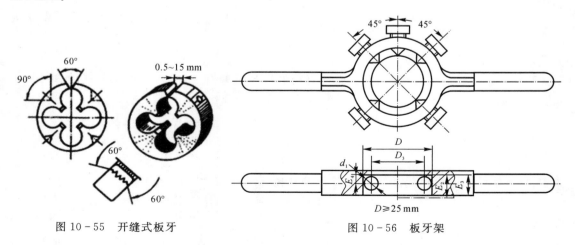

图 10-55 开缝式板牙   图 10-56 板牙架

2.套丝的方法

套丝前首先要确定圆杆直径,太大难以套入,太小形成不了完整的螺纹,圆杆直径可按下

式计算:

$$d_0 \approx d - 0.13P$$

式中:d 为螺纹大径(mm);P 为螺距(mm)。

套丝时,板牙端面与圆杆垂直(圆杆要倒角 15°~20°),开始转动要加压,切入后,两手平行转动手柄,时常反转断屑,加润滑液。

第八节 刮 削

一、刮削的特点

刮削用具简单,不受工件形状、位置以及设备条件的限制,具有切削量小、切削力小、产生热量小、装夹变形小等特点,能获得很高的形位精度、尺寸精度、接触精度、传动精度以及较低的表面粗糙度值,故在机械制造以及工具、量具制造或修理中,仍属一种重要的手工作业。

二、刮削余量

刮削时,每次的刮削量很少,因此机械加工后留下的刮削余量不宜大,刮削前的余量一般在 0.05~0.4 mm 之间,具体数值根据工件刮削面积大小而定。

三、显示剂

刮削常用的显示剂叫红丹粉。刮削时,红丹粉可涂在工件表面上,也可涂在标准尺或平板上。但要注意,显示剂要保持清洁,不能混进砂粒、铁屑和其他污物,以免划伤工件表面。

四、刮削精度的检查

用边长为 25 mm 的正方形方框,罩在被检查面上,根据在方框内研点数目的多少来表示,研点数越多,说明刮削精度越高。

五、刮刀

1. 刮刀

刮刀材料为 T10A,刀头部分具有足够的硬度,刃口必须锋利,用钝后,可在油石上修磨。平面刮削所用刀如图 10-57 所示。曲面刮削时常用的是三角刀和蛇头刮刀(见图 10-58)。

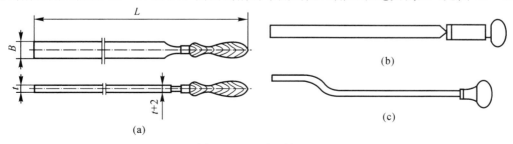

图 10-57 平面削用刀
(a)平面刮刀; (b)直头刮刀; (c)弯头刮刀

2.刮削的种类

刮削分为平面刮削和曲面刮削两种。

(1)平面刮削。

平面刮削有单个平面刮削(如平板、工件台面等)和组合平面利削(如导轨型面、燕尾槽面等)两种。

平面刮刀按所刮表面的精度要求不同,又可分为粗刮刀、细刮刀和精刮刀三种。刮刀长短、宽窄的选择由于人体手臂长短的不同,并无严格规定,以便于使用为宜。平面刮刀按形状分为直头刮刀和弯头刮刀。

(a)   (b)   (c)

图 10-58 曲面刮削用刀

(a)(b)三角刮刀; (c)蛇头刮刀

(2)曲面利削。

曲面刮削有内圆柱面、内圆锥面和球面刮削等。

曲面刮刀主要用来刮削内曲面,如滑动轴承的内孔等。曲面刮刀的种类较多,常用的有三角刮刀和蛇头刮刀两种。

3.刮削的工艺方法

(1)粗刮。

粗刮是用粗刮刀在刮削面上均匀地铲去一层较厚的金属,采用连续推铲的方法,刀迹要连成长片。粗刮的目的是很快地去除上道工序留下的刀痕,锈斑或过多的余量。当粗刮达到每25 mm×25 mm 的正方形面积内有 2～3 个研点,且分布均匀时,粗刮结束。

(2)细刮。

细刮是用细刮刀在刮削面上刮去稀疏的大块研点(俗称破点)。细刮的目的是进一步完善不平现象,增加研点数。细刮采用短刮法,刀痕宽而短,刀痕长度均为刀刃宽度的 1/2～1/3。

(3)精刮。

精刮是用精刮刀更仔细地刮削研点(俗称摘点)。精刮的目的是进一步增加研点数,改善表面质量,使刮削面符合精度要求。精刮时采用点刮法,当研点逐渐增加到 25 mm×25 mm 面积内有 20 点以上时,可将研点分为三类且分别对待。

(4)刮花。

刮花是在刮削面或机器外观表面上用刮刀刮出装饰性花纹。刮花的目的有三:其一,单纯为了刮削表面美观;其二,为了使滑动表面之间形成良好的润滑条件;第三是根据花纹的消失情况来判断滑动表面的磨损程度。

4.刮削前的准备工作

(1)工作场地的选择。刮削场地的光线应适当,太强或太弱都可能看不清研点。当刮削大型精密工件时,应有温度变化小、地基坚实和环境卫生良好的场地,以保证刮削后工件不变形。

(2)工件的支承。工件必须安放平稳,使刮削时不产生摇动。

(3)工件的准备。应去除工件刮削面主刺,锐边要倒角,以防划伤手指,擦净刮削面上的油污,以免影响显示剂的涂布和显示效果。

(4)刮削工具的准备。根据刮削要求应准备所需的粗、细、精刮刀及校准工具和有关量具等。

5.平面刮削的姿势

平面刮削的姿势有手刮法和挺刮法两种(见图10-59)。

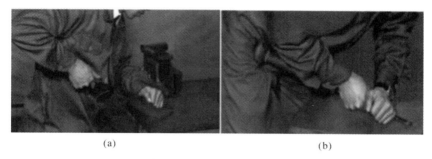

(a)   (b)

图 10-59 平面刮削的姿势

(a)手刮法; (b)挺刮法

6.曲面刮削的姿势

曲面刮削的姿势是用曲面刮刀在曲面上做螺旋运动(见图10-60)。

图 10-60 曲面刮削的姿势

六、刮削的安全技术

(1)刮削前,工件的锐边、锐角必须去掉,防止碰伤手。

(2)刮削工件边缘时,不能用力过大、过猛。

(3)刮刀在用使后,用纱布包裹好妥善安放。

第九节 装　　配

一、装配的概念

1. 机械制造过程

从原材料进厂起,到机器在工厂制成为止,需要经过铸造、锻造毛坯,在金工车间把毛坯制成零件,用车削、铣削、刨削、磨削、钳工等加工方法,改变毛坯的形状、尺寸。装配就是在装配车间,按照一定的精度、标准和技术要求将若干零件组装成机器,然后经过调整、试验合格后涂上油装箱,完成整个工作。

2. 装配类型

装配分为组件装配、部件装配、总装配。

(1)组件装配:将若干个零件安装在一个基础零件上。

(2)部件装配:将若干个零件、组件安装在另一个基础零件上。

(3)总装配:将若干个零件、组件、部件安装在另一个较大、较重的基础零件上构成产品的过程。

二、常用装配工具

常用装配工具有拉出器、拔销器、压力机、铜棒、手锤(铁锤、铜锤)、改锥(一字、十字)、扳手(呆扳手、梅花扳手、套筒扳手、活动扳手、测力扳手)、克丝钳等。

三、装配过程

1. 装配前的准备工作

(1)研究和熟悉装配图的技术条件,了解产品的结构和零件的作用,以及相互连接关系。

(2)确定装配的方法程序和所需工具。

(3)清理和洗涤零件上的毛刺、铁屑、锈蚀、油污等脏物。

2. 装配

按组件装配—部件装配—总装配的次序进行,并经调整、试验、喷漆、装箱等步骤完成装配。

3. 组件装配

减速机大轴的装配的步骤。

(1)将键安装在轴上。

(2)压装齿轮。

(3)放上垫套,压装右轴承。

(4)压装左轴承。

(5)于透盖槽中放入毡圈。

4. 装配要求

(1)装配时应检查零件是否合格,有无变形、损坏等。

(2)固定连接的零部件不准有间隙,活动联接在正常间隙下,能灵活、均匀地按规定方向运动。

（3）各运动表面润滑充分,油路必须畅通。

（4）密封部件装配后不得有渗漏现象。

（5）试车前应检查各部件联接的可靠性、灵活性,试车由低速到高速,根据试车情况进行调整达到要求。

四、典型件的装配

1.滚珠轴承的装配

滚珠轴承的装配多数为较小的过盈配合。装配方法有直接敲入法、压入法和热套法。轴承装在轴上时,作用力应作用在内圈上,装在孔内时,作用力应在外圈,同时装在轴上和孔内时作用力应在内、外圈上。

2.螺钉、螺母的装配

（1）螺纹配合应做到用手自由旋入,过紧会咬坏螺纹,过松螺纹易断裂。

（2）螺帽、螺母端面应与螺纹轴线垂直以便受力均匀。

（3）零件与螺帽、螺母的贴合面应平整光洁,否则螺纹容易松动,为了提高贴合质量可加垫圈。

（4）装配成组螺钉、螺母时,为了保证零件贴合面受力均匀应按一定顺序来旋紧,并且不要一次旋紧,要分两次或三次完成。

五、拆卸工作要求

（1）按其结构,预先考虑操作程序,以免先后倒置。

（2）拆卸顺序与装配顺序相反。

（3）拆卸时合理使用工具,保证不损伤合格零件。

（4）拆卸螺纹联接时辨明旋向。

（5）对轴类长件,要吊起来防止弯曲。

（6）严禁用铁锤等硬物敲击零件。

六、装配钳工注意事项

（1）装配前操作者应有充分的思想准备,对自己要从事的工作中有哪些不安全因素,应该注意哪些问题必须明确。

（2）要选择最佳的工艺方案,保证安全生产,做到有备无患,要把工作安排得有条不紊,装配过程中不丢三落四、不忙忙乱乱。

（3）多人作业时要把人员安排好,明确各自的任务,各尽其职、各负其责,相互配合,同心协力,做到"三不伤害"等。

（4）严格按照钳工常用工具和设备安全操作规程进行操作。

（5）将要装配的零部件有秩序地放在零件存放架或装配工位上。

（6）按照装配工艺要求安装零件并进行测量。

（7）使用电动或风动扳手时,应遵守有关安全操作规程,不用时,立即关闭电气开关,并放到固定位置,不准随地乱放。

（8）采用压力机压配零件时,零件要放在压头中心位置,底座要牢靠,压装小零件时要用夹持工具。

第十一章　数控加工知识

第一节　概　　述

数控(Numerical Control，NC)是利用数字和符号信息进行控制的一种技术。它是数字程序控制的简称，是一种可编程序的自动控制方式。

数控加工就是用数字化信息对机床运动及加工过程进行控制的一种加工方法。它是解决产品零件多品种、小批量、形状复杂、精度高等问题以及实现高效化和自动化加工的有效途径。

一、数控加的特点

(1)加工适应性强、灵活性好。数控机床能实现几个坐标联动，加工程序可根据工件的要求变换，且加工运动可控，能完成形状复杂零件的加工，适用于单件、小批量生产以及新产品的试制。

(2)加工精度高，质量稳定。数控机床的机械传动系统和结构都有较高的精度、刚度和热稳定性，而且机床的加工精度不受工件复杂程度的影响。数控机床的定位精度为 0.01 mm，重复定位精度为 0.005 mm。数控机床的自动加工方式可避免人为误差，零件加工精度高，加工质量稳定。

(3)加工生产效率高。数控机床主轴转速和进给量的调节范围大，机床刚度好，功率大，能自动进行切削加工，允许进行大切削量的强力切削，有效节省了加工时间。数控机床移动部件空行程运动速度快，缩短了定位和非切削时间。数控机床按坐标运动，可以省去划线等辅助工序，减少了辅助时间。被加工零件往往安装在简单的定位夹紧装置中，缩短了工艺装备的设计和制造周期，加快了生产准备过程。数控机床带有刀库和自动换刀装置，零件只需一次装夹就能完成多道工序的连续加工，减少了半成品的周转时间，提高了生产率。

(4)自动化程度高，劳动强度低。数控加工除了加工程序编辑、程序输入装卸零件、准备刀具、加工状态的观测及零件的检验外，操作者不需要进行繁重的重复性手工操作，劳动强度大幅度降低。此外，数控加工一般是封闭式加工，干净、安全。

(5)有利于生产管理现代化。数控加工能准确计算零件加工工时，并有效简化了检验和刀/夹/量具及半成品的管理工作，且使用数字信息，适于计算机联网，成为计算机辅助设计、制造、管理等现代集成制造技术的基础。

二、数控加工的应用

数控加工目前主要用于以下零件的加工。

(1)结构复杂、精度高或必须用数学方法确定的复杂曲线、曲面类零件。

(2)多品种小批量生产的零件。

(3)使用通用机床加工时，要求设计制造复杂的专用工艺装备或需很长调整时间的零件。

（4）价值高、不允许报废的零件。

（5）钻、镗、铰、攻螺纹及铣削加工等工序联合进行的零件,如箱体、壳体等。

（6）需要频繁改型的零件。

第二节 数控加工原理

数控机床是一种以数字量作为指令信息形式,通过计算机或专用电子计算装置控制的机床。它是实现机械加工柔性自动化的重要设备。

一、数控机床的组成

数控机床主要由输入/输出装置、数控装置、伺服系统、测量装置和机床本体等组成,如图11－1所示。

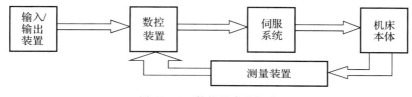

图11－1 数控机床的组成

1.输入/输出装置

数控机床加工零件时,首先根据零件的技术要求,确定加工方案和工艺路线,然后编制加工程序,通过输入装置将加工程序输送给数控装置。数控装置中储存的加工程序可以通过输出装置输出。

2.数控装置

数控装置是数控机床的控制核心。其功能是接收输入装置输入的零件加工信息,经计算机处理后向机床各执行部件输出各种相应的控制信息。这些控制信息包括:

（1）轴运动控制（起动、转向、转速、准停）。

（2）进给运动的控制（点位、轨迹、速度）。

（3）各种补偿功能（刀具长度、传动间隙和传动误差补偿等）。

（4）各种辅助功能（冷却、润滑排屑、自动换刀、故障自诊断、显示和联网通信等）。

目前,数控系统均是以计算机作为数控装置,称为计算机数控（Computer Numerical Control,CNC）。

3.伺服系统

伺服系统是数控机床的执行机构。其功能是接受数控装置传来的信号指令,使机床执行件（工作台或刀架）做相应的运动,并对其定位精度和速度进行控制。

4.机床本体

数控机床本体主要包括支承部件（床身、立柱）、主运动部件（主轴箱）、进给运动部件（工作滑台及刀架）等。数控机床与普通机床相比,普遍采用滚珠丝杠、滚动导轨等高效传动部件,采用高性能的主轴及伺服传动系统,数控机床机械机构具有较高的动态刚度和阻尼精度、较高的耐磨性,且热变形小。

5.测量装置

测量装置是用测速发电机、光电编码盘等检测伺服电动机的转角,间接测量移动部件的实际位移量、速度等信息,并将其反馈给数控装置以与指令信息进行比较和校正,实现精确控制。

二、数控机床的分类

1.按工艺用途分类

(1)金属切削类,如数控车床、数控铣床、数控磨床、数控钻床、数控拉床、数控刨床、数控齿轮加工机床及各类加工中心(镗铣类加工中心、车削中心、钻削中心等)。

(2)金属成形类,如数控压力机、数控折弯机、数控弯管机和数控旋压机等。

(3)特种加工类,如数控线切割机床、数控电火花成形机床、数控火焰切割机床和数控激光热处理机床、数控激光成形机床、数控等离子切割机床等。

(4)测量、绘图类,如三坐标测量仪、数控对刀仪和数控绘图仪等。

2.按刀具的运动轨迹分类

(1)点位控制数控机床。

点位控制(Point To Point Control,PTPC)是控制刀具与工件之间相对运动的一种最简单的控制方式。这类机床只对加工点的位置进行准确控制,其数控装置只控制机床执行件(工作台)从一个位置(点)准确地移动到另一个位置(点),两点之间的运动轨迹和运动速度可根据简单、可靠原则自行确定,刀具移动过程中不加工,如图11-2所示。这类机床主要有数控钻床、数控坐标镗床、数控冲床和钻镗类加工中心等。

(2)直线控制数控机床。

直线控制(Straight Line Control,SLC)数控机床不仅要控制点的准确位置,而且要保证两点之间的运动轨迹为一条直线,并按指定的进给速度进行切削。其数控装置在同一时间只控制一个执行件沿一个坐标轴方向运动,但也可以控制一个执行件沿两个坐标轴以形成45°斜线的方向运动,移动中可以切削加工,图11-3所示。这类控制的机床有数控车床、数控铣床和数控磨床等。

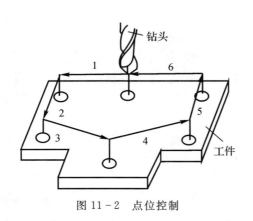

图11-2 点位控制

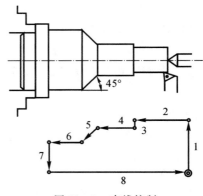

图11-3 直线控制

将点位控制和直线控制结合在一起,就成为点位-直线控制系统,目前采用这种控制系统的有数控车床、数控铣床、数控镗床及某些加工中心。

(3)轮廓控制数控机床。

轮廓控制(Contour Control,CC)是数控系统中最复杂的机床控制方式。它能同时控制两个或两个以上的坐标轴进行连续切削,加工出复杂曲线轮廓或空间曲面,如图 11-4 所示。该类机床具有主轴速度选择功能、传动系统误差补偿功能、刀具半径或长度补偿功能和自动换刀功能等,可加工出任何方向的直线、平面、曲线和圆、圆锥曲线以及能用数学公式定义的图形。该类机床有数控车床、数控铣床、数控磨床、数控线切割机床和加工中心等。

根据它所控制的联动坐标轴数不同,又可分为以下几种形式。

1)二轴联动。数控车床加工旋转曲面或数控铣床加工曲线柱面,如图 11-5(a)所示。

2)二轴半联动。主要用于三轴以上机床的控制,其中两根轴可以联动,而另外一根轴可以做周期性进给,如图 11-5(b)所示。

3)三轴联动。一般分为两类,一类就是 X、Y、Z 三个直线坐标轴联动,多用于数控铣床、加工中心等;另一类是除了控制 X、Y、Z 其中两个直线坐标外,还同时

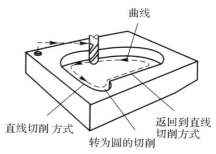

图 11-4 连续控制

控制围绕其中某一坐标轴旋转的旋转坐标轴,如车削加工中心,它除了纵向(Z 轴)、横向(X 轴)两个坐标轴联动外,还需与同时围绕 Z 轴旋转的主轴(C 轴)联动,如图 11-5(c)所示。

4)四轴联动。同时控制 X、Y、Z 三个直线坐标轴与某一旋转坐标轴联动。

5)五轴联动。除同时控制 X、Y、Z 三个直线坐标轴联动外,还同时控制围绕这些直线坐标轴旋转的 A、B、C 坐标轴中的两个坐标轴,形成同时控制五个轴联动,这时刀具可以被定在空间的任意方向,如图 11-5(d)所示。

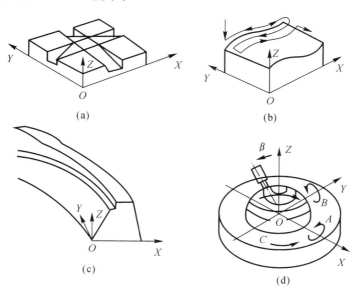

图 11-5 空间平面和曲面的数控加工

(a)二轴联动加工零件沟槽面加工; (b)二轴半联动加工曲面;

(c)三轴联动加工曲面; (d)五轴联动

3.按伺服系统的类型分类

(1)开环控制数控机床。

这类机床对其执行件的实际位移量不作检测,不进行误差校正,工作台的进给速度和位移量是由数控装置输出指令脉冲的频率和数量所决定的,如图 11-6 所示。伺服电动机采用步进电动机,结构简单、成本较低、性能稳定、加工精度较低,一般适用于中、小型经济型数控机床。

图 11-6 开环伺服系统

(2)闭环控制数控机床。

这类机床装有直线位移检测装置,加工中随时对工作台的实际位移量进行检测并反馈到数控装置的比较器,与指令信息进行比较,用其差值(误差)对执行件发出补偿运动指令,直至差值为零,使工作台实现高的位置精度,如图 11-7 所示。但其调试和维修较困难,系统复杂、成本高,一般适用于精度要求较高的大型精密数控机床。

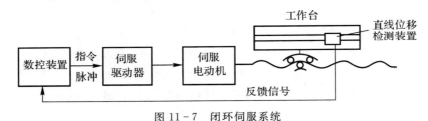

图 11-7 闭环伺服系统

(3)半闭环控制数控机床。

这类机床装有角位移测量装置,能检测伺服电动机的转角,推算出工作台的实际位移量,将此值与指令值进行比较,用差值补偿来实现控制,如图 11-8 所示。伺服电动机常采用宽调速直流伺服电动机,其性能介于开环和闭环之间,精度没有闭环高,调试比闭环方便,应用较普遍。

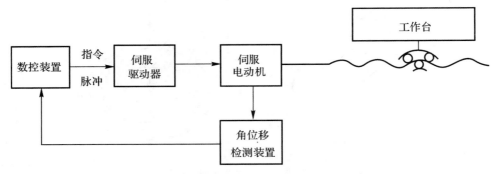

图 11-8 半闭环伺服系统

（4）混合控制数控机床。

这类机床将以上三类控制的特点有选择地集中，在开环或半开环控制系统的基础上，附加一个校正伺服电路，通过装在工作台上的直线位移检测装置的反馈信号来校正机械系统的误差。其特别适用于大型数控机床。

三、数控机床工作原理

数控机床与普通机床相比，其工作原理为：

（1）根据被加工零件的图样与工艺规程，用规定的代码和程序格式编写加工程序，形成数控机床的工作指令。

（2）将所编制的程序指令输入机床数控装置。

（3）数控装置将程序（代码）进行译码、运算之后，向机床各个坐标的伺服机构和辅助控制装置发出信号，驱动机床的各运动部件，并控制所需的辅助动作，最后加工出合格的零件。数控机床加工零件的步骤如图 11－9 所示。

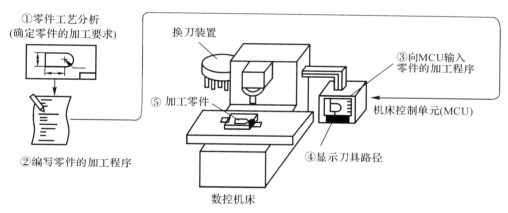

图 11－9　数控机床加工零件

第三节　数控系统

数控系统主要由加工程序 I/O、数控装置、伺服系统和可编程逻辑控制器（Program Logic Controller，PLC）四部分组成，如图 11－10 所示。数控装置是数控系统的核心，它实质上是一个微型计算机组成的控制器，主要作用是在正确识别和解释输入数控加工程序的基础上进行数据计算和逻辑运算，完成对伺服系统、可编程控制器等的控制（包括反馈信号的检测）。数控系统向伺服系统输出的是连续控制量，向可编程控制器输出的是离散的开关控制量。

数控系统是数控机床的核心。数控机床根据其功能和性能要求，可以配置不同的数控系统。常用的有 SIEMENS（德国）、FANUC（日本）、MITSUBISHI（日本）、FAGOR（西班牙）、HEIDEN－HAIN（德国）等公司的数控系统及相关产品，它们在数控机床行业占据主导地位。我国数控产品以华中数控、广州数控、航天数控为代表，并已将高性能数控系统产业化。这些数控系统的功能代码相近，但各系统也有不同之处，需要查阅相应的编程手册。

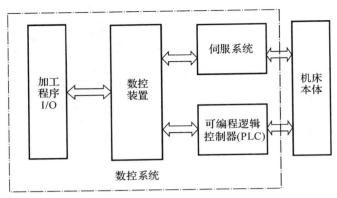

图 11 - 10　数控机床与数控系统的关系

一、SIEMENS 数控系统

SIEMENS 数控系统由于高品质、高可靠性、高性价比成为我国数控机床中普遍使用的中、高档数控系统。目前在国内使用较多的 SIEMENS 数控系统有 802 系列、810D、840D 等。

802 系列适用于控制轴数较少的车床、铣床或其他专用机床，具有性价比高的特点。802S 控制 3 个步进电动机的进给轴和 1 个主轴，进给轴采用 STEPDRIVEC 步进驱动器。它的维护简单，功能全。802C 控制 3 个伺服电动机的进给轴和 1 个主轴，主轴采用交流伺服电动机或变频电动机。802D 最多可以控制 4 个进给轴和 1 个主轴。PCU（Panel Control Unit，程序控制装置）、I/O 模块及驱动采用 Profibus 工业总线实现相互连接。

810D 是一种紧凑型中档数控系统，最多 6 轴。从 810D 开始西门子系统支持 NURBS 曲线插补（非均匀有理 B 样条曲线），这是 STEP 国际标准规定的 CAD/CAM 曲线曲面造型、计算机图形学等领域的标准形式。此外，810DPowerline 主要用于高速运动控制，适用于模具制造的高速铣机床（High - speed Machining Center）。

840D 系列是高档数控系统，有多个型号的控制单元。840DI 是基于 Windows NT 的一种开放式（Open - CNC）数控系统，适用于木工机械、玻璃加工等领域。840D Powerline 主要用于高速加工。

二、FANUC 数控系统

目前在国内使用较多的 FANUC 数控系统有 O 系列、OI 系列和其他产品。其中 O 系列有 O - C 和 O - D 系列，O - C 为全功能系列，而 O - D 系列为普及型。O - C 系列又有 O - TC（用于车床、自动车床）、O - MC（用于铣床、钻床、加工中心）、O - GCC（用于内、外圆磨床）、O - GSC（用于平面磨床）、O - PC（用于冲床）。而 O - D 系列又有 O - TD（用于车床）、O - MD（用于钻床及小型加工中心）、O - GCD（用于圆柱磨床）、O - GSD（用于平面磨床）、O - PD（用于冲床）等。另外还有适合中国国情的用于小型车床的数控系统 PowerMateO。

OI 系列中有 OI - MODELA 和 OJ - MODELB，其中 OI - MODELA 系列有 OI - TA 和 OI - MA，它们分别用于车床、铣床及加工中心，最大联动轴数为 4 轴，最大控制主轴数为 2 个；OI - MODELB 有两大类四种规格，分别为 OI - TB 和 OI - MB 以及 OI - MateTB 和 OI - MateMB，最大联动轴数分别为 4 轴和 3 轴。OI 系列中 MODELA 与 MODELB 的主要区别是软件功能和硬件的具体连接不同。

FANUC还拥有具有网络功能的超小型、超薄型系列16I/18I/21I,所控制最大轴数和联动轴数有区别。16I/18I/21I－B系列中,16I最大控制轴8个,6轴联动;18I最大控制轴为8个,4轴联动;21I最大控制轴为5个,4轴联动。另外,还有实现机床个性化的CNC 16/18/160/180系列。

国内使用的FANUC数控系统,虽然规格和型号很多,但都有一个共同的特点:数控系统采用32位高速微处理器,具有丰富的CNC功能,采用高速、高精度智能型数字式伺服系统及高速内外装PMC,可以大大提高机械加工精度和效率,且性能优良、可靠性高,具有良好的性价比,可匹配使用高速、高精度FANUCAC伺服单元和AC伺服电动机。

三、华中数控系统

华中数控主要有"世纪星"系列数控单元。HNC－21T为车削系统,最大联动轴数为4轴;HNC－21/22M为铣削系统,最大联动轴数为4轴,采用开放式体系结构,内置嵌入式工业PC。在此基础上,华中数控通过软件技术的创新,自主开发出打破国外封锁的4通道、9轴联动"华中Ⅰ型"高性能数控系统,并独创了曲面直接插补技术,达到国际先进水平。

四、广州数控系统

广州数控的GSK系列车床数控系统已成为国内机床行业生产数控车床的主要配套系统,目前主要有中档数控车床GSK980TD系统和GSK983、CSK21M两款4轴联动加工中心数控系统。

第四节　数　控　编　程

数控编程(Numerical Control Programming , NCP)是指编程者(程序员或数控机床操作者)根据零件图样和工艺文件的要求,编制出可在数控机床上运行并完成规定加工任务的一系列指令的过程。

数控程序的编制过程主要包括分析零件图样、工艺处理、数学处理、编写零件程序和程序校验。

一、数控程序编制

数控程序编制的步骤如图11－11所示。

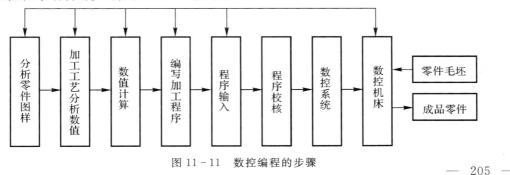

图11－11　数控编程的步骤

1. 分析零件图和工艺处理

编程人员要根据零件图工件的形状、尺寸和技术要求进行分析,然后选择加工方案、确定加工顺序、加工路线、装卡方式、刀具及切削用量等。编程的原则是正确选择对刀点和换刀点,减少换刀次数,加工路线要短,加工安全可靠,能充分发挥数控机床的效能。

2. 数值计算

根据零件的加工尺寸和确定的工艺路线,计算零件粗、精加工的运动轨迹,得到刀位数据。对于点位控制的数控机床(数控冲床等),一般不需要计算。只有当零件图样坐标系与编程坐标系不一致时,才需要对坐标进行换算。对于形状较简单的零件(直线和圆弧组成的零件等)的轮廓加工,需要计算出几何元素的起点和终点、圆弧的圆心、两几何元素的交点或切点的坐标值。如果数控系统无刀具补偿功能,还应计算刀具中心的运动轨迹坐标值。对于形状较复杂的零件(非圆曲线、曲面组成的零件等),需要用直线段或圆弧段逼近,根据要求的精度计算节点坐标值。在数控编程中,刀位的逼近误差、插补误差及数据处理时的圆整误差应根据零件加工精度的要求,限制在允许的误差范围内。

3. 编写零件加工程序

加工路线、工艺参数及刀位数据确定后,可根据机床数控系统规定的功能指令代码及程序段格式,逐段编写加工程序单。

4. 程序输入

将编制好的程序输入数控系统进行仿真。目前,一般通过机床控制面板或直接通信的方式将程序输入。

5. 程序校验与试切

程序必须经过校验和试切后才能正式使用。校验的方法是在数控机床 CRT 图形显示屏上显示刀具的加工轨迹。然后,通过首件试切,检查被加工零件的加工精度。随着计算机科学的发展,可采用数控加工仿真系统对数控程序进行校验。

二、数控编程方法

数控编程分为手工编程和自动编程。

1. 手工编程

手工编程是指整个数控加工程序的编制过程是由人工完成的。这要求编程人员不仅要熟悉数控代码及编程规则,还必须具备机械加工工艺知识和数值计算能力。对于点位加工或几何形状不太复杂的零件,数控编程计算较简单,程序段不多,采用手工编程即可实现。

2. 自动编程

自动编程是利用计算机编制数控加工程序,又称计算机辅助编程。其原理如图 11 - 12 所示。编程人员首先将被加工零件的几何图形及有关工艺过程用计算机能够识别的形式输入计算机,利用计算机内的数控系统程序对输入信息进行翻译,形成机内零件拓扑数据,然后进行工艺处理(刀具选择、走刀分配、工艺参数选择等)与刀具运动轨迹的计算,生成一系列刀具位置数据(包括理每一次走刀运动的坐标数据和工艺参数),这一过程称为主信息处理(或前置处理)。最后经过后置处理输出适应某一具体数控机床所要求的零件数控加工程序(又称 NC 加工程序),送入机床的控制系统。

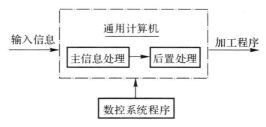

图 11-12 自动编程的基本原理

目前常使用美国 APT(Automatically Programmed Tool)来实现自动编程,编程人员只需根据零件图样及工艺要求,使用规定的数控编程语言编写较简短的零件程序,并将其输入计算机(或编程机)自动进行处理,计算出刀具中心轨迹,输出零件数控加工程序。现在流行的自动编程系统还有图像仪编程系统、图形自动编程系统等。

自动编程可以减轻劳动强度,提高编程的效率和质量,有效地解决各种模具及复杂零件加工程序的编制,因此,原则上都应采用自动编程。

三、数控插补原理

数控机床加工零件时,由伺服系统接收数控装置传来的指令脉冲,将其转化为执行件(工作台或刀架)的位移。每一个脉冲可使执行件沿指令要求的方向走过一小段直线距离(0.01～0.001 mm),这个距离称为"脉冲当量"。因此,执行件沿每个坐标的运动都是根据脉冲当量一步一步完成的,执行件的运动轨迹是一条折线。为保证执行件以一定的折线轨迹逼近所加工零件的轮廓(曲线或曲面),必须根据被加工零件的要求准确地向各坐标分配和发送指令脉冲信号,这个分配指令脉冲信号的方法称为"插补"。

插补运算是数控装置根据输入的基本数据(直线的起点和终点坐标值,圆弧的起点、圆心、半径和终点坐标值)计算出一系列中间加工点的坐标值(数据密化),使执行件在两点之间的运动轨迹与被加工零件的廓形相近。

数控系统是根据插补运算控制刀具或工件运动轨迹的。这种运动轨迹可以是平面曲线,也可以是空间曲线。凡是能用数学函数表达的任意曲线均可用无数小段的直线、圆弧和小平面来拟合。在两坐标联动的数控机床中,插补运算主要有直线插补、圆弧插补两种,在三坐标联动的数控机床中还有平面插补运算。

常用的插补运算方法有逐点比较法、数字积分法和时间分割法等。目前国内普遍采用逐点比较法。

1.逐点比较法直线插补原理

如图 11-13 所示,要在 XOY 平面中加工斜直线 OA,刀具(或工件)并不是从 O 点沿 OA 走到 A 点,而是沿 O→1→2→3→…→A 的顺序逼近 OA。即先沿 X 坐标走一步到 1 点,再沿 Y 坐标走一步到 2 点……沿阶梯形折线走完全程。只要折线与直线的最大偏差不超过加工精度允许的范围,就可将该折线近似为直线 OA。显然折线线段长,则加工误差大。用加密折线来插补所要加工的直线(缩短"步距"),可提高加工精度。这样,数控机床的脉冲当量应尽可能小。

数控装置具有偏差判别等一系列逻辑功能,其作用是:当加工点在直线下方,即偏差值

$F<0$时(F为该点与O点连线的斜率与OA线斜率的差值),就向$+Y$方向前进一步;当加工点在直线上或直线上方时($F\geqslant0$),就沿$+X$方向进给一步。每走一步都与OA线进行比较(判别加工点对规定轮廓的偏离位置),并对其偏差值进行计算以决定走向,直到终点。

2.逐点比较法圆弧插补原理

圆弧插补与直线插补原理相同,如图11-14所示。当加工点在AB圆弧上或圆弧外侧时($F\geqslant0$),沿$-X$方向进给一步;当$F<0$时,沿$+Y$方向前进一步……直到终点。

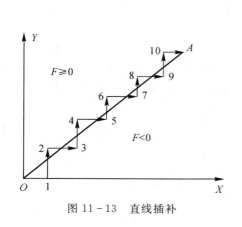

图11-13　直线插补　　　　　　图11-14　圆弧插补

四、数控机床坐标系

用数控机床加工零件时,刀具与工件的相对运动必须在确定的坐标系中,才能按照规定的程序进行加工。为了简化编程方法和保证程序的通用性,对数控机床的坐标轴和方向的命名国际标准化组织(ISO)制定了统一标准,我国也制定了《数控机床坐标和运动方向的命名》(JB/T 3051—1999)数控标准,它与国际标准(ISO841)等效。

为使编程人员在不知道机床在加工零件时是刀具移向工件,还是工件移向刀具的情况下,就可以根据图样确定机床的加工过程,特规定:永远假定刀具相对于静止的工件坐标系而运动。

1.标准坐标系

为了确定数控机床的运动方向和移动的距离,需要在机床上建立一个坐标系,这个坐标系称为标准坐标系(机床坐标系)。

数控机床的坐标系采用的是右手笛卡儿坐标系,如图11-15所示。该坐标系中,三坐标X、Y、Z的关系及其正方向用右手定则判定;围绕X、Y、Z各轴的回转运动及其正方向$+A$、$+B$、$+C$,分别用右手螺旋法则判定。与以上正方向相反的方向应用$+X'$、$+A'$来表示。

2.坐标轴及其运动方向

标准规定:机床某一部件运动的正方向,是增大工件和刀具之间距离的方向。

(1)Z轴及其运动方向。

Z轴的运动是由传递切削力的主轴所决定的,与主轴轴线平行的坐标轴即为Z轴。对于主轴带动工件旋转的机床(车床、磨床等)和主轴带着刀具旋转的机床(铣床、钻床、镗床等),Z轴与主轴平行,如图11-16和图11-17所示。如果机床没有主轴(牛头刨床),Z轴则垂直于工件装卡面。

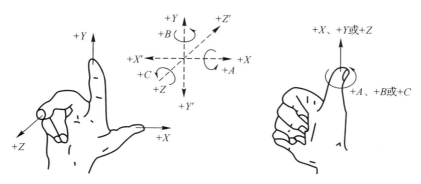

图 11 - 15　右手笛卡儿坐标系

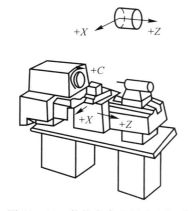

图 11 - 16　数控车床的标准坐标系

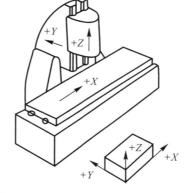

图 11 - 17　立式数控铣床的标准坐标系

Z 轴的正方向为增大工件与刀具之间距离的方向。如在钻、镗加工中,钻入和镗入工件的方向为 Z 轴的负方向,而退出为正方向。

(2)X 轴及其运动方向。

X 轴是水平的,它平行于工件的装卡面。这是在刀具或工件定位平面内运动的主要坐标。对于工件旋转的机床(车床、磨床等),X 坐标的方向是在工件的径向上,且平行于横滑座。刀具离开工件旋转中心的方向为 X 轴正方向,如图 11 - 16 所示。对于刀具旋转的机床(铣床、镗床、钻床等),若 Z 轴是垂直的,当从刀具主轴向立柱看时,X 轴运动的正方向指向右,如图 11 - 17 所示。若 Z 轴(主轴)是水平的,当从主轴向工件方向看时,X 轴运动的正方向指向右方。

(3)Y 轴及其运动方向。

Y 轴垂直于 X 轴和 Z 轴。Y 轴运动的正方向是根据 X 轴和 Z 轴的正方向,按照右手直角笛卡儿坐标系来确定的。

(4)旋转坐标。

旋转运动用 A、B 和 C 表示,规定其分别为绕 X 轴、Y 轴和 Z 轴的旋转运动。A、B 和 C 的正方向按右手螺旋前进的方向,相应地表示在 X 轴、Y 轴和 Z 轴的正方向上,如图 11 - 18

所示。

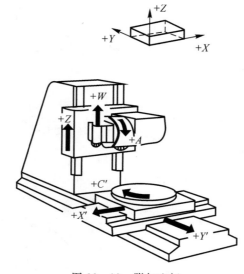

图 11-18 附加坐标

数控机床的进给运动,有的由主轴带动刀具运动来实现,有的由工作台带动工件运动来实现。上述坐标轴正方向是假定工件不动、刀具相对于工件做进给运动的方向,如果是工件移动则用加"1"的字母表示。

3. 坐标原点

(1)机床原点。

数控机床都有一个基准位置,称为机床原点,是机床制造厂家设置在机床上的一个物理位置。它是指机床坐标系的原点,即 $X=0$、$Y=0$、$Z=0$ 的点,其作用是使机床与控制系统同步,建立测量机床运动坐标的起始点。对于具体机床来说,机床原点是固定的。数控车床的原点一般设在主轴前端的中心,数控铣床的原点有的设在机床工作台中心,有的设在进给行程范围的终点。

(2)机床参考点。

与机床原点相对应的还有一个机床参考点,用 R 来表示,它也是机床上的一个固定点。机床的参考点与机床的原点不同,是用于对机床工作台、滑板及刀具相对运动的测量系统进行定标和控制的点,如加工中心的参考点为自动换刀位置,数控车床的参考点是指车刀退离主轴端面与中心线最远并且固定的一个点。

(3)工件坐标系、程序原点和对刀点。

工件坐标系是编程时使用的,编程人员选择工件上的某一已知点为原点(也称程序原点),建立一个新的坐标系,称为工件坐标系。工件坐标系一旦建立则一直有效,直到被新的工件坐标系取代为止。工件坐标系是用来确定刀具和程序起点,即对刀点和程序原点的。

程序原点的选择要尽量满足编程简单、尺寸换算少、引起的加工误差小等条件。一般情况下,以坐标系尺寸标注的零件,程序原点应选在尺寸标注的基准点上;对称零件或以同心圆为主的零件,程序原点应选在对称中心线或圆心上;Z 轴的程序原点通常选在工件的上表面。

对刀点是指零件程序加工的起始点,对刀的目的是确定程序原点在机床坐标系中的位置,对刀点可与程序原点重合,也可在任何便于对刀之处,但该点与程序原点之间必须有确定的坐标联系。当对刀精度要求较高时,对刀点应尽量选在工件的设计基准或工艺基准上。对于以孔定位的工件,可以取孔的中心作为对刀点。

对刀时应使对刀点与刀位点重合。刀位点是指确定刀具位置的基准点。换刀点应根据工序内容安排。为了防止换刀时刀具碰伤工件,换刀点常设在零件以外。

4.绝对坐标系与增量(相对)坐标系

在具体编程中,标准坐标系又分为绝对坐标系和增量坐标系。

(1)绝对坐标系指刀具(或机床)运动位置的坐标值是以设定的坐标原点为基准给出的值,用 X、Y、Z 来表示。

(2)增量坐标系指刀具(或机床)运动位置的坐标值是相对于前一位置(或起点)来计算的,用 U、V、W 来表示。

五、数控编程代码

数控编程所用代码主要有准备功能 G 指令、进给功能 F 指令、主轴功能 S 指令、刀具功能 T 指令、辅助功能 M 指令等。一般数控系统中常用的 G 和 M 功能都与 ISO 国际通用标准一致。

目前通用的国际标准有 ISO 编码表(见表 11-1)和 EIA(美国电子工业协会)标准。我国在 JB 3208—1983 标准中也规定了准备功能 G 代码(见表 11-2)和辅助功能 M 代码(见表 11-3)。从表中可看出,有些代码的功能未指定,加上有的数控机床生产厂家甚至不按标准而自行指定代码功能,使得各类数控机床使用的指令、代码含义不完全相同,因此,编程时要按照数控机床使用手册的具体规定进行。表 11-4 所示为华中数控系统(HNC-21M)、FANUC 数控系统(FANUCOM)和 SIE-MENS 系统(SIMUMERIK 840D)部分 G 指令字功能含义对照表。

表 11-1　数控机床用 ISO 编码表

代码符号	含义	代码符号	含义
0	数字 0	S	主轴速度功能
1	数字 1	T	刀具功能
2	数字 2	U	平行于 X 坐标的第二坐标
3	数字 3	V	平行于 Y 坐标的第二坐标
4	数字 4	W	平行于 Z 坐标的第二坐标
5	数字 5	X	X 坐标方向的主运动
6	数字 6	Y	Y 坐标方向的主运动
7	数字 7	Z	Z 坐标方向的主运动
8	数字 8	.	小数点
9	数字 9	+	加/正
A	绕着 X 坐标的角度	—	减/负

续表

代码符号	含义	代码符号	含义
B	绕着 Y 坐标的角度	*	星号/乘号
C	绕着 Z 坐标的角度	/	跳过任选程序段(省略/除)
D	特殊坐标角度尺寸或第三进给速度的功能	,	逗号
E	特殊坐标角度尺寸或第二进给速度的功能	=	等号
F	进给速度功能	(	左圆括号/控制暂停
G	准备功能	)	右圆括号/控制恢复
H	永不指定(或作特殊用途)	$	单元符号
I	沿 X 坐标圆弧起点相对于圆心的坐标系	:	对准功能/选择(或计划)倒带停止
J	沿 Y 坐标圆弧起点相对于圆心的坐标系	NL。rLF	程序段结束,新行或换行
K	沿 Z 坐标圆弧起点相对于圆心的坐标系	%	程序号(程序开始)
L	永不指定	HT	制表(或分隔符号)
M	辅助功能	CR	滑座返回(仅打印机适用)
N	程序段号	DEL	注销
O	不用	SP	空格
P	平行于 X 坐标的第三坐标	BS	反绕(退格)
Q	平行于 Y 坐标的第三坐标	NUL	空白纸带
R	平行于 Z 坐标的第三坐标	EM	载体终了

表 11-2 准备功能 G 代码

代码	含义	代码	含义	代码	含义
G00	点定位	G41	刀具补偿—左	G61	准确定位 2(中)
G01	直线插补	G42	刀具补偿—右	G62	快速定位(粗)
G02	顺时针方向圆弧插补	G43	刀具补偿—正	G63	攻螺纹
G03	逆时针方向圆弧插补	G44	刀具补偿—负	G64~G67	不指定
G04	暂停	G45	刀具偏置＋/＋	G68	刀具偏置,内角
G05	不指定	G46	刀具偏置＋/－	G69	刀具偏置,外角
G06	抛物线插补	G47	刀具偏置－/－	G70~G79	不指定
G07	不指定	G48	刀具偏置－/＋	G80	固定循环注销
G08	加速	G49	刀具偏置 0/＋	G81~G89	固定循环
G09	减速	G50	刀具偏置＋/－	G90	绝对尺寸

续表

代码	含义	代码	含义	代码	含义
G10～G16	不指定	G51	刀具偏置＋/0	G91	增量尺寸
G17	XOY 平面选择	G52	刀具偏置－/0	G92	预置寄存
G18	ZOX 平面选择	G53	直线偏移,注销	G93	时间倒数,进给率
G19	YOZ 平面选择	G54	直线偏移 x	G94	每分钟进给
G20～G32	不指定	G55	直线偏移 y	G95	主轴没转进给
G33	螺纹切削,等螺距	G56	直线偏移 z	G96	恒线速度
G34	螺纹切削,增螺距	G57	直线偏移 xy	G97	每分钟转数(主轴)
G35	螺纹切削,减螺距	G58	直线偏移 xz	G98～G99	不指定
G36～G39	永不指定	G59	直线偏移 yz		
G40	刀具补偿/刀具偏置注销	G60	准确定位1(精)		

表 11－3　辅助功能 M 代码

代码	含义	代码	含义	代码	含义
M00	程序停止	M15	正运动	M49	进给率修正旁路
M01	计划停止	M16	负运动	M50	3号冷却液开
M02	程序结束	M17～M18	不指定	M51	4号冷却液开
M03	主轴顺时针方向	M19	主轴定向停止	M52～M54	不指定
M04	主轴逆时针方向	M20～M29	永不指定	M55	刀具直线位移,位置1
M05	主轴停止	M30	纸带结束	M56	刀具直线位移,位置2
M06	换刀	M31	互锁旁路	M57～M59	不指定
M07	2号冷却液开	M32～M35	不指定	M60	更换工件
M08	1号冷却液开	M36	进给范围1	M61	工件直线位移,位置1
M09	冷却液关	M37	进给范围2	M62	工件直线位移,位置2
M10	夹紧	M38	主轴速度范围1	M63～M70	不指定
M11	松开	M39	主轴速度范围2	M71	工件角度位移,位置1
M12	不指定	M40～M45	如有需要作为齿轮换挡,此外不指定	M72	工件角度位移,位置2
M13	主轴顺时针方向,冷却液开	M46～M47	不指定	M73～M89	不指定
M14	主轴逆时针方向,冷却液开	M48	注销 M49	M90～M99	永不指定

表 11-4　部分 G 指令字功能含义对照表

G 功能	华中数控系统	FANUCOM 系统	SINUMERIK 840D 系统
G00/G01	快速定位/直线插补	快速定位/直线插补	快速定位/直线插补
G02/G03	顺/逆时针圆弧插补	顺/逆时针圆弧插补	顺/逆时针圆弧插补
G04	暂停	暂停	暂停
G17～G19	坐标平面选择	坐标平面选择	坐标平面选择
G20/G21	英/公制输入	英/公制输入	不指定
G27	不指定	参考点返回检验	不指定
G28	返回到参考点	自动返回参考点	不指定
G29	由参考点返回	从参考点移出	不指定
G40	刀具半径补偿取消	刀具半径补偿取消	刀具半径补偿取消
G41/G42	刀具半径左/右补偿	刀具半径左/右补偿	刀具半径左/右补偿
G43/G44	刀具长度正/负补偿	刀具长度正/负补偿	不指定
G50	缩放关	工件坐标原点设置,最大主轴速度设置	不指定
G65	子程序调用	宏程序调用	不指定
G70/G71	不指定	不指定	英/公制输入
G73/G89	孔加工固定循环	孔加工固定循环	孔加工固定循环
G74/G75	不指定	不指定	自动返回参考点/返回固定点
G90/G91	绝对/增量坐标编程	绝对/增量坐标编程	绝对/增量坐标编程

数控程序的程序段格式见表 11-5。

表 11-5　数控程序程序段的一般格式

N—	G—	X—	Y—	Z—	…	F—	S—	T—	M—	LF
语句顺序号	准备功能	坐标尺寸	坐标尺寸	坐标尺寸		进给功能	主轴功能	刀具功能	辅助功能	程序段结束

下面介绍一些常用的编辑功能代码。

1.准备功能代码(G 代码)

准备功能代码的作用是规定刀具和工件的相对运动轨迹、机床坐标系插补坐标平面、刀具补偿、坐标偏置等各种加工操作。G 代码由地址 G 和后面的两位数字组成,即从 G00 到 G99 共有 100 种,通常位于程序段坐标指令的前面。

(1)绝对坐标和相对坐标指令(G90,G91)。

G90 表示程序段中的尺寸字为绝对坐标值,即从编程零点开始的坐标值。

G91 表示程序段中的尺寸字为增量坐标值,即刀具运动的终点相对于起点坐标值的增量。

例如,图 11-19 所示刀具由起始点 A 直线插补到目标点 B,编程为:

N10 G90 G01 X30 Y60 F100;〔注:第 10 号程序段,X30 Y60 为 B 点相对于编程坐标系 X、Y 坐标的绝对尺寸。〕

N10 G91 G01 X-40 Y30 F100;〔注:第 10 号程序段,X-40、Y30 目标点 B 相对于起始点 A 的增量值。〕

在实际编程中,是选用 G90 还是 G91,要根据具体的零件确定。

(2)坐标系设定指令(G92)。

在使用绝对坐标指令编程时,预先要确定工件坐标系,通过 G92 可以确定当前工件坐标系,该坐标系在机床重开机时消失。

G54~G59 指令与 G92 指令都可用于工件坐标系建立,G54~G59 是在加工前设定好的坐标系,而 G92 是在程序中设定的坐标系,用了 G54~G59 就没有必要再使用 G92,否则 C54~G59 会被替换,应当避免。

使用了 G92 设定坐标系,再使用 G54~G59 就不起任何作用,除非断电重新启动系统,或接着用 C92 设定所需新的工件坐标系。G92 的程序结束后,若机床没有回到 G92 设定的原点,就再次启动此程序,机床当前所在位置就成为新的工件坐标原点,易发生事故。

例如,图 11-20(a)所示,加工工件前,用手动或自动的方式,令机床回到机床零点。此时,刀具中心对准机床零点,如图 11-20(a)所示,CRT 显示各轴坐标均为 0。当机床执行 "G92 X-10 Y-10"后,就建立起了工件坐标系,如图 11-20(b)所示。即刀具中心(或机床零点)应在工件坐标系的 X-10、Y-10 处,即为工件坐标系(图中虚线代表的坐标系)。0 为工件坐标系的原点,CRT 显示的坐标值为 X-10、Y-10,但刀具相对于机床的位置没有改变。在运行后面的程序时,凡是绝对尺寸指令中的坐标值均为点在 XOY 坐标系中。

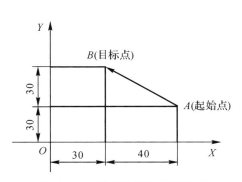

图 11-19　绝对坐标和相对坐标

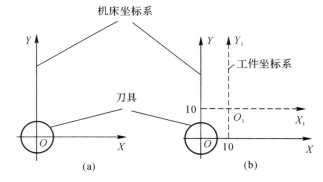

图 11-20　工件坐标系的设定

(3)平面选择指令(G17,G18,G19)

在三坐标机床上加工时,如进行圆弧插补,要规定加工所在平面,用 G 代码可以进行平面选择,如图 11-21 所示。

(4)快速点定位指令(G00)。

G00 可使刀具快速移动到所需的位置上,一般作为空行程运动。该指令只是快速到位,其运动轨迹因具体的控制系统不同而异,进给速度 F 对 G00 指令无效。

例如:N10 G00 X40.0 Y20.0;〔见图 11-22,第 10 号程序段,将刀具快速移动到点(40,20)。〕

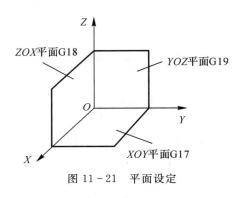

图 11 - 21　平面设定

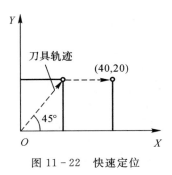

图 11 - 22　快速定位

(5)直线插补指令(G01)。

G01 表示刀具从当前位置开始以给定的速度(切削速度 F),沿直线移动到规定的位置。

例如:N20 G01 X45 Z60 F12;

注:第 20 号程序段,将刀具以 12 mm/min 的速度直线移动到 X 坐标为 45、Z 坐标为 60、Y 坐标不变的点。

(6)圆弧插补指令(G02、G03)。

G02 表示顺圆插补,G03 表示逆圆插补,刀具进行圆弧插补时必须规定所在平面,然后确定回转方向。圆弧的顺逆时针方向如图 11 - 23 所示,判断方法是:沿圆弧所在平面(如 XOY 平面)的另一坐标轴的负方向($-Z$)看去,顺时针方向为 G02,逆时针方向为 G03。程序格式为:

$$G17 \begin{Bmatrix} G02 \\ G03 \end{Bmatrix} X\underline{\quad} Y\underline{\quad} \begin{Bmatrix} R\_ \\ I\_J\_ \end{Bmatrix} F\underline{\quad};$$

$$G18 \begin{Bmatrix} G02 \\ G03 \end{Bmatrix} X\underline{\quad} Z\underline{\quad} \begin{Bmatrix} R\_ \\ I\_K\_ \end{Bmatrix} F\underline{\quad};$$

$$G19 \begin{Bmatrix} G02 \\ G03 \end{Bmatrix} Y\underline{\quad} Z\underline{\quad} \begin{Bmatrix} R\_ \\ J\_K\_ \end{Bmatrix} F\underline{\quad};$$

G17、G18、G19 为圆弧插补平面选择指令,以此来确定被加工表面所在平面,G17 可以省略,X、Y、Z 为圆弧终点坐标值,可以用绝对坐标,也可以用增量坐标,由 G90 和 G91 决定。在增量方式下,圆弧终点坐标是相对于圆弧起点的增量值。I、J、K 表示圆弧圆心的坐标,它是圆心相对于圆弧起点在 X、Y、Z 轴方向上的增量值,也可以理解为圆弧起点到圆心的矢量(矢量方向指向圆心)在 X、Y、Z 轴上的投影,与前面定义的 G90 或 G91 无关。F 规定沿圆弧切向的进给速度。

(7)自动机床原点返回指令(G28)。

机床原点是机床各移动轴正向移动的极限位置。如刀具在交换时常用到 Z 轴参考点返回,例如:G90 G28 X500.0 Y350.0;(见图 11 - 24)。

注:刀具经过中间点坐标返回原点。

(8)刀具补偿与偏置指令(G40 ,G41 ,G42)。

一般以工件的轮廓尺寸为刀具轨迹编程轮廓的切削加工,使编制的加工程序简单,即假设刀具中心运动轨迹是沿工件轮廓运动的,而实际的刀具轨迹要与工件轮廓有一个偏移量(即刀具半径),如图 11-25 所示。利用刀具半径补偿功能可以方便地实现这一改变,简化程序编制,机床可以自动判断补偿的方向和补偿值大小,自动计算出刀具中心轨迹,并按刀心轨迹运动。

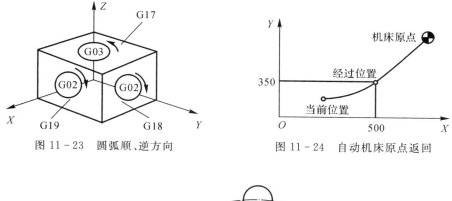

图 11-23　圆弧顺、逆方向

图 11-24　自动机床原点返回

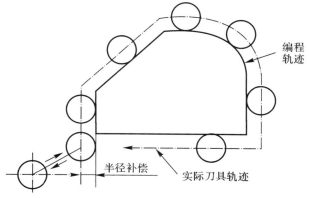

图 11-25　刀具的半径补偿

G41 左补偿指令是沿着刀具前进的方向观察,刀具偏在工件轮廓的左边,而 G42 则偏在右边,如图 11-26 所示。

G41、G42 皆为续效指令。

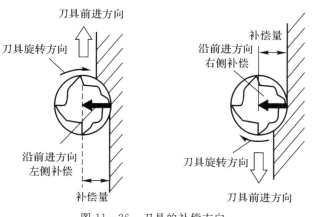

图 11-26　刀具的补偿方向

2.辅助功能代码（M 代码）

辅助功能代码是用来控制机床各种辅助动作及开关状态的,如主轴的转与停、冷却液的开与关等。M 代码从 M00 到 M99 共有 100 种。程序的每一个语句中 M 代码只能出现一次。

(1)程序停止指令(M00)。

执行完含有 M00 指令的程序段后,主轴的转动、进给、切削液都将停止,以便进行某一手动操作,如换刀、测量工件的尺寸等。重新起动机床后,继续执行后面的程序。

(2)计划停止指令(M01)。

M01 和 M00 的功能基本相似,不同的是,只有在按下"选择停止"键后,M01 才有效,否则机床将继续执行后面的程序段。该指令一般用于抽查关键尺寸等情况,检查完后,按动"启动"键,继续执行后面的程序。

(3)程序结束指令(M02)。

M02 编在最后一条程序中,它表示执行完程序内所有指令后,主轴停止、进给停止、切削液关闭,机床处于复位状态。

(4)程序结束指令(M30)。

使用 M30 时,除表示 M02 的内容外,还返回到程序的第一条语句 ,准备下一个工件的加工。

(5)主轴顺时针方向旋转(正转)指令(M03)。

开动主轴时,按右旋螺纹进入工件的方向旋转。

(6)主轴逆时针方向旋转(反转)指令(M04)。

开动主轴时,按右旋螺纹离开工件的方向旋转。

(7)主轴停止指令(M05)。

主轴停转是在该程序段其他指令执行完成后才停止。

(8)换刀指令(M06)。

常在加工中心刀库的自动换刀时使用。

(9)2 号冷却液开指令(M07)。

执行 M07 后,2 号冷却液打开。

(10)1 号冷却液开指令(M08)。

执行 M08 后,1 号冷却液打开。

(11)冷却液关指令(M09)。

执行 M09 后,冷却液关。

(12)子程序调用指令(M98)。

子程序是相对主程序而言的。当一个零件包括重复的图形时,可以把这个图形编成一个子程序存于存储器中,使用时反复调用。M98 执行后就调用子程序,开始执行子程序,子程序可以多重调用。

(13)子程序返回指令(M99)。

子程序的最后应是子程序返回指令 M99,在子程序执行 M99 命令后,子程序结束并回到主程序。

例如:

......

N0010 M98 P06 L20；调用 0006 号子程序，L 指令后的数字"20"表示该子程序被调用 20 次。

N0070 M02；   主程序结束

% 0006；   子程序 0006 号

……

N0090 M99；   子程序返回

3．其他功能

（1）进给功能代码（F 代码）。

进给功能是表示进给速度，进给速度是用字母 F 和其后面的若干位数字来表示的。

每分钟进给（G94）：系统在执行了一条含有 G94 的程序段后，再遇到 F 指令时，便认为 F 所指定的进给速度单位为 mm/min。

每转进给（G95）：若系统处于 G95 状态，则认为 F 所指定的进给速度单位为 mm/r。

（2）主轴功能代码（S 代码）。

主轴功能主要是表示主轴转速或速度。主轴功能是用字母 S 和其后面的数字表示的。

恒线速度控制（G96）。G96 是接通恒线速度控制的指令。系统执行 G96 指令后，便认为用 S 指定的数值表示切削速度。

例如：

G96 S200；表示切削速度是 200 m/min。

主轴转速控制（G97）。G97 是取消恒线速度控制的指令。此时，S 指定的数值表示主轴每分钟的转数。

例如：

G97 S1500；表示主轴转速为 1500 r/min。

（3）刀具功能代码（T 代码）。

刀具功能是表示换刀功能，根据加工需要在某些程序段指令进行选刀和换刀。刀具功能是用字母 T 和其后的 4 位数字表示，其中前两位为刀具号，后两位为刀具补偿号。每一刀具加工结束后必须取消其刀具补偿。T 代码常与换刀（M06）辅助功能同时使用，也用来为新刀具寻址。

例如：

G50 X270．0 Z400.0

G00 S200 M03

T0304（3 号刀具、4 号补偿）

X40．0 Z100．0

G01．Z50.0 F20

G00 X270.0 Z400.0

T0300（3 号刀具补偿取消）

数控加工中常见的指令组合见表 11-6。

表 11 - 6 加工程序中常见指令组合

功 能	说 明	示例(FANUC 系统)
安全模式	设定为一般正常的控制模式	G90、G80、G40、G17
坐标设定	定义工件原点	G92 X_Y_Z_或 G54~G59
刀长补偿	补偿实际加工后与程序之间的刀长误差	G43 H_
刀具移动	产生刀具路径加工工件	G00 X_Y_Z_， G01 X_Y_Z_， G02/G03 X_Y_Z_
刀径补偿	补偿刀具偏移某一特定方向	G41/G42 X_Y_D_
固定循环	生成孔加工刀具路径	G73~G89 X_Y_Z_R_P_Q_F_
换刀	选择并更换加工刀具	T_M06
主轴控制	控制主轴回转、速度、方向	S_M03/M04、M05
返回参考点	返回机械原点	G91G28 X0Y0Z0
程序终止	程序结束	M02、M30

六、数控加工程序

数控加工程序是由程序号、程序内容和程序结束三部分组成的。

1. 程序号

程序号通常包括程序号码和程序名称,作为程序的开始标记,供在数控装置存储器中的程序目录中查找、调用。程序号由地址码(如%或0)和四位编号数字(1~9999)组成。常用的地址码及其含义见表 11 - 7。

表 11 - 7 常用的地址码

功 能	地 址	意义及范围	
程序号	%	程序编号:%1~%9999	
程序段号	N	程序段编号:N1~N9999	
准备功能	G	指令动作方式(直线、圆弧等):G00~G99	
坐标字	X、Y、Z、U、V、W	直线坐标轴	坐标轴的移动命令:±99999.999
	A、B、C	旋转坐标轴	
	R	圆弧半径	
	I、J、K	圆弧中心的坐标	
进给速度	F	进给速度的指定:F0~F15000	
主轴功能	S	主轴旋转速度的指定:S0~S9999	
辅助功能	M	机床侧开/关控制的指定:M0~M99	
补偿号	H、D	刀具补偿号的指定:00~99	

续 表

功　能	地　址	意义及范围
暂停	X	暂停时间的指定:秒
程序号的指定	P	子程序号的指定:P1～P9999
重复次数	L	子程序的重复次数,固定循环的重复次数:L2～L9999
参数	P、Q、R	固定循环的参数

2.程序内容

程序内容根据数控程序要实现的功能及完成动作的先后顺序,分成四个模块,每个模块含有一系列的指令去完成特定的工作。这些模块如下:

(1)程序起始。此模块完成安全设定、刀具交换、工件坐标系的设定、刀具长度补偿、主轴转速控制、冷却液控制及注释说明等。

(2)刀具交换。加工中心采用。

(3)加工过程。此模块包括快速移动、直线插补、圆弧插补、刀具半径补偿等基本加工。

(4)切削循环。主要是孔加工固定循环。

程序内容是整个加工程序的主要部分,由程序段组成。程序段由若干个字组成,每个字又由地址码和若干个数字组成。在程序中能做指令的最小单位是字。

3.程序结束

一般情况下是取消刀补、关冷却液、主轴停止,执行回参考点,程序停止等动作。程序结束一般用辅助功能代码 M02(程序结束)和 M30(程序结束,返回起点)等来表示。

由于数控系统的种类很多,不同的数控系统组成的加工程序的格式有所不同。零件手工编程时必须严格按机床说明书的规定格式及程序结构要求。表 11-8 所列为三种数控系统的数控程序格式。

表 11-8　三种系统的数控程序格式

华中系统	FANUC 0M 系统	SINUMERIK840 D 系统	说明
％O123	％0123	％_N_123_MPF	文件头
N1M03 S1200	N1M03 S2000	N1M03 S1800	程序起始
N2T0101	N2T0101	N2T1D1	换刀
N3G54G40G00X100Z100	N3G54G40G00X100Z100	N3G54G40G00X100Z100	安全模式
N4G00X30Z2G42M08	G00X30Z2G42M08	G00X30Z2G42M08	刀具补偿
N5G71U1R0.8P6Q130X0.4Z0.2F0.2	N5G71U1R0.5	N5LCYC95	
⋮	N6G71P7Q140U0.5W0.1F0.2	⋮	加工过程
⋮	⋮	⋮	
G00G40X100Z100M09	G00G40X100Z100M09	G00G40X100Z100M09	
M30	M30	M30	程序结束

七、数控加工过程

数控加工过程从分析零件图开始到零件加工完毕。

1.分析零件图

根据零件图的技术要求,分析零件的形状、基准面、尺寸公差和表面粗糙度要求,以及加工面的种类、零件的材料和热处理等其他技术要求。

2.选择数控机床

根据零件形状和加工的要求,判断该零件是否适合在数控机床上加工,并确定所使用数控机床的种类。

3.工件装夹方法

工件装夹要保证产品的加工精度和加工效率,并尽可能采用通用夹具。但必要时也可设计制造专用夹具。

4.确定加工工艺

确定加工的工艺顺序及步骤。粗加工阶段一般留 1～2 mm 的余量,以保证机床和刀具在能力允许的范围内用最短的时间完成。半精加工阶段一般留 0.3～0.5 mm 的加工余量。

精加工阶段直接形成产品的最终尺寸精度和表面粗糙度,对于要求较高的表面,可分别进行加工。

5.选择刀具

分析零件的加工工艺,确定所使用的刀具,以满足加工质量和效率的要求。

6.数控编程

在完成以上技术工作的基础上进行加工程序的编制。首先进行数学处理,根据零件的几何尺寸、刀具的加工路线和设定的编程坐标系来计算刀具运动轨迹的坐标值。对于加工由圆弧和直线组成的简单轮廓的零件,只需计算出相邻几何元素的交点或切点坐标值。对于自由曲线、曲面等的加工,要借助计算机辅助编程来完成。

7.操作加工

加工程序编制完成后,先进行程序试运行,以检验程序是否正确,然后操作机床进行加工。

数控机床提供的各种功能是通过其操作控制面板上的键盘实现的,各种机床的操作方法不完全相同,要根据机床操作手册的具体说明进行。

第五节 数控车削加工

数控车床(CNC Lathe)主要用于回转体零件的自动加工,可完成内、外圆柱面,内、外圆锥面,复杂旋转曲面,圆柱圆锥螺纹等型面的车削,并可进行切槽和钻、扩、铰孔等加工,特别适合加工形状复杂的轴类或盘类零件,如图 11-27 所示。它集中了卧式车床、转塔车床、多刀车床、仿形车床、自动和半自动车床的功能,是数控机床中产量最大的品种之一。

数控车床具有加工灵活、通用性强、能适应产品的品种和规格频繁变化的特点,能够满足新产品的开发和多品种、小批量、生产自动化的要求,因此被广泛应用于机械制造领域(汽车制造厂、发动机制造厂等)。

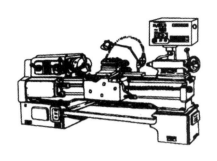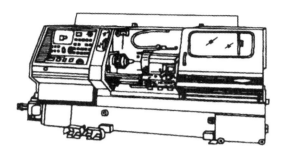

图 11-27　数控车床

一、数控车床的分类

1.按主轴配置形式分类

(1)卧式数控车床。主轴轴线处于水平位置的数控车床。

(2)立式数控车床。主轴轴线处于垂直位置的数控车床。

具有两根主轴的车床称为双轴卧式数控车床或双轴立式数控车床。

2.按数控系统控制的轴数分类

(1)两轴控制的数控车床。机床上只有一个回转刀架,可实现两坐标轴控制。

(2)四轴控制的数控车床。机床上有两个独立的回转刀架,可实现四轴控制。

目前,我国使用较多的是中、小规格的两轴连续控制的数控车床。

3.按数控系统的功能分类

(1)经济型数控车床。一般采用步进电动机驱动的开环伺服系统,其控制部分采用单板机或单片机,结构简单,价格低,大多数是在卧式车床的基础上进行改进设计的。

(2)多功能型数控车床。一般采用交、直流伺服电动机驱动的闭环或半闭环伺服系统,有人-机对话、自诊断等功能,具有高刚度、高精度和高效率的特点。

(3)车削中心。以多功能型数控车床为主体,配置刀库、换刀装置分度装置铣削动力头和机械手等,可实现多工序的复合加工,一次装夹就可以完成车、铣、钻、铰、攻螺纹等工序。

二、数控车床的组成

数控车床是由数控系统、各轴伺服系统、机床本体以及辅助装置等组成的。机床本体包括床身、主轴箱、电动回转刀架、进给传动系统、冷却系统、润滑系统、安全防护系统等,如图 11-28 所示。

数控车床一般具有两轴联动功能,Z 轴是与主轴方向平行的运动轴,X 轴是在水平面内与主轴方向垂直的运动轴。数控车床的进给系统采用伺服电动机经滚珠丝杠,传到滑板和刀架,实现 Z 向(纵向)和 X 向(横向)进给运动。

与普通车床相比,数控车床是将编制好的加工程序输入数控系统中,由数控系统通过车床 X,Y,Z 坐标轴的伺服电动机控制车床进给运动部件的动作顺序、移动量和进给速度,再配以主轴转速和转向,加工出各种形状不同的轴类或盘类回转体零件的设备。

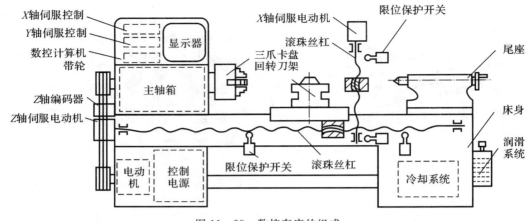

图 11-28　数控车床的组成

三、数控车床的布局

数控车床的主轴、尾座等部件相对床身的布局形式与卧式车床基本一致,而刀架和导轨的布局形式发生了根本的变化,这是因为刀架和导轨的布局形式直接影响数控车床的使用性能及机床的结构和外观。另外,数控车床上都设有封闭的防护装置。

1. 床身和导轨的布局

根据数控车床床身导轨与水平面的相对位置,可将床身分为水平床身、斜床身、平床身斜滑板和立床身,如图 11-29 所示。

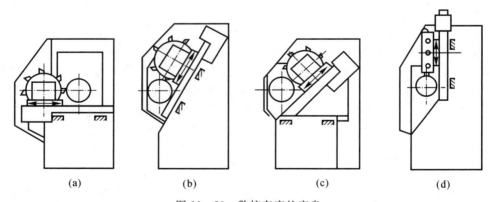

图 11-29　数控车床的床身
(a)水平床身;　(b)斜床身;　(c)平床身斜滑板;　(d)立床身

水平床身的工艺性好,便于导轨面的加工。水平床身配上水平放置的刀架可提高刀架的运动精度,一般用于大型数控车床或小型精密数控车床的布局。但是水平床身下部空间小,排屑困难,刀架水平放置使得滑板横向尺寸较长,加大了机床宽度方向的结构尺寸。

水平床身配上倾斜放置的滑板,并配置倾斜式导轨防护装置,这种布局形式既有水平床身工艺性好的特点,又有机床宽度方向的尺寸较水平配置滑板的要小,且排屑方便等特点。水平床身配上倾斜放置的滑板和斜床身配置斜滑板的布局形式被中、小型数控车床所普遍采用。

这是由上文两种布局形式排屑容易,热铁屑不会堆积在导轨上,也便于安装自动排屑器;操作方便,易于安装机械手,以实现单机自动化;机床占地面积小,外形简洁、美观,容易实现封闭式防护。

斜床身其导轨倾斜的角度分别为 30°、40°、60°、75° 和 90°(立床身)。倾斜角度小,排屑不便;倾斜角度大,导轨的导向性差,受力情况也较差。导轨倾斜角度的大小还会直接影响机床外形尺寸高度与宽度的比例。因此,中、小规格的数控车床的床身倾斜度以 60° 为宜。

2. 刀架的布局

刀架作为数控车床的重要部件,其布局形式对机床整体及工作性能影响很大。目前两轴联动数控车床多采用 12 工位的回转刀架,也有采用 6 工位、8 工位、10 工位回转刀架的。回转刀架在机床上的布局有两种形式:一种是用于加工盘类零件的回转刀架,其回转轴垂直于主轴;另一种是用于加工轴类和盘类零件的回转刀架,其回转轴平行于主轴。

四轴控制的数控车床,床身上安装了两个独立的滑板和回转刀架,故称为双刀架四轴数控车床。其上每个刀架的切削进给量是分别控制的,因此两刀架可以同时切削同一工件的不同部位,既扩大了加工范围,又提高了加工效率。四轴数控车床的结构复杂,且需要配置专门的数控系统实现对两个独立刀架的控制。这种机床适合加工曲轴、飞机零件等形状复杂、批量较大的零件。

四、数控车床编程基础

(1)数控车床编程时,根据被加工零件的图样标注尺寸,既可以使用绝对值编程,也可使用增量值编程,还可使用二者混合编程。合理的绝对值、增量值混合编程往往可以减少编程中的计算量,缩短程序段,简化程序。但要注意:直径方向用绝对值编程时,X 以直径值表示;用增量值编程时,以径向实际位移量的 2 倍值编程,并配以正、负号确定增量的方向。圆弧定义的附加语句中的 R、I、K 以半径值标明。同时为了提高径向尺寸精度,X 向的脉冲当量取为 Z 向的 1/2。

(2)数控车床的坐标系是:横向为 X 轴,刀架离开工件的方向为 X 轴正方向,纵向为 Z 轴,指向尾座方向为 Z 轴正方向。因此 X 轴方向与刀架的安装部位有关。

数控车床的机床零点为每个轴退刀的极限位置,即刀架离开工件最远的位置。

数控车床的程序原点是主轴中心线位于 XO 处,而工件精加工端面位于 ZO 处。

(3)数控机床开机时,必须先进行机床回零操作(回参考点),目的是建立机床坐标系,在此基础上建立工件坐标系,坐标系和参考点如图 11-30 所示。因此,在机床回参考点后,开始数控加工之前,数控机床还必须完成"对刀"操作。对刀的目的是建立工件坐标系。

(4)车削工件时,由于加工方法不同,主轴转速必须有很大的调速范围。ISO 规定的有关主轴转速的指令有:

G96S:恒切削线速度控制,S 之后指定切削线速度(m/min)。

G97S:取消恒切削线速度控制,S 之后指定主轴转速。

在用恒切削线速度控制时,一般要限制最高主轴转速,如超过了最高转速,则要使主轴转速等于最高转速。

数控车床的进给方式多使用 G99,也可使用 G98。

(5)编程时,可依据不同的毛坯材料和加工余量,合理选用切削循环来简化程序。车床数控系统具有多种切削固定循环,如内、外径矩形切削循环,锥度切削循环,端面切削循环,螺纹切削循环等。

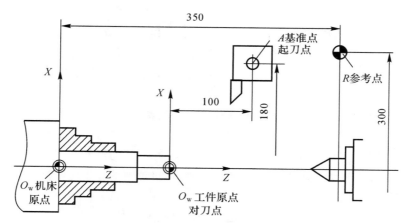

图 11-30　数控车床坐标系与参考点

(6)编程时,认为车刀刀尖是一个点,但实际上车刀刀尖总带有刀尖半径,且随着加工的进行,尤其是加工斜面和圆弧时,刀尖半径的尺寸和形状还会影响到加工精度,因此应考虑刀具补偿指令。数控车床具备刀具刀尖半径补偿功能(G40、G41、G42 指令)。为提高刀具寿命和加工表面的质量,在车削中,经常使用半径不大的圆弧刀尖进行切削,正确使用刀具补偿指令可在编程时直接依据零件轮廓尺寸编程,减少繁杂的计算工作量,提高程序的通用性。在使用刀补指令时,要注意选择正确的刀补值与补偿方向号,以免产生过切、少切等情况。

(7)合理、灵活地使用数控系统给定的其他指令功能,如零点偏置指令、坐标系平移指令、返回参考点指令、直线倒角与圆弧倒角指令等,以使程序运行简捷可靠,充分发挥数控系统的功能。

(8)车床的数控系统具有子程序调用功能,可以实现一个子程序的多次调用。在一条调用指令中,可重复 999 次调用执行,而且可实现子程序调用子程序的多重嵌套调用。当程序中出现顺序固定、反复加工的要求时,使用子程序调用技术可缩短加工程序,使程序简单,这在以棒料为毛坯的车削加工中尤为重要。

五、数控车削加工工艺内容

(1)分析待加工零件图样,明确加工内容和技术要求。

(2)进行工艺分析,其中包括零件加工工艺性。

(3)设定坐标系,通常数控车床工件坐标系原点应选择在工件右端面、左端面或卡爪的前端面与回转中心线的交点处。

(4)制定加工路线,确定刀具的运动轨迹和方向。主要考虑对刀点(程序执行时刀具相对于工件运动的起点)和换刀点(刀架转动时的位置);应考虑加工顺序(先粗后精,先近后远)和进给路线(确定粗车和精车的加工路线、保证最短的空行程)。

(5)选择合适的刀具,数控机床对刀具的选择比较严格,所选择的刀具应满足安装调试方便、刚性好、精度高、使用寿命长等要求。选择刀具通常要考虑机床的加工能力、工序内容、工件材料等。

（6）合理确定切削用量，切削用量包括主轴转速 n、进给量 f、背吃刀量 a_p 等。背吃刀量 a_p 由机床、刀具、工件的刚度确定，在刚度允许的条件下，粗加工取较大的背吃刀量，以减少走刀次数，提高生产率；精加工取较小背吃刀量，以获得较好的表面质量。主轴转速 n 由机床允许的切削速度及工件直径选取。进给量则按零件加工精度、表面粗糙度要求选取，粗加工取较大值，精加工取较小值。最大进给速度受机床刚度及进给系统性能限制。

（7）编制和检验调试加工程序。

（8）输入程序进行加工。

六、数控车削实例

［例 11 - 1］ 在 CAK6136V/750 数控车床上，采用 FANUC - OTD 数控系统，完成图 11 - 31 所示特殊形面零件的加工，毛坯为 $\phi50$ mm 的圆棒料。

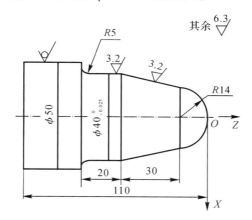

图 11 - 31 特殊形面零件

1. 工艺分析

（1）零件图分析。

图 11 - 31 所示零件的外形是由圆弧面外圆锥面、外圆柱面所构成的特殊形面。其 $\phi50$ mm 外圆柱面直径处不加工，而 $\phi40$ mm 外圆柱面直径处加工精度要求较高，材料为 45 钢，选择毛坯尺寸为 $\phi50\times110$ mm。

（2）加工方案及加工路线的确定。

以零件右端面中心 O 作为坐标原点建立工件坐标系。根据零件尺寸精度及技术要求，应将粗、精加工分开考虑。确定的加工工艺路线为：车削右端面→粗车 $\phi44$ mm、$\phi40.5$ mm、$\phi34.5$ mm、$\phi28.5$ mm、$\phi22.5$ mm、$\phi16.5$ mm 外圆柱面→粗车圆弧面 $R14.25$ mm＋粗车外圆柱面 $\phi40.5$ mm→粗车外圆锥面→粗车外圆弧面 $R4.75$ mm＋精车圆弧面 $R14$ mm→精车外圆锥面→精车外圆柱面 $\phi40$ mm→精车外圆弧面 $R5$ mm。

（3）零件的装夹及夹具的选择。

采用该机床本身的标准卡盘，零件伸出三爪卡盘外 75 mm 左右，找正夹紧。

（4）刀具的选择。

选择 1 号刀具为 90°硬质合金机夹偏刀，用于粗、精车削加工。

(5)切削用量的选择。

采用切削用量主要考虑加工精度并兼顾提高刀具耐用度、机床寿命等因素。主轴转速为 630 r/min ,进给速度粗车为 0.2 mm/r,精车为 0.1 mm/r。

2.尺寸计算

$R14$ mm 圆弧的圆心坐标是:$X = 0, Z = -14$ mm。

$R5$ mm 圆弧的圆心坐标是:$X = 50$ mm, $Z = -(44 + 20 - 5)$mm $= -59$ mm。

3.参考程序

采用绝对值和增量值混合编程,绝对值坐标用 X、Z 地址表示,增量值坐标用 U、W 地址表示,且坐标尺寸采用小数点编程。

N10 G50 X100.0. Z100.0;	(工件坐标系的设定)
N20 S630 M03 T11;	(主轴正转 $n = 630$ r/min,调用 1 号刀,刀具补偿号为 1)
N30 G00 X52.0 Z0.0;	(快速点定位)
N40 G01 X0.0 F0.2;	(车削右端面)
N50 G00 Z1.0;	(快速定位)
N60 X44.0;	
N70 G01 Z−62.5;	(粗车外圆柱面为 $\phi44$ mm)
N80 X50.0;	(车削台阶)
N90 G00 Z1.0;	(快速点定位)
N100 X40.5;	
N110 G01 Z −60.0;	(粗车外圆柱面为 $\phi40.5$ mm)
N120 X44.0;	(车削台阶)
N130 G00 Z1.0;	(快速点定位)
N140 X34.5;	
N150 G01 Z−29.0;	(粗车外圆柱面为 $\phi34.5$ mm)
N160 X40.5;	(车削台阶)
N170 G00 Z1.0;	(快速点定位)
N180 X28.5;	
N190 G01 Z−14.0;	(粗车外圆柱面为 $\phi28.5$ mm)
N200 X34.5;	(车削台阶)
N210 G00 Z1.0;	(快速点定位)
N220 X22.5;	
N230 G01 Z−4.0;	(粗车外圆柱面为 $\phi22.5$ mm)
N240 X28.5;	(车削台阶)
N250 G00 Z1.0;	(快速点定位)
N260 X16.5;	
N270 G01 Z−2.0;	(粗车外圆柱面为 $\phi16.5$ mm)
N280 X22.5;	(车削台阶)
N290 G00 Z0.25;	(快速点定位)
N300 X0.0;	

N310 G03 X28.5 Z−14.0 R14. 25；　　　　　（粗车圆弧面 R14.25 mm）

N320 G01 X40.5 Z −44.0；　　　　　　　　（粗车外圆锥面）

N330 W −15.0；　　　　　　　　　　　（粗车外圆柱面 φ40.5 mm）

N340 G02 X50.0 W −4075 R4. 75；　　　　　（粗车圆弧面 R4.75 mm）

N350 G00 Z0.0；　　　　　　　　　　　　（快速定位）

N360 X0.0；

N370 G03 X28.0 Z−14.0 R14.0；　　　　　　（精车圆弧面 R14 mm）

N380 G01 X40.0 Z −44.0；　　　　　　　　（精车外圆锥面）

N390 W−15.0；　　　　　　　　　　　　（精车外圆柱面 φ40 mm）

N400 G02 X50.0 W −5.0 R5.0；　　　　　　（精车圆弧面 R5 mm）

N410 G00 X100.0 Z100.0 T10.0；　　（快速退回刀具起始点，取消 1 号刀的刀具补偿）

N420 M0S；　　　　　　　　　　　　　　（主轴停止转动）

N430 M30；　　　　　　　　　　　　　　（程序停止）

第六节　数控铣削加工

数控铣床（CNC Milling）是发展最早的数控机床，也是功能强、加工范围大、应用广泛的加工机床。目前迅速发展的加工中心、柔性制造系统等都是在数控铣床的基础上产生、发展的。

数控铣床主要用于加工平面和曲面轮廓的零件，还可以加工复杂型面的零件，如凸轮、样板、叶片、螺旋槽等，同时也可对零件进行钻、扩、铰、锪和镗孔加工及完成自动工作循环等，尤其适用于模具及具有螺旋曲面的零件的加工，如图 11 - 32 所示。

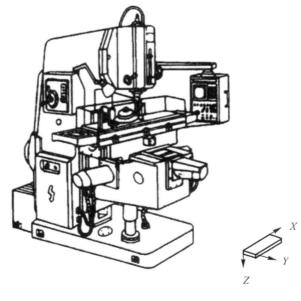

图 11 - 32　数控铣床

与数控车床相比,数控铣床在结构上有以下特点:

(1)数控铣床能实现多坐标联动,便于加工出连续的形状复杂的轮廓,因此数控系统的功能要比数控车床高。

(2)数控铣床的主轴套筒内一般都设有自动夹刀、退刀装置,能在数秒内完成装刀与卸刀,换刀方便。

数控铣床多为三坐标轴、两轴联动的机床,也称为两轴半控制机床,即在 X、Y、Z 三个坐标轴中,任意两轴都可以联动。一般情况下,数控铣床用来加工平面、内外平面曲线轮廓、孔,及攻螺纹等。对于有特殊要求的数控铣床,还可以加一个回转的 A 坐标或 C 坐标,即增加一个数控分度头或数控回转工作台,这时机床的数控系统为四坐标的数控系统,可以加工螺旋槽、叶片等空间曲面零件。如果数控铣床的工作台和主轴箱可实现转动进给,就构成了五轴数控铣床。

数控铣床具有加工灵活,通用性强、加工精度高、质量稳定,能大大提高生产效率,减轻劳动强度的特点,被广泛应用于机械制造领域。

一、数控铣床的分类

1. 按主轴配置形式分类

(1)立式数控铣床。立式数控铣床是主轴轴线处于垂直位置的数控铣床。该类机床是数控铣床中最常见的一种,应用范围最广泛,其中以三轴联动铣床居多,主要用于水平面内的型面加工,增加数控分度头后,可在圆柱表面上加工曲线沟槽。

(2)卧式数控铣床。卧式数据铣床是主轴轴线处于水平位置的数控铣床。该类机床主要用于垂直平面内的各种型面加工。配置万能数控转盘后,可实现四轴或五轴加工,可以对工件侧面上的连续回转轮廓进行加工,并能在一次安装后加工箱体类零件的四个表面。

(3)立卧两用数控铣床。立卧两用数控铣床主轴轴线方向可以变换,既可以进行立式加工,又可以进行卧式加工,如图 11-33 所示。若采用数控万能主轴(主轴头可以任意转换方向),就可以加工出与水平面成各种角度的工件表面;若采用数控回转工作台,还能对工件实现除定位面外的五面加工。

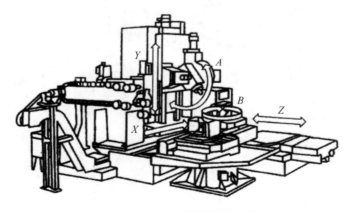

图 11-33 立卧两用数控铣床

2.按构造分类

(1)工作台升降式数控铣床。这类数控铣床采用工作台移动、升降,而主轴不动的方式,多为小型数控铣床。

(2)主轴头升降式数控铣床。这类数控铣床采用工作台纵向和横向移动,且主轴箱沿立柱上导轨上下运动。主轴头升降式数控铣床在精度保持承载重量、系统构成等方面具有很多优点,已成为数控铣床的主流。

(3)龙门式数控铣床。这类数控铣床主轴可以在龙门架的横向与竖向溜板上运动,而龙门架则沿床身做纵向运动。大型数控铣床,因要考虑到扩大行程、缩小占地面积及刚性等技术上的问题,多采用龙门架移动式。

3.按数控系统的功能分类

(1)简易型数控铣床,即在普通铣床的基础上,对机床的机械传动结构进行简单的改造,并增加简易数控系统。这种数控铣床成本较低,自动化程度和功能都较差,一般只有 X、Y 两坐标联动功能,加工精度也不高,一般应用于加工平面曲线类和平面型腔类零件。

(2)普通数控铣床。该类机床可以三坐标联动,用于各类复杂的平面、曲面和壳体类零件的加工,如各种模具、样板、凸轮和连杆等。

(3)数控仿形铣床,主要用于各种复杂型腔模具或工件的铣削加工,尤其适用于不规则的三维曲面和复杂边界构成的工件加工。

(4)数控工具铣床,是在普通工具铣床的基础上,对机床的机械传动系统进行了改造,并增加了数控系统,从而使工具铣床的功能大大增强。这类铣床适用于各种工装、夹具、刀具的加工。

二、数控铣床的组成

数控铣床一般由控制介质、数控系统、伺服系统、强电控制柜、机床本体和各类辅助装置组成。

(1)控制介质:亦称信息载体,是人与数控机床之间联系的中间媒介物质,反映了数控加工中的的全部信息。

(2)数控系统:是机床实现自动加工的核心。主要由输入装置、监视器、主控制系统、可编程控制器、各类输入/输出接口等组成。

(3)伺服系统:是数控系统和机床本体之间的电传动联系环节。主要由伺服电动机、驱动控制系统和位置检测与反馈装置等组成。伺服电动机是系统的执行元件,驱动控制系统则是伺服电动机的动力源。

(4)强电控制柜:主要用于安装机床强电控制的各种电气元器件,起到桥梁连接作用,控制机床辅助装置的各种交流电动机、液压系统电磁阀或电磁离合器等。

(5)机床本体:指其机械结构实体。与传统的普通机床相比,数控机床的整体布局、外观造型、传动机构、工具系统及操作机构等方面都发生了很大的变化。

(6)辅助装置:主要包括自动换刀装置、自动交换工作台机构 APC、工件夹紧放松机构、回转工作台、液压控制系统、润滑装置、切削液装置、排屑装置、过载和保护装置等。

三、数控铣床编程基础

1.编程坐标原点的设置

数控铣床编程的坐标原点位置是任意的,一般根据工件形状和标注尺寸的基准以及计算最方便的原则来确定工件上某一点为编程坐标原点。具体选择时应注意以下几点：

(1)编程坐标原点应选在零件图的尺寸基准上,以便于坐标值的计算,减少计算错误。

(2)编程坐标原点尽量选在精度较高的表面,以提高被加工零件的加工精度。

(3)对称零件的编程坐标原点应设在对称中心上;不对称的零件,编程坐标原点应设在工件外轮廓的某一交点上。

(4)Z轴方向的零点一般设在工作表面。在编程过程中,为避免尺寸换算,需使用G54~G59将编程坐标原点平移到工件基准处,用G53恢复最初设定的编程坐标原点。

(5)编程零点,即编程人员在计算坐标值时的起点,对一般零件来讲,工件零点即为编程零点。

2.工件坐标系建立

工件坐标系原点 W,一般根据工件的加工要求和在机床上的装夹方式由编程者确定。通常设在工件的设计工艺基准处,以便于尺寸计算。如图 11-34(a)所示,工件坐标原点 W 设在工件对称中心的上表面。工件坐标系的设置方法有两种:

(1)设置工件原点相对于机床坐标系的坐标值。如图 11-34(a)所示,将工件装于铣床工作台上,机床坐标系通过回零操作建立(图中机床坐标原点在参考点处)。在机床坐标系下,确定工件原点 W 的坐标值,即图中的 X 偏置量、Y 偏置量、Z 偏置量,将这三个偏置量输入机床零点偏置的参数中,再通过采用设定工件原点的 G×× 指令,如执行程序段 G54 后,即建立了工件坐标系。

(2)设置刀具起点相对于工件坐标系的坐标值。如图 11-34(b)所示,先使刀位点位于刀具起点 A,若已知刀具起点相对于工件坐标值为(100,100,50),则执行"G92 X100 Y100 Z250"后,即建立了以工件零点 W 为坐标的工件坐标系 XO、YZ。

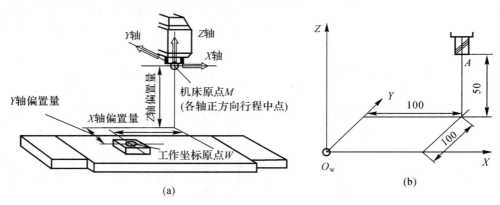

图 11-34 数控铣床工件坐标系设定
(a)设工件原点方法 1; (b)设工件原点方法 2

3.编程的相关要点

数控编程的指令主要有 G、M、S、T、X、Y、Z 等,基本都已标准化,但不同的数控系统所编的程序不能完全通用,需要参照相应系统的编程说明书。现以华中世纪星 HNC-21M 型铣床数控系统为例来介绍。

(1)规定。

1)当前程序段(句)的终点为下一程序段(句)的起点。

2)上一程序段(句)中出现的模态值在下一程序段中如果不变,可以省略。X、Y、Z 坐标如果没有移动,可以省略。

3)程序的执行顺序与程序号 N 无关,只按程序段(句)书写的先后顺序执行,N 可任意安排,也可省略。

4)在同一程序段(句)中,程序的执行与 M、S、T、G、X、Y、Z 的书写无关,按数控系统自身设定的顺序执行,但一般按一定的顺序书写,即 N、G、X、Y、Z、F、M、S、T。

(2)刀补的使用。

1)只在相应的平面内有直线运动时才能建立和取消刀补,即 G40、G41、G42 后必须跟 G00、G01 才能建立和取消刀补。

2)用刀补后,刀具的移动轨迹与编程轨迹不一致,但加工出来的轮廓与想要的工件轮廓一致。编程时本来封闭的轨迹在程序校验时,刀具中心移动的轨迹(显示器上显示的轨迹)可能不封闭或有交叉,这不一定是错的。检查方法是将刀补取消(删去 G41、G42、G40 或将刀补值设为 0)再校验,看其是否封闭。若封闭就是对的,不封闭就是错的。

3)刀补给编程者带来了很大的方便,使编程时不必考虑刀具的具体形状,而只按工件轮廓编程,但也带来了一些麻烦,若考虑不周会造成过切或欠切的现象。

4)在每一程序段(句)中,刀具移动到的终点位置,不仅与终点坐标有关,而且与下一段(句)刀具运动的方向有关,应避免夹角过小或过大的运动轨迹。

5)防止出现多个无轴运动的指令,否则有可能过切或欠切。

6)可以用同一把刀调用不同的刀补值,用相同的子程序来实现粗、精加工。

(3)子程序。

1)编写子程序时,应采用模块式编程,即每一个子程序或每一个程序的组成部分(某一局部加工功能)都应相对自成体系,应单独设置 G20、G21、G22、G90、G91;S、T、F,G41、G42、C40 等,以免相互干扰。

2)在编写程序时先编写主程序,再编写子程序,程序编写后应按程序的执行顺序再检查一遍,这样容易发现问题。

3)如果调用程序时使用刀补,刀补的建立和取消应在子程序中进行,如果必须在主程序中建立则应在主程序中取消,决不能在主程序中建立,在子程序中取消,也不能在子程序中建立,在主程序中取消,否则,极易出错。

4)充分发挥相对编程的功用。可以在子程序中用相对编程,连续调用多次,实现 X、Y、Z 某一轴的进给(X、Y、Z 之某轴循环一遍时,其值之和不为零),以实现连续的进给加工。

(4)其他。

1)用 G00 移近工件,但不能到达切入位置(防止碰撞),只能用 G01 切入。

2)对相对编程坐标值的检验,可将所有 X、Y、Z 后的数值相加,其和应为零。

(5)程序中需注释的内容。

1)原则:简繁适当。如果是初学者或给初学者看的,应力求详细,可每条语句都注写,对于经验丰富的人则可少写。

2)各子程序功用和各加工部分改变时需注明。

3)换刀或同一把刀调用不同刀补时需注明。

4)对称中心、轴或旋转中心、轴或缩放中心处应注明。

5)需暂停或停车测量或改变夹紧位置时应注明。

6)程序开始应对程序做必要的说明。

4.编程的要求

(1)保证加工精度。

(2)路径规划合理,空行程少,程序运行时间短,加工效率高。

(3)充分发挥数控系统的功能,提高加工效率。

(4)程序结构合理、规范、易读、易修改、易查错,最好采用模块式编程。

(5)在可能的情况下语句要少。

(6)书写清楚、规范。

四、数控铣削加工工艺内容

(1)分析工件图样。分析工件的材料、形状、尺寸、精度、表面粗糙度以及毛坯形状等。

(2)确定工件装夹方法和选择夹具。要便于工件坐标系建立,尽量选用组合夹具和通用夹具等。

(3)确定工件坐标系。根据工件的加工要求和工件在数控铣床上的装夹方式,确定工件坐标系原点的位置。

(4)确定加工路线。数控铣削加工路线对工件的加工精度、表面质量和切削加工效率有直接的影响。

1)顺铣和逆铣的选择。当工件表面无硬皮,机床进给机构无间隙时,应采用顺铣。特别是精铣时,尽量采用顺铣。当工件表面有硬皮,进给机构有间隙时,采用逆铣。

2)如工路线确定原则为:尽量减少进退刀和其他辅助时间;铣削轮廓时尽量采用顺铣方式,以提高表面精度;进退刀应选在不太重要的位置,并且使刀具沿工件的切线方向进刀和退刀,以免产生刀痕;先加工外轮廓,再加工内轮廓。

3)合理划分工序。除了按"先粗后精""先面后孔"等原则保证工件质量外,还常用"刀具集中"的方法,即用一把刀加工完相应各部位后,再换另一把刀,加工相应的其他部位,以减少空行程和换刀时间。

(5)选择刀具与确定切削用量。刀具的选择应满足安装调试方便、刚性好、精度高、使用寿命长等要求。切削用量包括主轴转速 n,进给量 f,背吃刀量 a_p 等。选择原则同数控车床。

(6)编制加工程序,检验调试。

(7)输入程序进行加工。

五、数控铣削实例

[例 11-2] 在 XK5025B 数控铣床上,采用 FANUC-OTD 数控系统,铣削如图 11-35 所示零件底部外轮廓表面。已知工件材料为 Q195,外轮廓面留有 2 mm 的精加工余量,小批量生产。

(1)工件坐标系如图 11-35 所示,O 点为坐标原点。A 为铣刀在 A 点的位置,箭头表示铣刀运动方向。P1~P10 表示零件外轮廓的基点。

(2)选择零件底面和 2-$\phi 6$ mm 孔作为定位基准。因为是小批量生产,可设计简单夹具。根据六点定位原理,装入两孔的定位销设计成短销,其中一销为菱形销,凸台上表面用螺母压板夹紧,用手工装卸。

(3)选用 φ10 mm 的立铣刀,刀号为 T01。

(4)计算零件轮廓各基点(即相邻两几何要素的交点或切点)的坐标。由计算得:

P1 点(X9.44,Y0);P2 点(X1.55,Y9.31);P3 点(X8.89,Y53.34);P4 点(X16.78,Y60);P7 点(X83.22,Y60);P8 点(X91.11,Y53.34);P9 点(X98.45,Y9.39);P1(X90.56,Y0)。

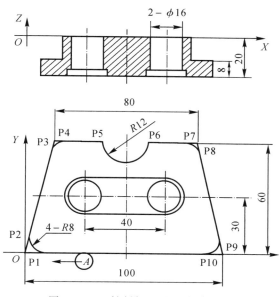

图 11-35　铣削加工平面轮廓零件

(5)参考程序,用 G90,G41 编程。

N005 G92 X0 Y0 Z0;

N010 G90 G00 Z5 T01 S800 M03;

N020 G41 G01 X9. 44 Y0 F300;

N030 Z －21;

N040 G02 X1.55 Y9.31 R8;

N050 G01 X8. 89 Y53. 34;

N060 G02 X16.78 Y60 R8;

N070 G01 X38 ;

N080 G03 X62 Y60 112 J0;

N090 G01 X83. 22 ;

N1Q0 G02 X91. 11 Y53.34 R8;

N110 G01 X98.45 Y9.31;

N120 G02 X90. 56 Y0 R8;

N130 G01 X－5;

N140 G00 Z20;

N150 G40 G01 X0 Y0 F300;

N160 M05；

N170 M02；

第七节 加 工 中 心

加工中心（Machining Center，MC）是一种集铣（车）、钻、镗、扩、铰、攻螺纹等多种加工功能于一体的数控加工机床，其工序高度集中，具有多种工艺手段。

加工中心与普通数控机床的主要区别是：

（1）加工中心是在数控镗床或数控铣床的基础上增加了自动换刀装置（Automatic Tool Changer，ATC）和刀库，使工件在一次装夹后，就可以自动连续完成对工件表面的铣削、镗削、钻孔、扩孔、铰孔、镗孔、攻螺纹、切槽等多工步的加工，工序高度集中。

（2）加工中心一般带有自动分度回转工作台或主轴箱可自动转角度，工件一次装夹后，就可以自动完成多个平面或多个角度位置的多工序加工。

（3）加工中心能自动改变机床主轴转速、进给量，刀具相对工件的运动轨迹及其他辅助功能（刀具半径自动补偿、刀具长度自动补偿、刀具损坏报警、加工固定循环、过载自动保护、丝杠螺距误差补偿、丝杠间隙补偿、故障自动诊断、工件加工显示、工件自动检测及装夹等）。

（4）加工中心若再配有自动工作台交换系统，工件在工作位置的工作台进行加工的同时，另外的工件在装卸位置的工作台上进行装卸，不影响正常加工。

加工中心与其他数控机床相比，虽然结构较复杂，但控制功能较多，并且具有多种辅助功能。这些特点对提高机床的加工效率和产品的加工精度、确保产品的质量都具有十分重要的作用。

加工中心最适宜加工切削条件多变、形状结构复杂、精度要求高及加工一致性好的零件，如箱体类零件；适合加工需采用多轴联动才能加工出的特别复杂的曲面零件；适合加工需要利用点、线、面多工位混合加工的异形件以及带有键槽或径向孔、端面，有分布孔系或曲面的盘（套）类板类等零件。

一、加工中心的分类

1.按主轴配置形式分类

（1）卧式加工中心。卧式加工中心的主轴轴线为水平设置，如图 11 - 36 所示。卧式加工中心具有 3～5 个运动坐标，常见的是三个直线运动坐标加一个回转运动坐标（回转工作台），能在工件一次装夹后完成除安装面和顶面以外的其余四个面的铣削、镗削、钻削、攻螺纹等加工。卧式加工中心分为固定立柱式和固定工作台式，最适合加工箱体类零件，特别是箱体类零件上孔和型腔有位置公差要求的，以及孔和型腔与基准面有严格尺寸精度要求的加工。

（2）立式加工中心。立式加工中心的主轴轴线为垂直设置，如图 11 - 37 所示。立式加工中心多为固定立柱式，工作台为十字滑台方式，一般具有三个直线运动坐标。也可以在工作台上安装一个水平轴（第四轴）的数控回转工作台，用来加工螺旋线类工件。立式加工中心适合加工盖板类零件及各种模具，尤其是加工高度方向尺寸相对较小的工件。通常除底面不能加工外，其余五个面都可以用不同的刀具进行轮廓和表面加工。

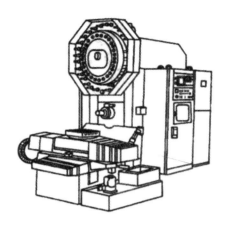

图 11 - 36　卧式加工中心

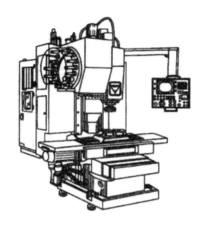

图 11 - 37　立式加工中心

（3）五轴加工中心。五轴加工中心具有立式和卧式加工中心的功能，如图 11 - 38 所示。工件一次装夹后，完成除安装面以外的所有五个面的加工，可以使工件的形位误差降到最低，提高生产效率，降低加工成本。常见的五轴加工中心有两种形式：一种是主轴可以转 90°，对工件进行立式或卧式加工；另一种是主轴不改变方向，而由工作台带着工件旋转 90°，完成对工件五个表面的加工。

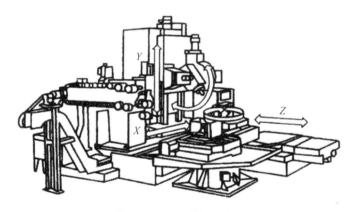

图 11 - 38　五轴加工中心

2. 按功能特征分类

（1）镗铣加工中心。镗铣加工中心以镗、铣加工为主，如图 11 - 39 所示。镗铣加工中心主要用于铣削、镗削、钻孔、攻螺纹等加工，适用于加工箱体、壳体以及各种复杂零件的特殊曲线和曲面轮廓的多工序加工。

（2）车削加工中心。车削加工中心的主体是数控车床，再配置动力刀架、刀库和换刀机械手，如图 11 - 40 所示。车削加工中心具有动力刀具功能和 C 轴位置控制功能，工件一次装夹可完成很多工作，效率高，质量好，车削加工中心除能进行普通数控车床的各种切削加工外，还能加工凸轮槽、螺旋槽、铣交叉槽，对分布在端面上的各种螺纹进行攻螺纹等，应用十分广泛。

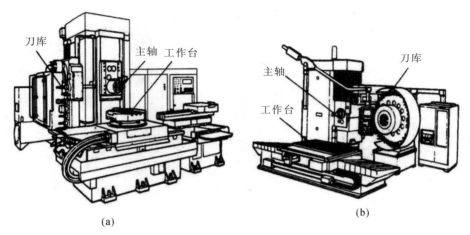

图 11-39　镗铣加工中心

(a)加工中心；　(b)带转塔式刀库的加工中心

(3)钻削加工中心。钻削加工中心以钻削加工为主,刀库形式以转塔头形式为主,适用于中小零件的钻孔、扩孔、铰孔、攻螺纹及连续轮廓的铣削等多工序加工。

(4)龙门式加工中心。龙门式加工中心与龙门铣床相似,主轴多为垂直设置,带有自动换刀装置和可更换的主轴头附件,数控装置软件功能齐全,能够一机多用,如图 11-41 所示。龙门式加工中心主要适用于大型或形状复杂的工件(航天工业及大型汽轮机上的某些零件等)。

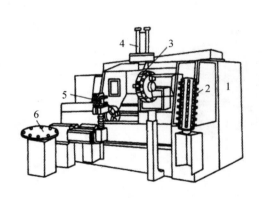

图 11-40　车削加工中心

1—主机；　2—刀库；　3—刀架；

4—自动换刀装置；　5—装卸机械手；

6—载料器

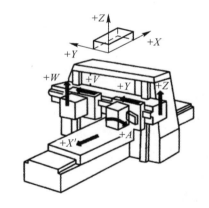

图 11-41　龙门式加工中心

(5)复合加工中心。复合加工中心除了可以用各种刀具进行切削外,还可以使用激光头进行打孔、清角,用磨头磨削内孔,用智能化在线测量装置检测、仿型等。

3.按坐标轴数分类

加工中心有三轴二联动、三轴三联动、四轴三联动、五轴四联动、六轴五联动、多轴联动直线＋回转＋主轴摆动等,如图 11 - 42 所示。

　　加工中心按工作台的数量可分为单工作台、双工作台加工中心;按加工精度还可分普通加工中心和高精度加工中心等。

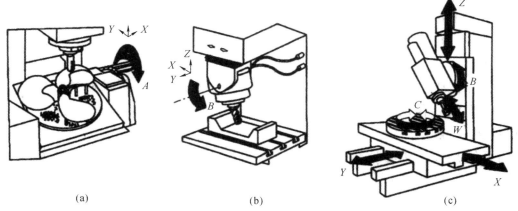

图 11 - 42　加工中心坐标轴联动方式

(a)四轴联动(带 A 轴);　(b)四轴联动(带 B 轴);　(c)六轴联动

　　4. 按换刀形式分类

　　(1)带刀库、机械手的加工中心。加工中心的换刀装置是由刀库和机械手组成的,换刀机械手完成换刀工作。这是加工中心采用得最普遍的形式。

　　(2)无机械手的加工中心。这种加工中心的换刀是通过刀库和主轴箱的配合动作完成的。一般是把刀库放在主轴箱可以运动到的位置,或整个刀库或某一刀位能移动到主轴箱可以达到的位置。刀库中刀具的存放位置方向与主轴装刀方向一致。换刀时,主轴运动到刀位上的换刀位置,由主轴直接取走或放回刀具,多用于小型加工中心。

　　(3)转塔刀库式加工中心。小型立式加工中心上多采用转塔刀库的形式,以孔加工为主。

　　二、加工中心的组成

　　加工中心一般由基础部件、主轴部件、数控系统、自动换刀系统和辅助装置等组成,如图 11 - 43 所示。

　　1. 基础部件

　　基础部件是加工中心的基础结构,由床身、立柱和工作台等组成,主要承受加工中心的静载荷以及在加工时产生的切削负载,是加工中心中体积和自重最大的部件。

　　2. 主轴部件

　　主轴部件是切削加工的功率输出部件,由主轴箱、主轴电动机、主轴和主轴轴承等零件组成。主轴的启停和变转速等动作均由数控系统控制,并且通过装在主轴上的刀具参与切削运动。

　　3. 数控系统

　　数控系统是加工中心的核心,由计算机数控(CNC)装置、可编程控制器(PLC)、伺服驱动系统以及操作面板等组成。它是执行顺序控制动作和完成加工过程的控制中心。

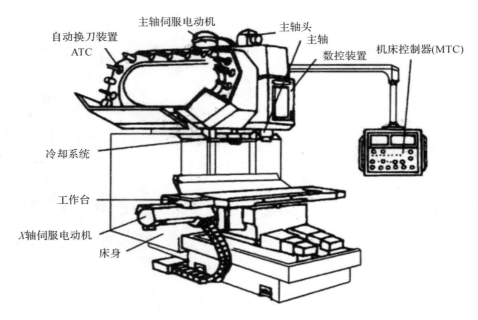

图 11 - 43　加工中心的组成

4.自动换刀系统

自动换刀系统是加工中心所特有的装置,由刀库机械手等组成。可按照数控系统的指令,迅速、准确地换刀,当按存储的刀号换刀时,数控系统发出指令,由机械手(或通过其他方式)将刀具从刀库内取出装入主轴孔中,将换下的刀具放入相应的刀库。

5.辅助装置

辅助装置用来为加工中心的主要部件提供动力,润滑和冷却,由润滑、冷却、排屑、防护、液压、气动和检测系统等组成。这些装置虽然不直接参与切削运动,但对加工中心的加工效率、加工精度和可靠性起着保障作用,是加工中心中不可缺少的部分。

三、加工中心编程

1.常用 G 代码、M 代码

以 FANUC - OM 系统数控加工中心的 G 代码为例,介绍与加工中心有关的代码(见表 11 - 9)。

表 11 - 9　G 代码(FANUC - OM)

G 代码	功能	G 代码	功能
G00*	快速定位	G33	螺纹切削
G01*	直线插补	G40*	刀具半径补偿取消
G02	顺时针圆弧插补	G41	刀具半径左补偿
G03	逆时针圆弧插补	G42	刀具半径右补偿
G04	暂停	G43	刀具长度正补偿

续表

G 代码	功能	G 代码	功能
G09	确实停止检验	G44*	刀具长度负补偿
G10	自动程序原点补正,刀具补正设定	G49	刀具长度补偿取消
G17*	XOY 平面选择	G52	局部坐标系设定
G18	ZOX 平面选择	G54*	第一坐标系设置
G19	YOZ 平面选择	G55	第二坐标系设置
G20	英制输入	G56	第三坐标系设置
G21	公制输入	G57	第四坐标系设置
G27	机械原点复位检查	G58	第五坐标系设置
G28	机械原点复位	G59	第六坐标系设置
G29	从参考点复位	G73	高速深孔钻孔循环
G30	返回第二、三、四参考点	G74	左旋攻螺纹循环
G76	精镗孔循环	G86	镗孔循环
G80*	固定循环取消	G90*	绝对指令
G81	钻孔循环、钻镗孔	G91*	增量指令
G82	钻孔循环、反镗孔	G92	坐标系设定
G83	深孔钻孔循环	G94*	每分钟进给量
G84	攻螺纹循环	G98	固定循环中起点复位
G85	精镗孔循环	G99	固定循环中 R 点复位

注:加 * 的 G 代码在电源开时是这个 G 代码状态。

（1）G30 返回第二、三、四参考点。

加工中心第一参考点一般为机床各坐标机械零点,而机床通常还设有第二、三、四参考点,用于机床换刀、溜板交换等。

机床第二、三、四参考点的实际位置,是在机床安装调试时实际测量,由机床参数设定的,它实际上是与第一参考点之间的一个固定距离。

G30 指令形式如下:

G30 P2（P3、P4）X_Y_Z_;

该指令用法与 G28 指令基本相同,只是它返回的不是机床零点。其中 P2 指第二参考点,P3、P4 指第三、四参考点。如果只有一项坐标返回第二参考点（第三、四参考点）,其余坐标指令可以省略。

在机床接通电源后,必须进行一次返回第一参考点后（建立机床坐标系）才能执行 G30 指令。

（2）T 功能。

T 在加工中心程序中代表刀具号。如 T2 表示第二把刀具号。也有的加工中心刀具在刀库中随机放置,由计算机记忆刀具实际存放的位置。

（3）F、S、H、D 功能。

F、S 功能与数控铣床大体相同。

H、D 功能：由于每把刀具的长度和半径各不相同,需要在刀具交换到主轴上以后,通过指令自动读取刀具长度,在 H 代码后面加两位数字表示当前主轴刀具的实际长度储存于相应存储器中。在刀具使用中,如果同一把刀具由于使用方法不同,可以有多个刀具长度分别存储于不同的存储器中。例如同样是 T2 这把刀,可以把刀具长度 1 存储于 H2 中,把刀具长度 2 存储于 H20 中,需要时分别调用。

D 指令为读取刀具半径数据,其用法与 H 指令相同。

（4）M 指令。

M 指令绝大部分与数控铣床相同,仅个别 M 指令为加工中心所特有。

M6 指令是加工中心的换刀指令。在机床到达换刀参考点后,执行该指令可以自动更换主轴上的加工刀具。

例如：

N10 G00 G91 G30 Y0 Z0 T2;

N20 G00 G28 X0 M6;

N10 程序段为机床 Y、Z 坐标返回第二参考点（换刀点）,同时刀库运动到指定位置,将 T2 从刀库抓到机械手中;N20 程序为机床 X 坐标返回第一参考点,X 返回第一参考点是为了换刀时躲开加工工件,以免发生干涉。X 坐标到位后,将机械手上刀具与主轴上刀具进行对调,使主轴装上 T2,继续进行加工,再将从主轴卸下的刀具装到刀库中相应位置。

有些 M 指令是机床制造厂家自行规定的含义,作为特殊功能使用的。

2.固定循环指令

加工中心上应用的固定循环和宏程序与数控铣床的使用方法基本相同。

使用固定循环编程时,不同的数控系统所需要给定的参数有所不同,可根据系统操作说明书使用。

3.子程序

加工中心子程序的使用非常灵活,它可以大量压缩程序篇幅,减少程序占用的内存,使程序变得简单明了。同时也可以把一些特殊功能编写成子程序,如换刀子程序、溜板交换子程序、加工程序工件零点自动换算子程序等,需要时只需简单调用。

四、加工中心编程要点

（1）仔细进行工艺分析,选择合理的走刀路径。由于零件加工的工序多,使用的刀具种类多,甚至一次装夹就完成粗加工、半精加工与精加工,因此周密、合理地安排各工序加工的顺序及走刀路径,有利于提高加工精度和生产效率。

（2）根据加工批量等情况,决定采用自动换刀还是手动换刀。一般对于加工批量在 10 件以上,刀具更换频繁的,多采用自动换刀。但当加工批量很小而使用的刀具种类较少的,把自动换刀安排到程序中,反而会增加机床调整时间。

（3）自动换刀要留有足够的换刀空间,以免与工件或夹具相碰撞。换刀位置应设在机床原点。

（4）为提高机床利用率,尽量采用刀具机外预调,并将测出的实际尺寸填入刀具卡片中,以便操作者在运行程序前及时修改刀具补偿参数。

（5）确定合理的切削用量（主轴转速、走刀量和宽度、进给速度等）。

（6）当零件加工工序较多时,为便于检查和调试程序,一般将各工序（工步）内容分别安排到不同的子程序中,主程序主要完成换刀及子程序的调用。

（7）对于编好的程序要进行校验,可选用"试运行"开关以提高运行速度,同时还应注意刀具、夹具或工件之间不能互相干涉。从编程的出错率来看,采用手工编程比自动编程出错率要高。

五、加工中心实例

[例 11-3]　采用 FANUC-6M 数控系统,试采用固定循环方式加工图 11-44 所示各孔。工件材料为 HT300,使用刀具 T01 为镗孔刀,T02 为钻头,T03 为锪钻。

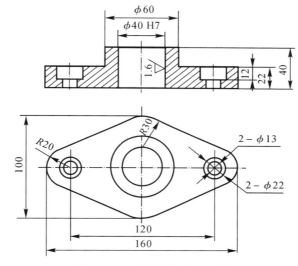

图 11-44　固定循环加工零件

参考程序如下:

T01;

M06;

G90 G00 G54 X0 Y0 T02;

G43 H01 Z20.00 M03 S500 F30;

G98 G85 X0 Y0 R3.00 Z-45.00;

G80 G28 G49 Z0.00 M06;

G00 X-60.00 Y50.00 T03';

G43 H02 Z10.00 M03 S600;

G98 C73 X-60.00 Y0 R-15.00 Z-48.00 Q4.00 F40;X60.00;

G80 G28 G49 Z0.00 M06 ;

G00 X-60.00 Y0.00;

G43 H03 Z10. 00 M03 S350；

G98 G82 X－60. 00 Y0 R－15. 00 Z －32. 00 P100 F25；

X60. 00；

G80 G28 G49 Z0. 00 M05 ；

G91 G28 X0 Y0；

M30；

第十二章 3D打印

第一节 概 述

一、3D打印概论

1984 年,Charles Hull 发明了将数字资源打印成三维立体模型的技术;1988 年,3D Systems 公司开始生产的第一台 3D 打印机 SLA-250,体型庞大。2012 年 12 月美国分布式防御组织成功测试了 3D 打印的枪支弹夹。

1990 年,华中科技大学快速制造中心开始研制一种以纸为原料的分层实体制造技术(Laminated Object Manufacturing,LOM),1994 年,研制出国内第一台基于薄材纸的 LOM 样机,1995 年参加北京机床博览会时引起轰动。LOM 技术制作冲模,其成本约比传统方法节约 1/2,生产周期也大大缩短。经过 20 多年的发展,这个产业,美国、以色列、德国领跑全球,中国跟随其后。3D 打印规模化发展尚需 8~10 年,2D,3D 打印个人消费将成为亮点。

3D 打印,即快速成型技术的一种,又称增材制造,它是一种以数字模型文件为基础,运用粉末状金属或塑料等可黏合材料,通过逐层打印的方式来构造物体的技术,是一种"自下而上"的制造方法,是由数字模型直接驱动的快速制造复杂形状的三维实体的技术总称。

该技术突破了制造业的传统模式,特别适合于新产品的开发、具有复杂结构的单件或小批量产品试制的生产,以及快速模具制造等方面,它是机械工程、计算机建模、材料科学、电子、数控、激光等技术多学科相互渗透交叉融合的产物。

3D 打印机的分类:3D 打印机的分类可以从很多方面来进行,如成型技术不同,应用领域不同,打印尺寸精度不同,打印材料不同,等等。

1.按照成型技术分类

当前市场上的 3DP(3D printing)3D 打印快速成型技术分为 FDM(Fused Deposition Modeling)熔融沉积成型技术 3D 打印机、SLA(Stereo lithography Appearance)立体光固化成型技术 3D 打印机、SLS(Selective Laser Sintering)选择性激光烧结成型技术 3D 打印机、DLP(Digital Light Processing)数字光处理成型技术 3D 打印机和 CLIP(ContinuousLiquid Interface Production)连续液体界面成型技术 3D 打印机等。

2.按照打印材料分类

3D 打印按打印材料的分类见表 12-1。

表 12 - 1　3D 打印材料分类

序号	加工方式	主要加工对象	加工方式简介
1	激光烧结成型	热塑性塑料、金属粉末、陶瓷粉末	利用激光照射材料,使材料熔融后烧结成型
2	熔融沉积成型	热塑性塑料、金属、蜡、可食用材料	将热熔性材料加热融化,通过喷头挤出,而后固化成型
3	分层实体制造	纸、金属膜、塑料薄膜	将一层层被加工材料相互黏合,然后切割成型
4	粉末黏结成型	陶瓷粉末、金属粉末、塑料粉末、石膏粉末	铺设粉末,然后喷射黏合剂,让材料粉末黏结成型
5	电子束熔化成型	金属	利用电子束轰击材料,使材料熔融后烧结成型
6	光固化成型	光敏树脂	通过紫外光或者其他光源照射凝固成型,逐层固化

3.按照应用领域分类

按照应用领域 3D 打印机一般分为 4 类:桌面型 3D 打印机,多色桌面级 3D 打印机,工业级 3D 打印机,多色工业级 3D 打印机。

3D 打印技术未来的发展:3D 打印(3D Printing)技术作为快速成型领域的一种新兴技术,目前正形成一种迅猛发展的潮流。目前仍面临着多方面的瓶颈和挑战:

(1)成本方面。现有 3D 打印机造价仍普遍较为昂贵,给其进一步普及应用带来了困难。

(2)打印材料方面。目前 3D 打印的成型材料多采用化学聚合物,选择的局限性较大,成型品的物理特性较差,而且安全方面也存在一定隐患。

(3)精度、速度和效率方面。目前 3D 打印成品的精度还不尽如人意,打印效率还远不能适应大规模生产的需求,而且受打印机工作原理的限制,打印精度与速度之间存在严重冲突。

(4)产业环境方面。3D 打印技术的普及将使产品更容易被复制和扩散,制造业面临的盗版风险大增,现有知识产权保护机制难以适应产业未来发展的需求。

二、3D 打印相对传统加工的区别

设备加工上,传统加工需要经历:毛坯→切削→加工品的零件加工模式,从粗加工到精加工需要用到多种设备(车床、铣床、磨床、刨床、数控机床、加工中心等),而 3D 打印加工只需要用到 3D 打印机一种设备。

加工方式上,传统的加工方式一般有两种:

第一种称为减材加工:从原材料到最终成品经历了很多的加工设备,原材料在一点点的减少去除,如车、铣、刨、磨、钻……

第二种称为等材加工:材料质量在加工中并没有太大的变化,亦为材料成型,如铸、焊、锻……

而 3D 打印是一种利用薄层叠加的加工方法,又称增材制造,从无到有,无中生有,材料一点点地累加。

三、3D打印技术的分类

目前来说3D打印技术进入了快速发展阶段,各国和各机构都投入了大量的研究经费,已形成了各种较为成熟的3D打印方式,如立体光固化成型技术(Stereo lithography Appearance,SLA)、数字光处理成型技术(Digital Light Processing,DLP)、熔融沉积成型技术(Fused Deposition Modeling,FDM)、选择性激光烧结成型技术(Selective Laser Sintering,SLS)、分层实体制造成型技术(Laminated Object Manufacturing,LOM)、连续液体界面成型技术(ContinuousLiquid Interface Production,CLIP)、熔丝制造成型技术(Fused Filament Fabrication,FFF)、电子束熔融成型技术(Electron Beam Melting,EBM)等。随着3D打印技术的不断发展,已有20多种相对成熟的3D打印加工方式面世。

1. SLA/DLP技术

SLA用特定波长与强度的激光聚焦到光固化材料表面,使之按照由点到线,由线到面顺序凝固,完成一个层面的绘图作业,然后升降台在垂直方向移动一个层片的高度,再固化另一个层面。这样层层叠加构成一个三维实体。

SLA是最早实用化的快速成型技术,SLA采用液态光敏树脂原料,工艺原理如图12-1所示。

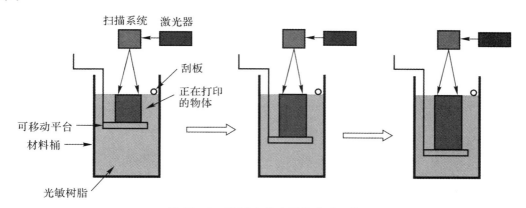

图12-1　SLM立体光固化成型工艺

其工艺过程是:①通过CAD设计出三维实体模型,利用离散程序将模型进行切片处理,设计扫描路径,产生的数据将精确控制激光扫描器和升降台的运动;②激光光束通过数控装置控制的扫描器,按设计的扫描路径照射到液态光敏树脂表面,使其表面特定区域内的一层树脂固化,当一层加工完毕后,就生成零件的一个截面;③升降台下降一定距离,固化层上覆盖另一层液态树脂,再进行第二层扫描,第二固化层牢固地黏结在前一固化层上,这样一层层叠加,从而形成三维工件原型;④将原型从树脂中取出后,进行最终固化,再经打光、电镀、喷漆或着色处理即得到要求的产品。

SLA技术主要用于制造多种模具、模型等,还可以通过在原料中加入其他成分,制作原型模代替熔模精密铸造中的蜡模。SLA技术成型速度较快,精度较高,但由于树脂固化过程中产生收缩,不可避免地会产生应力或引起形变,因此开发收缩小、固化快、强度高的光敏材料是其发展趋势。

DLP 是"Digital Light Processing"的缩写,即数字光处理成型技术。是在 SLA 技术出现的十余年后才出现的,该技术也是业界公认的第二代光固化成型技术,距今也有 20 多年的发展历史了。DLP 技术主要是通过投影仪来逐层固化光敏聚合物液体,从而创建出 3D 打印对象的一种快速成型技术。这种成型技术首先利用切片软件把模型切薄片,投影机播放幻灯片,每一层图像在树脂层很薄的区域产生光聚合反应固化,形成零件的一个薄层,然后成型台移动一层,投影机继续播放下一张幻灯片,继续加工下一层,如此循环,直到打印结束,所以应用该技术不但成型精度高,而且打印速度也非常快,工艺原理如图 12-2 所示。

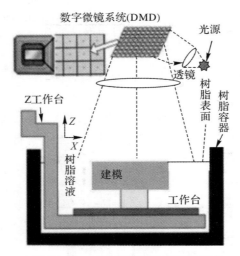

图 12-2　DLP 数字光处理成型技术

DLP 数字光处理成型技术和 SLA 立体光固化成型技术相似,但前者使用高分辨率的数字光处理器(DLP)投影仪来固化液态光聚合物,逐层进行光固化,由于每层固化时通过幻灯片似的片状固化,因此速度比同类型的 SLA 立体光固化成型技术速度更快。该技术成型精度高,在材料属性、细节和表面光洁度方面可匹敌注塑成型的耐用塑料部件。

2. FDM 熔融沉积成型技术

3D 打印中的 FDM(Fused Deposition Modeling)熔融沉积成型技术由美国学者 Dr. Scott Crump 于 1988 年研制成功,设备主要类型分为工业级和桌面级。

FDM 的材料一般是热塑性材料,如丙烯腈-丁二烯-苯乙烯共聚物(Acrylonitrile Butadiene Styrene,ABS)、聚乳酸(Polylactic Acid,PLA)、热塑性聚氨酯弹性体橡胶(Thermoplastic polyurethanes,TPU)等以丝状供料,材料在喷头内被加热熔化,喷头沿零件截面轮廓和填充轨迹运动,同时将熔化的材料挤出,材料迅速凝固,并与周围的材料凝结。FDM 具有成本低、速度快、使用方便、维护简单、体积小、无污染等特点,满足顾客的个性化需求,所以被广泛应用于教育领域。

FDM 快速成型系统以 ABS 材料为原材料,在其熔融温度下靠自身的黏结性逐层堆积成型。在该工艺中,材料连续地从喷嘴挤出,零件是由丝状材料的受控积聚逐步堆积成型的。FDM 快速成型系统的工作原理如图 12-3 所示。

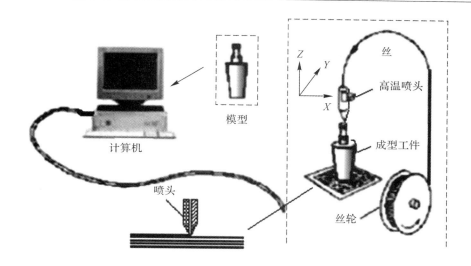

图 12 - 3　快速成型原理

　　FDM熔融沉积成型将一个物理实体复杂的三维加工转变成一系列二维层片的加工,因此大大降低了加工难度。由于不需要专用的刀具和夹具,使得成型过程的难度与待成型的物理实体的复杂程度无关,而且越复杂的零件越能体现此工艺的优势。

　　这种工艺不用激光,使用、维护简单,成本较低。用ABS制造的模型因其具有较高强度而在产品设计、测试与评估等方面得到广泛应用。近年来又开发出聚碳酸酯(Polycarbonate,PC),聚苯砜(Polyphenylene Sulfone,PPSU)等更高强度的成型材料,使得该工艺有可能直接制造功能性零件。由于这种工艺具有一些显著优点,故发展极为迅速,目前FDM系统在全球已安装快速成型系统中的份额最大。

　　3. SLS选择性激光烧结成型技术

　　SLS选择性激光烧结技术,即Selective Laser Sintering,和3DP技术相似,同样采用粉末为材料。所不同的是,这种粉末在激光照射高温条件下才能融化。喷粉装置先铺一层粉末材料,将材料预热到接近熔化点,再采用激光照射,将需要成型模型的截面形状扫描,使粉末融化,将被烧结部分黏合到一起。通过这种过程不断循环,粉末层层堆积,直到最后成型。

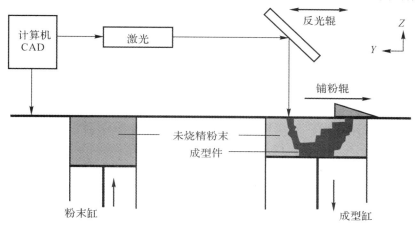

图 12 - 4　SLS技术原理

SLS 最初是由美国得克萨斯大学奥斯汀分校的 Carlckard 于 1989 年在其硕士论文中提出的。后美国 DTM 公司于 1992 年推出了该工艺的商业化生产设备 Sinter Sation。几十年来,奥斯汀分校和 DTM 公司在 SLS 领域做了大量的研究工作,在设备研制和工艺、材料开发上取得了丰硕成果。德国的 EOS 公司在这一领域也做了很多研究工作,并开发了相应的系列成型设备。激光烧结技术是成型原理最为复杂、成型条件最高、设备及材料成本最高的 3D 打印技术,但也是目前对 3D 打印技术发展影响最为深远的技术。目前 SLS 技术的材料可以是尼龙、蜡、陶瓷、金属等,SLS 技术成型材料的种类具有多元化特性。

4. LOM 分层实体制造成型技术

LOM 技术,即分层实体制造法(Laminated Object Manufacturing),LOM 又称层叠法成形,它以片材(如纸片、塑料薄膜或复合材料)为原材料。其成型原理如图 12-5 所示;激光切割系统按照计算机提取的横截面轮廓线数据,将背面涂有热熔胶的纸用激光切割出工件的内外轮廓。切割完一层后,送料机构将新的一层纸叠加上去,利用热黏压装置将已切割层黏合在一起,然后进行切割,这样一层层地切割、黏合,最终成为三维工件。

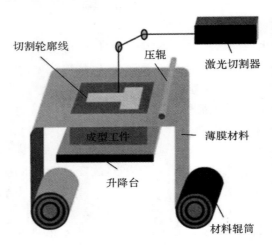

图 12-5　LOM 分层实体成型工艺

LOM 常用材料是纸、金属箔、塑料膜、陶瓷膜等,此方法除了可以制造模具、模型外,还可以直接制造构件或功能件。

该技术的优点是工作可靠,模型支撑性好,成本低,效率高,缺点是前、后处理费时费力,且不能制造中空结构件。该技术的成型材料为涂敷有热敏胶的纤维纸。该技术的制件性能相当于高级木材。该技术的主要用途为快速制造新产品样件、模型或铸造木模。

5. CLIP 连续液体界面成型技术

CLIP 是"Continuous Liquid Interface Production"的缩写,即连续液体界面成型技术,能够数十倍乃至百倍地提升 3D 打印的速度。怎么做到的呢?简单来说,就是光固化的树脂黏性非常大,并且在固化过程中黏稠度进一步提高,易粘连,因此打印每一层,都要花时间等待和处理粘连的部分,而 CLIP 用特殊材料,使固化的树脂与底部之间多了一层气体(氧气),不会粘连到底部,因此可以连续固化,大大提升打印速度。CLIP 3D 打印技术原理和作品分别如图 12-6 和图 12-7 所示。

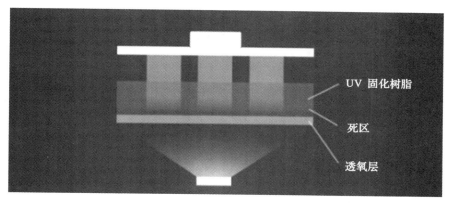

图 12 - 6　CLIP 3D 打印技术原理

图 12 - 7　CLIP 3D 打印技术作品图片

四、中国 3D 打印的发展现状

目前,中国制造业正处于"中国制造"向"中国智造"过渡的转型期。由于 3D 打印技术具有降低成本、提高生产效率、优化质量等优势,中国制造企业积极引进 3D 打印技术,代替或改进原有的生产方式,以此提高企业生产的智能化水平。中国 3D 打印市场规模从 2016 年的 53.8 亿元快速增长至 2020 年的 203 亿元,年均复合增长率达 39.37%。

近年来,我国高度重视 3D 打印市场的发展,不断出台政策进行产业扶持。2021 年 6 月,《2021 年度实施企业标准"领跑者"重点领域》将增材制造行业纳入 2021 年度实施企业标准"领跑者"重点领域。此外,《增材制造标准领航行动计划》(以下简称《行动计划》)提出到 2022 年,立足国情、对接国际的增材制造新型标准体系基本建立。《行动计划》对我国 3D 打印产业进行指导,预计 3D 打印产业年均增速在 25% 以上。受政策利好因素的驱动,2022 年其市场规模将增长至 321.6 亿元。

3D 打印技术在工业应用领域不断拓展,个人消费需求的爆发,医疗器械的定制化需求的优势,"生物打印"的憧憬,消费电子与汽车行业的设计原型制造及模具开发,航空航天领域最具前景的应用,中国钛合金激光快速成型技术的国际领先地位,等等,这些方面都预示着 3D

打印行业前景可期,未来中国需要更多的 3D 打印技术相关人才。

第二节　UP BOX＋桌面级 3D 打印机

一、UP BOX＋3D 打印机

UP BOX＋是桌面级打印机,主要面向高频次使用打印机、对打印质量有高要求和大尺寸打印的需求,可满足教师教学、项目研发、赛事、工程类项目的需求,其外观如图 12-8 所示。

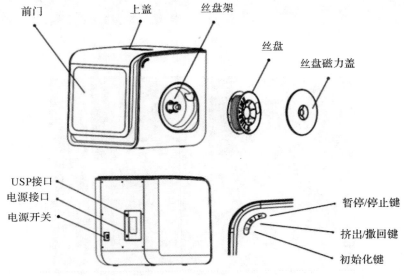

图 12-8　UP BOX＋打印机外观图解

1.主要技术指标

最大成品尺寸:255 mm×205 mm×205 mm。

打印精度:0.1~0.4 mm。

打印材料:ABS、PLA、TPU 等。

丝材规格:1.75 mm。

喷嘴直径:0.2~0.6 mm。

最小分层厚度:100 μm。

机器尺寸:485 mm×520 mm×495 mm。

快速原型技术的基本工作过程如下:

快速成型技术是由 CAD 模型直接驱动的快速制造复杂形状三维物理实体技术的总称。其基本过程是:

(1)设计出所需零件的计算机三维模型,并按照通用的格式存储(STL 文件)。

(2)根据工艺要求选择成型方向,然后按照一定的规则将该模型离散为一系列有序的单元,通常将其按一定厚度进行离散惯称为分层,把原来的三维 CAD 模型变成一系列的层片(CLI 文件)。

（3）根据每个层片的轮廓信息输入加工参数，自动生成控制代码。

（4）由成型机成型一系列层片并自动将它们连接起来，得到一个三维物理实体。

（5）进行后处理，小心取出原型，去除支撑，避免破坏零件。用砂纸打磨台阶效应比较明显处，如需要可进行原型表面上光。

这样就将一个物理实体复杂的三维加工转变成一系列二维层片的加工，因此大大降低了加工难度。由于不需要专用的刀具和夹具，成型过程的难度与待成型的物理实体的复杂程度无关，而且越复杂的零件越能体现此工艺的优势。快速原型技术的特点如下：

（1）由 CAD 模型直接驱动。

（2）可以制造具有复杂形状的三维实体。

（3）成型设备是无需专用夹具或工具的成型机。

（4）成型过程中无人干预或只有较少干预。

（5）精度较低：分层制造必然产生台阶误差，堆积成型的相变和凝固过程产生的内应力也会引起翘曲变形，这从根本上决定了 RP 造型的精度极限。

（6）设备刚性好，运行平稳，可靠性高。

（7）系统软件可以对 STL 格式原文件实现自我检验与修补。

UP BOX＋打印机主要组成部件如图 12－9 所示。

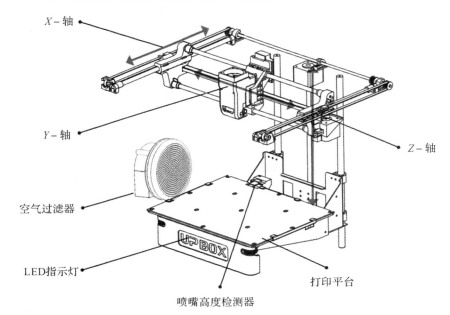

图 12－9 UP BOX＋打印机主要组成部件

UP BOX＋打印机软件操作界面如图 12－10 所示，左侧设备操作栏从上至下分别为：添加模型、打印界面、初始化、校准界面、维护界面。顶部状态栏，从左至右分别为：连接类型、打印机名称、喷嘴温度、平台温度、当前材料类、打印机运行状态。中间为打印机成型空间。右侧圆盘为菜单栏。右下角为视图按键。

UP BOX＋打印机圆盘菜单栏具体操作说明如图 12－11 所示。

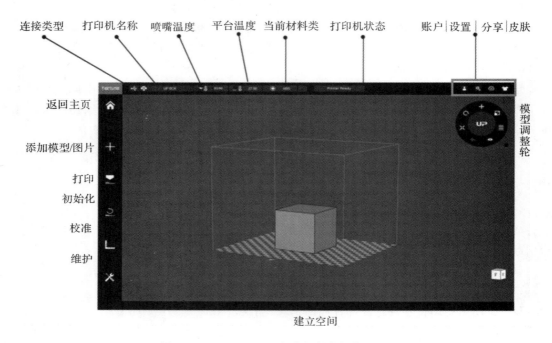

图 12-10　UP BOX＋打印机软件操作界面

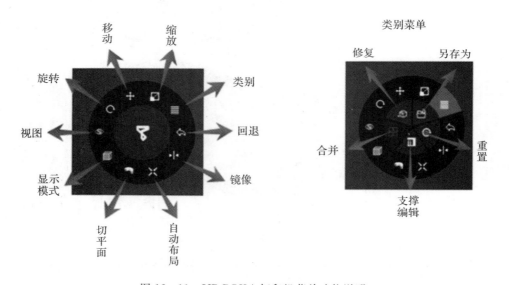

图 12-11　UP BOX＋打印机菜单功能说明

2. UP BOX＋打印机常用工具

UP BOX＋打印机常用工具如图 12-12 所示,每次打印完成后需用铲刀进行打印底板的清理,用剪钳进行原型支撑的去除等后处理工作。

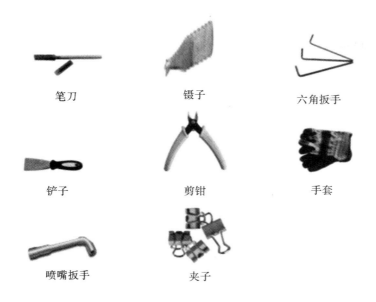

笔刀　　　　　　　　镊子　　　　　　　　六角扳手

铲子　　　　　　　　剪钳　　　　　　　　手套

喷嘴扳手　　　　　　夹子

图 12-12　UP BOX＋打印机常用工具

二、UP BOX＋3D 打印机使用前调试工作

设备在正常使用前,需要对进行调试工作,以确保打印机的正常运行。

(一)工作平台水平度的调整

工作平台水平度的调整分手动调整和自动调整。

自动调整是通过设备喷头左侧的舵机传感器来进行平台 9 个点的测量,以 9 个点中最高点为 0 点,其余点比 0 点低的数值为其对应点低于最高点的数值,数值范围为 0～0.4,超出其范围则需要通过设备平台的调平螺钮进行相应的调整,再重复以上自动调平的动作,以达到最终目的。

手动调整是先进行参数重置,然后通过校正界面,一个点一个点地进行工作台高度对高,配用的工具为对高纸片,最后用软件计算出相应的 9 个点数值,同理,数值范围为 0～0.4,对于不在这个范围内的数值手动调整调平螺钮,然后重复以上操作。

(二)工作台起始高度的调整

工作台起始高度的调整分手动调整和自动调整。

1.手动高度校准

手动调整先选择 0 点,使打印头移动到相应位置,在加减号中间输入合适喷头的高度数值,通过加减号来进行相应的数值调整,使喷嘴与平台间隙为 0.2 mm 左右。平台校准界面如图 12-13 所示。

(1)初始化打印机。

(2)打开校准界面。按下"复位"按钮将所有补偿值设置为零。

(3)如图 12-13 所示,此时设备 2、5、8、9 点均为 0 点(基准点),可以点击按钮 5,移动打印头至相应位置。随后按下"＋"按钮升高平台。

（4）升高平台，直到其刚刚触碰到喷嘴。在喷嘴和平台之间移动校准卡，并查看是否有阻力。

（5）平台细调，如图 12-14 所示。

图 12-13 平台校准界面

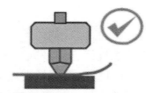

平台过高，喷嘴将校盒卡钉到平台上，略微降低平台

当移动校盒卡时可以感觉到一定阻力，平台高度适中。

平台过低，当移动校盒卡时无阻力，略微升高平台

图 12-14 平台细调

（6）获得正确的平台高度时，记录下"当前高度"值。我们将该值称为"平台高度值"（假设为 208）。

（7）在手动设置中键入 208，并点击"设置"将喷嘴高度设置为 208，再点击确认键，如图 12-15 所示。

图 12-15 喷嘴高度设置

2.自动高度调整

自动高度调整是通过自动对高,使喷头喷嘴触碰平台上的弹片传感器,自动读出高度数值,操作界面如图 12-16 所示,由于传感器弹片易发生弹性失效,所以建议客户在自动对高后,按手动对高方法,把工作台高度设定到该数值进行验证。

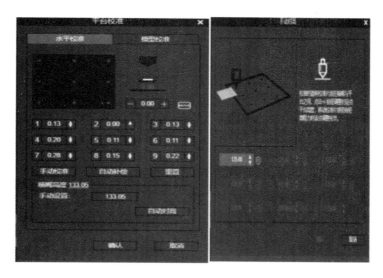

图 12-16　UP BOX＋校准界面

注意事项:喷嘴对高一定要保证喷嘴干净,没有料头。

(三)手动模型校准

1.垂直校准

(1)初始化打印机。

(2)点击"校准"→"模型校准"→"加载校准模型"。

建议打印参数:

喷嘴尺寸:0.4 mm。

层厚设置:0.2～0.25 mm。

(3)通过点击"设置默认"将软件中参数归零,如图 12-17 所示。

(4)打印结束后,请将打印板取下。

注意:请勿将模型从打印板上取下。

(5)如图 12-18 所示,使用游标卡尺测量 X1 和 X2 对角线的距离并记录。

(6)将 L 形模型(见图 12-18 标记区域)取下,并且剥离支撑。

(7)如图 12-18 所示,使用游标卡尺测量 L 形模型高度并记录。

(8)使用钢板尺测量 L 形模型内角,如果为图 12-18 左下⑧-1 所示,为负值;如果为左下⑧-2 所示,为 0;如果为左下⑧-3 所示,为正值。

(9)如图 12-19 所示,选择 XY,将测量数值输入所对应方格中,点击"确认",再选择 XZ,将测量数值输入所对应方格,点击"确认",完成垂直校准过程。

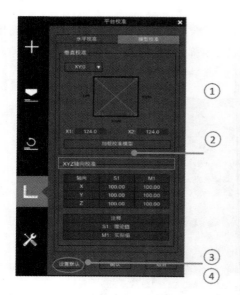

图 12-17　垂直校准设置 1

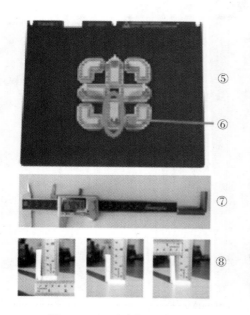

图 12-18　垂直校准设置 2

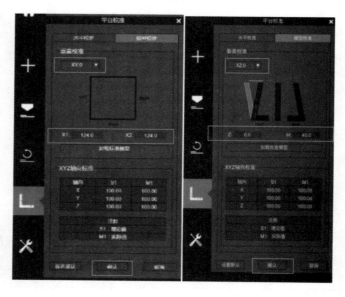

图 12-19　垂直校准设置 3

2.XYZ 轴向校准

(1)初始化打印机。

(2)载入需要校准的模型。此处仅以"正方体"为例。

(3)通过点击"设置默认"将软件中的参数归零,如图 12-20 所示。

(4)模型打印完毕后取出模型,进行测量。

(5)使用游标卡尺测量模型的 X 轴、Y 轴和 Z 轴尺寸。

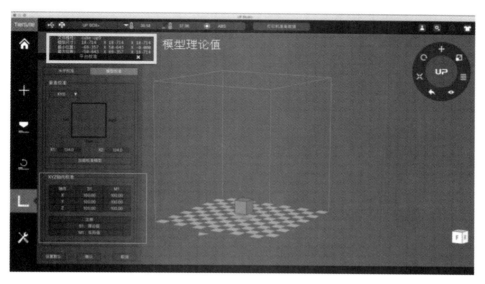

图 12 - 20　XYZ 轴向校准面板

（6）通过单击模型软件中将显示该模型的"理论值"S1，如图 12 - 21 所示。

（7）将实际测量得出的"实际值"输入 M1 栏，将"理论值"输入 S1 栏。

（8）点击确认，完成校准过程。

图 12 - 21　UPBOX＋软件校准面板

第三节　UP BOX＋3D 打印机操作与维护

一、打印机操作

安装打印机(安装软件、安装驱动),打印机内部结构简图如图 12-22 所示。

(1)安装喷头。

1)卸下喷头上的塑料外壳。

2)拧下螺丝(见图 12-22 中 d),对喷头进行调试。

3)确保喷头和挤出轴在同一水平面上。

4)将喷头电源线插入插座(见图 12-22 中 c),然后将喷头外壳重新装上。

(2)安装打印平台。

将平台升起至便于安装底部螺丝的高度,且使其和打印平板的螺丝孔对齐(见图12-22中f),然后从顶部放入螺丝并拧紧。

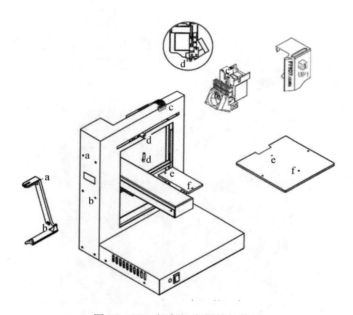

图 12-22　打印机内部结构简图

(3)安装材料挂轴。

将材料挂轴背面的开口插入机身左侧的插槽中(见图 12-22 中 a 和 b 之间的方孔),然后向下推动以便固定。

1)载入一个 3D 模型。

2)使用基本功能、启动程序。

3)打印。

4)移除模型。

5)维护。

6)提示与技巧。

7)排除故障。

二、UP BOX＋3D 维护界面

UP BOX＋3D 维护界面如图 12-23 所示。

(1)材料的安装和撤除。通过点击维护界面中的挤出和撤回对喷头进行加热,达到设定温度后进行材料的安装和撤除。

(2)打印底板的选择。不同的打印底板厚度不一样,自然高度补偿值也不一样,使用时,应确保和设备安装的底板一致。

(3)喷嘴直径。不同型号的喷嘴,打印参数设定不一样,需要和喷头上喷嘴直径一致。

(4)加热。点击右边图标"",中间可以选择平台加热时间,到达时间后平台停止加热。

(5)材料类型。选择对应的打印耗材,不同耗材对应的喷头温度和平台温度不一样。

(6)重量。更新为材料现有重量,以便于计算并提醒打印材料的余量。

(7)历史。显示已打印材料的重量。

图 12-23　UP BOX＋维护界面

三、打印机维护

打印机维护包括以下几个方面:

(1)用维护界面的"撤回"功能,令喷嘴加热至打印温度。

(2)戴上隔热手套,用纸巾或棉花把喷嘴擦干净。

(3)使用打印机附带的喷嘴扳手把喷嘴拧下来。

(4)堵塞的喷嘴可以用很多方法去疏通,比如说用 0.4 mm 的钻头钻通,在丙酮在中浸泡,用热风枪吹通或者用火烧掉堵塞的塑料。

打印机维护主要是更换喷嘴：经过长时间的使用，打印机喷嘴会变得很脏甚至堵塞。用户可以更换新喷嘴，老喷嘴可以保留，清理干净后可以再用。

第四节　金属3D打印技术的原理和特点

随着科技发展及推广应用的需求，利用快速成型直接制造金属功能零件成为了快速成型主要的发展方向。

一、选择性激光烧结（SLS）

选择性激光烧结，顾名思义，所采用的冶金机制为液相烧结机制，成形过程中粉体材料发生部分熔化，粉体颗粒保留其固相核心，并通过后续的固相颗粒重排、液相凝固黏结实现粉体致密化。

1.SLS技术原理及其特点

整个工艺装置由粉末缸和成型缸组成，工作粉末缸活塞（送粉活塞）上升，由铺粉辊将粉末在成型缸活塞（工作活塞）上均匀铺上一层，计算机根据原型的切片模型控制激光束的二维扫描轨迹，有选择地烧结固体粉末材料以形成零件的一个层面。完成一层后，工作活塞下降一个层厚，铺粉装置铺上新粉，控制激光束再扫描烧结新层。如此循环往复，层层叠加，直到三维零件成型。

图12-24　金属3D打印产品

2.SLS工艺

SLS采用半固态液相烧结机制，粉体未发生完全熔化，虽可在一定程度上降低成型材料积聚的热应力，但成型件中含有未熔固相颗粒，直接导致孔隙率高、致密度低、拉伸强度差、表面粗糙度值高等工艺缺陷，在SLS半固态成型体系中，固液混合体系黏度通常较高，导致熔融材料流动性差，将出现SLS快速成形工艺特有的冶金缺陷——"球化"效应。球化效应不仅会增加成型件表面粗糙度值，更会导致铺粉装置难以在已烧结层表面均匀铺粉后续粉层，从而阻碍SLS过程顺利开展。

3.SLS技术特点

由于烧结好的零件强度较低，需要经过后处理才能达到较高的强度，并且制造的三维零件普遍存在强度不高、精度较低及表面质量较差等问题。在SLS出现初期，相对于其他发展比较成熟的快速成型方法,选择性激光烧结具有成型材料选择范围广,成型工艺比较简单(无需支撑)等优点。但由于成型过程中的能量来源为激光,激光器的应用使其成型设备的成本较高,随着2000年之后激光快速成型设备的长足进步(表现为先进高能光纤激光器的使用、铺粉精度的提高等),粉体完全熔化的冶金机制被用于金属构件的激光快速成型。选择性激光烧结技术已被类似更为先进的技术代替。

二、选择性激光熔化(SLM)

1. 选择性激光熔化的原理

SLM技术是在SLS的基础上发展起来的,二者的基本原理类似。SLM技术需要使金属粉末完全熔化,直接成型金属件,因此需要高功率密度激光器激光束。开始扫描前,水平铺粉辊先把金属粉末平铺到加工室的基板上,然后激光束将按当前层的轮廓信息选择性地熔化基板上的粉末,加工出当前层的轮廓后可升降系统下降一个图层厚度的距离,滚动铺粉辊再在已加工好的当前层上铺金属粉末,设备调入下一图层进行加工,如此层层加工,直到整个零件加工完毕。整个加工过程在抽真空或通有气体保护的加工室中进行,以避免金属在高温下与其他气体发生反应。

2. 选择性激光熔化技术的优势

在原理上,选择性激光熔化与选择性激光烧结相似,但因为采用了较高的激光能量密度和更细小的光斑直径,成型件的力学性能、尺寸精度等均较好,只需简单后处理即可投入使用,并且成型所用的原材料无需特别配制。选择性激光熔化技术的优点可归纳如下:

(1)直接制造金属功能件,无需中间工序。

(2)具有良好的光束质量。可获得细微聚焦光斑,从而可以直接制造出较高尺寸精度和较好表面粗糙度的功能件。

(3)金属粉末完全熔化。直接制造的金属功能件具有冶金结合组织,致密度较高,具有较好的力学性能,无需后处理。

(4)粉末材料可为单一材料也可为多组元材料,原材料无需特别配制。

(5)可直接制造出复杂几何形状的功能件。

(6)特别适合于单件或小批量的功能件制造。选择性激光烧结成型件的致密度、力学性能较差;电子束熔化和激光熔化沉积难以获得较高尺寸精度的零件;相比之下,选择性激光熔化成型技术可以获得冶金结合、致密组织、尺寸精度高和力学性能良好的成型件,是近年来快速成型的主要研究热点和发展趋势。

三、电子束选择性熔化(EBM)

1. 电子束选择性熔化(EBSM)原理

类似激光选择性烧结和激光选择性熔化工艺,电子束选择性熔化技术是一种采用高能高速的电子束选择性地轰击金属粉末,从而使得粉末材料熔化成型的快速制造技术。EBSM技术的工艺过程为:先在铺粉平面上铺展一层粉末;然后,电子束在计算机的控制下按照截面轮廓的信息进行有选择的熔化,金属粉末在电子束的轰击下被熔化在一起,并与下面已成型的部分黏结,层层堆积,直至整个零件全部熔化完成;最后,去除多余的粉末便得到所需的三维产品。上位机的实时扫描信号经数模转换及功率放大后传递给偏转线圈,电子束在对应的偏转电压产生的磁场作用下偏转,达到选择性熔化。经过十几年的研究发现,对于一些工艺参数(如电子束电流、聚焦电流、作用时间、粉末厚度、加速电压、扫描方式)进行正交实验,作用时间对成型影响最大。

2. 电子束选择性熔化的优势

电子束直接金属成型技术采用高能电子束作为加工热源,扫描成型可通过操纵磁偏转线圈进行,没有机械惯性,且电子束具有的真空环境还可避免金属粉末在液相烧结或熔化过程中被氧化。电子束与激光相比,具有能量利用率高、作用深度大、材料吸收率高、稳定及运行维护成本低等优点。EBM 技术优点是成型过程效率高,零件变形小,成型过程不需要金属支撑,微观组织更致密等。电子束的偏转聚焦控制更加快速、灵敏。激光的偏转需要使用振镜,当激光进行高速扫描时振镜的转速很高。当激光功率较大时,振镜需要更复杂的冷却系统,而振镜的质量也显著增加。因而在使用较大功率扫描时,激光的扫描速度将受到限制。当扫描较大成型范围时,激光的焦距也很难快速地改变。电子束的偏转和聚焦利用磁场完成,可以通过改变电信号的强度和方向快速灵敏的控制电子束的偏转量和聚焦长度。电子束偏转聚焦系统不会被金属蒸镀干扰。用激光和电子束熔化金属的时候,金属蒸气会弥散在整个成型空间,并在接触的任何物体表面镀上金属薄膜。电子束偏转聚焦都是在磁场中完成的,因而不会受到金属蒸镀的影响。激光器振镜等光学器件则容易受到蒸镀污染。

四、激光熔化沉积技术(LMD)

1. 激光熔化沉积工作原理

激光熔化沉积(Laser Metal Deposition,LMD)技术于 20 世纪 90 年代由美国 Sandia 国家实验室首次提出,随后在全世界很多地方相继发展起来,由于许多大学和机构是分别独立进行研究的,因此这一技术的名称繁多。虽然名字不尽相同,但是它们的原理基本相同,成型过程中,通过喷嘴将粉末聚集到工作平面上,同时激光束也聚集到该点,将粉光作用点重合,通过移动工作台或喷嘴,获得堆积的熔覆实体。

2. 激光熔覆式成型工作特征

LMD 技术使用的是千瓦级的激光器,由于采用的激光聚焦光斑较大,一般在 1 mm 以上,虽然可以得到冶金结合的致密金属实体,但其尺寸精度和表面质量都不太好,需进一步进行机加工后才能使用。激光熔覆是一个复杂的物理、化学冶金过程,熔覆过程中的参数对熔覆件的质量有很大的影响。激光熔覆中的过程参数主要有激光功率、光斑直径、离焦量、送粉速度、扫描速度、熔池温度等,它们对熔覆层的稀释率、裂纹、表面粗糙度以及熔覆零件的致密性都有着很大的影响。同时,各参数之间也相互影响,是一个非常复杂的过程。必须采用合适的控制方法将各种影响因素控制在溶覆工艺允许的范围内。

五、直接金属激光烧结(DMLS)

1. 直接金属激光烧结工作原理

SLS 制造金属零部件,通常有两种方法:其一为间接法,即聚合物覆膜金属粉末的 SLS;其二为直接法,即直接金属粉末激光烧结。自从 1991 年金属粉末直接激光烧结研究在 Leuvne 的 Chatofci 大学开展以来,利用 SLS 工艺直接烧结金属粉末成型三维零部件是快速原型制造的最终目标之一。与间接 SLS 技术相比,DMLS 工艺最主要的优点是取消了昂贵且费时的预处理和后处理工艺步骤。

2.直接金属粉末激光烧结的特点

DMLS技术作为SLS技术的一个分支，原理基本相同。但DMLS技术精确成型形状复杂的金属零部件有较大难度，归根结底，主要是由于金属粉末在DMLS中的球化效应和烧结变形。球化效应是，为使熔化的金属液表面与周边介质表面构成的体系具有最小自由能，在液态金属与周边介质的界面张力的作用下，金属液表面形状向球形表面转变的一种现象。球化会使金属粉末熔化后无法凝固形成连续、平滑的熔池，因而形成的零件疏松多孔，致使成型失败，由于单组元金属粉末在液相烧结阶段的黏度相对较高，故球化效应尤为严重，且球形直径往往大于粉末颗粒直径，这会导致大量孔隙存在于烧结件中，因此，单组元金属粉末的DMLS具有明显的工艺缺陷，往往需要后续处理，不是真正意义上的"直接烧结"。

为克服单组元金属粉末DMLS中的"球化"现象，以及由此造成的烧结变形、密度疏松等工艺缺陷，目前一般可以通过使用熔点不同的多组元金属粉末或使用预合金粉末来实现。多组分金属粉末体系一般由高熔点金属、低熔点金属及某些添加元素混合而成，其中高熔点金属粉末作为骨架金属，能在DMLS中保留其固相核心；低熔点金属粉末作为黏结金属，在DMLS中熔化形成液相，生成的液相包覆、润湿和黏结固相金属颗粒，以此实现烧结致密化。

第十三章　工业机器人

第一节　概　　述

一、机器人的定义

"机器人"一词最早出现于 1920 年,捷克斯洛伐克作家卡雷尔·恰佩克在他的科幻小说中,根据 Robota(捷克文,原意为"劳役、苦工")和 Robotnik(波兰文,原意为"工人")创造出"Robot"这个词。在书中,机器人像奴隶一样按照主人的命令从事繁重的劳动。机器人是 20世纪人类最伟大的发明之一,第一台机器人试验样机 1954 年诞生于美国。

1942 年美国科幻小说里创造的"机器人三定律"被学术界默认为机器人研发原则:

第一法则:机器人不得伤害人类,或袖手旁观坐视人类受到伤害。

第二法则:除非违背第一法则,机器人必须服从人类的命令。

第三法则:在不违背第一及第二法则下,机器人必须保护自己。

机器人是自动执行工作的机器装置。它既可以接受人类指挥,又可以运行预先编排的程序,也可以根据以人工智能技术制定的原则、纲领行动。它的任务是协助或取代人类的部分工作。机器人是一种高度复杂的自动化装置,综合运用了机械、电子、计算机、检测、通信、自动控制、语音和图像处理等技术。

美国工业机器人学会提供的定义是,工业机器人是一种可以重复编程的多功能机械手,主要用来搬运材料、传送工件和操作工具,也可以说它是一种可以通过改变动作和程序来完成各种工作的特殊装置。"重复编程"和"多功能"是工业机器人区别于各种单一功能机器的两大特征。"重复编程"是指机器人能按照所编程序进行操作并能改变原有程序,从而获得新功能以满足不同的制造任务。"多功能"则是指可以通过重复编程和使用不同的执行机构去完成不同的制造任务。围绕这两个关键特征来给工业机器人下定义,已逐渐被制造专业人员所接受。1987 年 ISO 对工业机器人给出定义:"工业机器人是一种具有自动控制操作和移动功能,能够完成各种作业的可编程操作机。"

二、机器人常用专业术语

1. 工作空间

工作空间也称工作范围、工作行程,是工业机器人在执行任务时,其手腕参考点或末端操作器安装点(不包括末端操作器)所能掠过的空间,一般不包括末端操作器本身所能到达的区域。

目前,单体工业机器人本体的工作范围可达 3.5 m 左右。

2.额定速度

额定速度指机器人在保持运动平稳性和位置精度的前提下所能达到的最大速度。

对于结构固定的机器人,其最大行程为定值,因此额定速度越高,运动循环时间越短,工作效率也越高。而机器人每个关节的运动过程一般包括启动加速、匀速运动和减速制动三个阶段。如果机器人负载过大,则会产生较大的加速度,造成启动、制动阶段时间增长,从而影响机器人的工作效率。对此,就要根据实际工作周期来平衡机器人的额定速度。

3.承载能力

承载能力是指机器人在工作范围内的任何位姿上所能承受的最大重量,通常可以用质量、力矩或惯性矩来表示。承载能力不仅取决于负载的质量,而且与机器人运行的速度和加速度的大小和方向有关。

一般低速运行时,承载能力强。为安全考虑,将承载能力这个指标确定为高速运行时的承载能力。

4.分辨率

机器人的分辨率由系统设计检测参数决定,并受到位置反馈检测单元性能的影响。分辨率可分为编程分辨率与控制分辨率。

(1)编程分辨率。

它是指程序中可以设定的最小距离单位,又称为基准分辨率。

例如:当电机旋转 $0.1°$,机器人腕点(手尖端点)移动的直线距离为 $0.01\ mm$ 时,其基准分辨率为 $0.01\ mm$。

(2)控制分辨率。

它是指位置反馈回路能检测到的最小位移量。

当编程分辨率与控制分辨率相等时,系统性能达到最高。

5.精度

机器人的精度主要体现在定位精度和重复定位精度两个方面。

(1)定位精度。

它指机器人末端操作器的实际位置与目标位置之间的偏差,由机械误差、控制算法误差与系统分辨率等部分组成。

(2)重复定位精度。

重复定位精度指在相同环境、相同条件、相同目标动作、相同命令的条件下,机器人连续重复运动若干次时,其位置会在一个平均值附近变化,变化的幅度代表重复定位的精度。重复定位是关于精度的一个统计数据。因重复定位精度不受工作载荷变化的影响,所以通常用重复定位精度这个指标作为衡量示教再现型工业机器人水平的重要指标。

三、工业机器人的组成

工业机器人通常由执行机构、驱动系统、控制系统和传感系统四部分组成,如图 13-1 所示。

1.执行机构

执行机构是机器人赖以完成工作任务的实体,通常由一系列连杆、关节或其他形式的运动副组成。从功能的角度看,执行机构可分为手部、腕部、臂部、腰部和基底部,如图 13-2 所示。

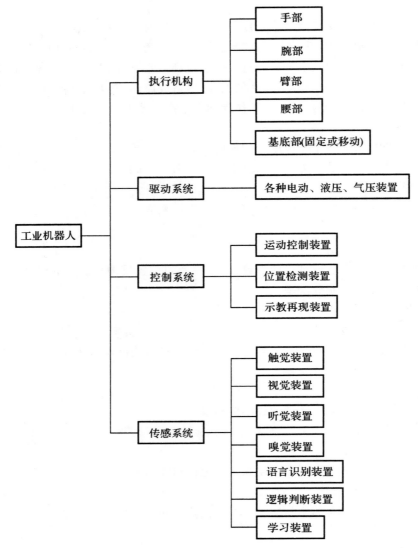

图 13-1 工业机器人的组成

2. 驱 动 系 统

工业机器人的驱动系统是向执行系统各部件提供动力的装置,包括驱动器和传动机构两部分,它们通常与执行机构连成一体。驱动器通常有电动、液压、气动装置以及把它们结合起来应用的综合系统。常用的传动机构有谐波传动、螺旋传动、链传动、带传动以及各种齿轮传动等。

(1)气力驱动。气力驱动系统通常由气缸、气阀、气罐和空压机等组成,以压缩空气来驱动执行机构进行工作。其优点是空气来源方便、动作迅速、结构简单、造价低、维修方便、防火防爆、漏气对环境无影响,缺点是操作力小、体积大,又由于空气的压缩性大、速度不易控制、响应慢、动作不平稳、有冲击。因起源压力一般只有 60 MPa 左右,故此类机器人适宜抓举力要求较小的场合。

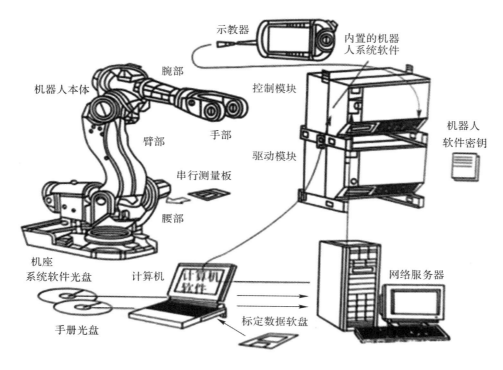

图 13-2 工业机器人执行机构

（2）液压驱动。液压驱动系统通常由液动机（各种油缸、油马达）、伺服阀、油泵、油箱等组成，以压缩机油来驱动执行机构进行工作，其特点是操作力大、体积小、传动平稳且动作灵敏、耐冲击、耐振动、防爆性好。相对于气力驱动，液压驱动的机器人具有大得多的抓举能力，可抓举高达上百千克的重物。但液压驱动系统对密封的要求较高，且不宜在高温或低温的场合工作。

（3）电力驱动。电力驱动是利用电动机产生的力或力矩直接或经过减速机构驱动机器人，以获得所需的位置、速度和加速度。电力驱动具有电源易取得，无环境污染，响应快，驱动力较大，信号检测、传输、处理方便，可采用多种灵活的控制方案，运动精度高，成本低，驱动效率高等优点，是目前机器人使用最多的一种驱动方法。驱动电动机一般采用步进电动机、直流伺服电动机以及交流伺服电动机。

3. 传感系统

传感系统是机器人的重要组成部分，按其采集信息的位置，一般可分为内部和外部两类传感器。内部传感器是完成机器人运动控制所必需的传感器，如位置、速度传感器等，用于采集机器人内部信息，是构成机器人不可缺少的基本元件。外部传感器检测机器人所处环境、外部物体状态或机器人与外部物体的关系。常用的外部传感器有力觉传感器、触觉传感器、接近觉传感器、视觉传感器等。机器人传感器的分类见表 13-1。

表 13－1　机器人传感器分类

传感器分类	用途	机器人精确控制
内部传感器	监测的信息	位置、角度、速度、加速度、姿态、方向等
	所用传感器	微动开关、光电开关、差动变压器、编码器、电位计、旋转变压所用传感器、测速发电机、加速度计、陀螺、倾角传感器、力(或力矩)内部传感器
外部传感器	用途	了解工件、环境或机器人在环境中的状态,对工件的灵活、有效的操作
	监测的信息	工件和环境:形状、位置、范围、质量、姿态、运动、速度等; 机器人与环境:位置、速度、加速度、姿态等; 对工件的操作:非接触(间隔、位置、姿态等)、接触(障碍检测、碰撞检测等)、触觉(接触觉、压觉、滑觉)、夹持力等
	所用传感器	视觉传感器、光学测距传感器、超声测距传感器、触觉传感器、电容传感器、电磁感应传感器、限位传感器、压敏导电橡胶、弹性体加应变片等

传统的工业机器人仅采用内部传感器,用于对机器人运动、位置及姿态进行精确控制。外部传感器的使用,使得机器人对外部环境具有一定程度的适应能力,从而表现出一定程度的智能。

4.控制系统

工业机器人的位置控制方式有点位控制和连续路径控制两种。其中,点位控制方式只关心机器人末端执行器的起点和终点位置,而不关心这两点之间的运动轨迹,这种控制方式可完成无障碍条件下的点焊、上下料、搬运等操作。连续路径控制方式不仅要求机器人以一定的精度达到目标点,而且对移动轨迹也有一定的精度要求,如机器人喷漆、弧焊等操作。实质上这种控制方式是以点位控制方式为基础,在每两点之间用满足精度要求的位置轨迹插补算法实现轨迹连续化的。

四、工业机器人分类

美国机器人协会(Robot Institute of America,RIA)对机器人的的定义:机器人是"一种用于动各种材料、零件、工具或专用装置的,通过可编程序动作来执行种种任务的,并具有编程能力的多功能机械手(manipulator)"。

机器人按几何结构分为柱坐标机器人、球坐标机器人、球面坐标机器人。

机器人按用途分为工业机器人、军事机器人、服务机器人、农业机器人、救灾机器人、探险机器人。

机器人按移动性分为固定机器人、移动机器人。

机器人按应用分为焊接机器人、搬运机器人、装配机器人、喷涂机器人、抛光机器人。

五、工业机器人的结构特点

1.可编程

生产自动化的进一步发展是柔性启动化,工业机器人可随其工作环境变化的需要而再编程,因此它在小批量、多品种、具有均衡高效率的柔性制造过程中能发挥很好的功用,是柔性制造系统中的一个重要组成部分。

2．拟人化

工业机器人在机械结构上有类似人的脚、腰、大臂、小臂、手腕、手爪等部分，在控制上有电脑，此外智能化工业机器人还有许多类似人类的"生物传感器"，传感器大大提升了工业机器人对周围环境的自适应能力。

3．通用性

除了专门设计的专用的工业机器人外，一般工业机器人在执行不同的任务时会有较好的通用性，比如更换工业机器人手部末端操作器（手爪、工具等）便可执行不同的作业任务。

4．工业机器技术涉及的学科

工业机器技术归纳起来是机械学和微电子学的结合，即机电一体化技术。第三代智能机器人不仅有获取外部环境信息的各种传感器，还具有记忆能力、语言理解能力、图像识别能力、推理判断能力等人工智能，这些都与微电子技术的应用，特别是计算机技术的应用也密切相关，因此机器人技术的发展必将带动其他技术的发展。

六、工业机器人的发展

工业机器人的发展可划分为三个阶段：

第一代机器人：20世纪50—60年代，随着机构理论和伺服理论的发展，机器人进入了实用阶段。

第二代机器人：进入20世纪80年代，随着传感技术，包括视觉传感器、非视觉传感器（力觉、触觉、接近觉等）以及信息处理技术的发展，出现了第二代机器人，即有感觉的机器人。

第三代机器人：目前正在研究开发的第三代"智能机器人"，它不仅具有比第二代机器人更加完善的环境感知能力，而且具有逻辑思维、判断和决策能力，可根据作业要求与环境信息自主地进行工作。

第二节　ABB 工业机器人

阿西亚·布朗·勃法瑞（Asea Brown Boveri，ABB）集团位列全球 500 强企业，集团总部位于瑞士苏黎世，是全球领先的电力和自动化技术领域（工业机器人技术）的领导厂商，提供从机器人本体、软件、外围设备、模块化制造单元、系统集成到客户服务的完整产品组合。ABB 集团由两个历史 100 多年的国际性企业瑞典的阿西亚公司（ASEA）和瑞士的布朗勃法瑞公司（BBC Brown Boveri）在 1988 年合并而成。

一、ABB 工业机器人的种类

（1）多关节机器人，也称关节手臂机器人或关节机械手臂，是当今工业领域中最常见的工业机器人的形态之一，适合于诸多工业领域的机械自动化作业，如图 13－3 所示。

（2）喷涂机器人，喷涂机器人（spray painting robot），是可进行自动喷漆或喷涂其他涂料的工业机器人，如图 13－4 所示。

（3）协作机器人，顾名思义，就是机器人与人可以在生产线上协同作战，充分发挥机器人的效率及人类的智能，如图 13－5 所示。这种机器人不仅性价比高，而且安全、使用方便，能够极大地促进制造企业的发展。

（4）并联机器人（Parallel Mechanism，PM），可以定义为动平台和定平台通过至少两个独立的运动链相连接，机构具有两个或两个以上自由度，且以并联方式驱动的一种闭环机构，如图 13-6 所示。并联机器人的特点呈现为无累积误差，精度较高，驱动装置可置于定平台上或接近定平台的位置，运动部分质量轻，速度高，动态响应好。

（5）SCARA 机器人，SCARA 是 Selective Compliance Assembly Robot Arm 的缩写，意思是一种应用于装配作业的机器人手臂。它有 3 个旋转关节，最适用于平面定位，如图 13-7 所示。

图 13-3　多关节机器人

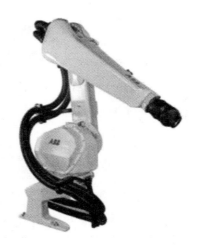

图 13-4　喷涂机器人

图 13-5　协作机器人

图 13-6　并联机器人

图 13-7　SCARA 机器人

二、ABB 工业机器人的基本操作

1. SKARB-201A 型工业机器人制造实训系统

SKARB-201A 型工业机器人制造实训系统由 3 个工作站组成，包含了 5 道生产工序。3 个工作站分别是上料站、加工站、搬运码垛站。5 道工序分别是输送托盘上料、工件上料、工件加工、成品码垛、仓储等。最终实现双系统共享、最大限度提升工业机器人的工作能力。

装备组成：

（1）工作站由传输装置、传输定位装置、6 自由度工业机器人及各站具体的机械结构等组成。

（2）整个设备的运行流程是针对不同的物料通过传输装置到达各工作站进行组装、加工、装配、码垛等工作。

（3）供料站可完成传送料盘搬运至传输带上、再分别将物料搬到传送料盘上运送到下一个工作站。供料站主要由传输装置、6 自由度工业机器人、传输定位装置、传输传动单元、PLC 等电气控制系统组成，如图 13 - 8 所示。

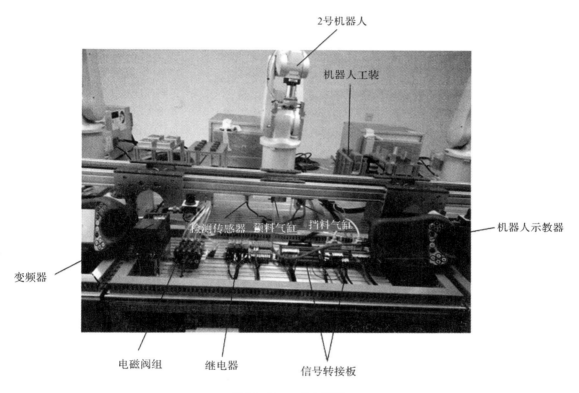

图 13 - 8 一号上料站

（4）加工站可完成大物料的加工，加工完成后把本站的小物料装配到大物料内，加工轨迹由工业机器人完成，加工工具为自动雕刻机并由机器人控制。装配加工站由传输单元、6 自由度工业机器人、小物料搬运夹具、雕刻系统、物料库、传输定位装置、传输传动单元、PLC 等电气控制系统组成，如图 13 - 9 所示。

（5）搬运码垛站可将装配固定好的物料进行码垛依次入库。搬运码垛站由传输单元、6 自由度工业机器人、中转台、码垛台、物料搬运夹具、传输定位装置、PLC 等电气控制系统组成，如图 13 - 10 所示。

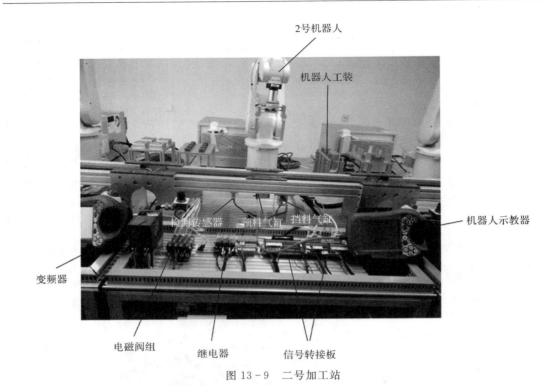

图 13-9　二号加工站

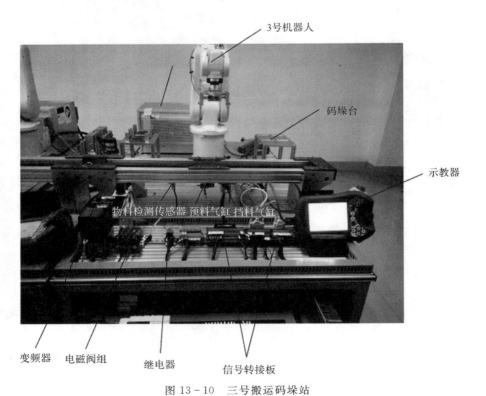

图 13-10　三号搬运码垛站

2.示教器的使用

在示教器上,绝大多数的操作都是在触摸屏上完成的,同时也保留了必要的按钮和操作装置。手持示教器如图 13-11 所示。示教器上保留的按钮和功能,主要包括连接电缆、触摸屏、急停开关、手动操纵摇杆、USB 端口、使能器按钮、触摸屏用笔、示教器复位按钮。

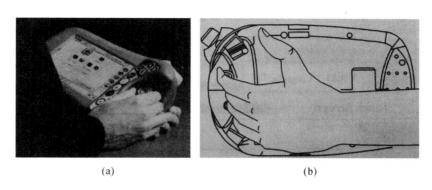

(a) (b)

图 13-11 手持示教器的正确方法

(a)手持示教器的正面图; (b)手持示教器的背面图

示教器的按钮分为两挡,在手动状态下第一挡按下去机器人将处于电动机开启状态,如图 13-12 所示。

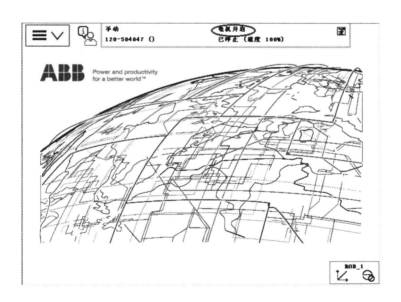

图 13-12 使能键开启电机

当第二挡按下去以后,机器人就会处于防护装置停止状态。

查看 ABB 机器人常用信息与事件日志,可通过示教器画面上的状态栏进行。ABB 机器人常用信息的查看如图 13-13 所示。

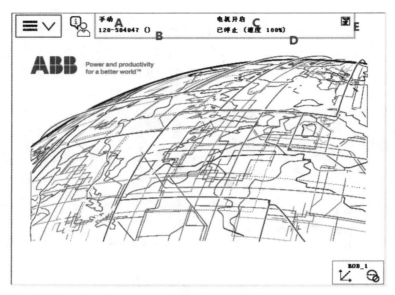

图 13-13　ABB 操作界面 1

A—机器人状态(手动、自动)；　B—机器人系统信息；　C—机器人电动机状态；

D—机器人程序状态；　E—当前机器人或外轴使用状态

单击窗口上面的状态栏,就可以查看机器人的系统日志,如图 13-14 所示。

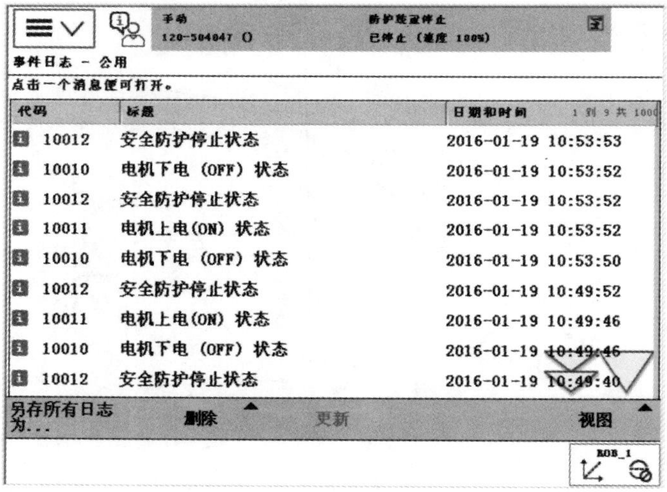

图 13-14　ABB 操作界面 2

3. ABB 机器人的手动操纵

手动操纵机器人运动一共有三种模式:单轴运动、线性运动和重定位运动。下面介绍如何手动操纵机器人进行这三种运动。

(1)单轴运动的手动操纵。

将控制器上机器人状态钥匙切换到手动状态,在状态栏中,确认机器人的状态已切换为手动,如图 13-15 所示。

手动
IRB_120_3kg_0.58m (BAITIAN-PC)

防护装置停止
已停止（速度 50%）

图 13-15　ABB 手动操作界面

单击"ABB"按钮，选择"手动操纵"，如图 13-16 所示，再单击"动作模式"，如图 13-17 所示。

图 13-16　ABB 操作界面 3

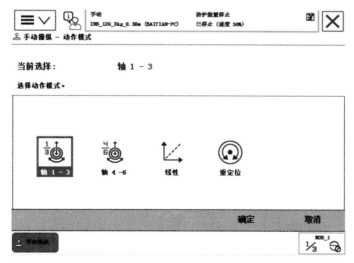

图 13-17　ABB 操作界面 4

选中"轴 1-3"，然后单击"确定"，按下使能按钮，进入电机开启状态。示教器右下角会显示轴 1-3 的操纵杆方向（黄色箭头指示为正）。同样选中"轴 4-6"，就可以操纵 4-6 轴。

（2）线性运动的手动操纵。

机器人的线性运动是指安装在机器人第六法兰盘上工具的 TCP 在空间中做线性运动。

以下是手动操纵杆线性运动的方法。

选择"手动操纵",单击"动作模式",选择"线性",然后按"确定"键;用左手按下使能按钮,进入电机开启状态。操作示教器上的操纵杆,工具的 TCP 点在空间中做线性运动。

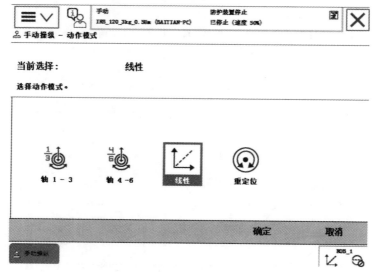

图 13 - 18　ABB 操作界面 5

（3）重定位运动的手动操纵。

机器人的重定位运动是指机器人第六轴法兰盘上的工具 TCP 点在空间绕着坐标轴旋转的运动,也可以理解为机器人绕着工具 TCP 点做姿态调整的运动。操作与线性运动的手动操纵相似。

（4）手动操纵快捷按钮。

手动操纵快捷按钮如图 13 - 19 所示。示教器操作菜单如图 13 - 20 所示,可选择当前使用的工具数据及工件坐标,可设置速率就、动作模式选择等。

第三节　工业机器人的安全操作规程

（1）机器人操作人员必须经过专业培训,必须熟识机器人本体和控制柜上的各种安全警示标识,按照操作要领手动或自动编程控制机器人动作。

（2）操作人员必须穿工作服,且禁止内衣、衬衫、领带等露在工作服外面。

（3）操作人员必须正确佩戴劳保防护用品。

（4）操作人员禁止佩戴特大耳环、首饰等。

（5）开机前要先检查电、气供应是否正常。

（6）运行机器人前,要先检查并确认机器人所要执行的程序路径,确认路径上没有工具、夹具、工件妨碍机器人执行的正常动作,切勿盲目运行机器人,以免造成工件、设备的损坏。

（7）机器人设备周围必须设置安全隔离带,必须清洁,做到无油、无水及无杂物。

（8）通电中,禁止未受培训的人员触摸机器人和示教器,以免导致人员伤害或者设备损坏。

（9）装卸机器人手爪或机器人手部工件前,必须先将机器人运行至安全位置,装卸手爪和工件要在关断电源的情况下进行。

机器人/外轴切换
线性/重定位切换
关节轴切换
增量开关

手动操纵
增量模式
运行模式
进步模式
速度
启用选择

图 13-19 手动操纵快捷按键　　　图 13-20 示教器操作菜单

(10)不要戴着手套操作机器人示教器,如需要手动控制机器人时,应确保机器人动作范围内无任何人员和障碍物,将速度由慢到快逐渐调整,避免速度突变造成人员或设备损害。

(11)自动执行程序前应确保机器人工作区不得有无关的人员、工具或物品,工件夹紧可靠并确认。

(12)机器人动作速度太快,存在危险性,操作人员应负责维护工作站正常运行秩序,严禁非工作人员进入工作区域。

(13)靠近机器人工作区域前,确保机器人及运动的工具已经停止。

(14)注意工件和机器人系统的高温表面,防止高温烫伤。

(15)确保夹具夹好工件,如果工件在运动过程中脱落,可能导致人员伤害或设备损坏或工件损坏。

(16)禁止强制扳动、悬吊、骑坐机器人,以免造成人员伤害或者损坏设备。

(17)机器人运行过程中,严禁操作人员离开现场,以确保发生意外情况时能紧急处理。

(18)机器人工作时,操作人员应注意查看线缆和气路线管状况,防止本线缠绕在机器人上,线管不能严重绕曲成麻花状或与硬物摩擦,以避免内部线芯折断或裸露,引起线路故障。

(19)机器人示教器和线缆不能放置在运动设备上,应随身携带,或挂在固定的操作位置上。

(20)禁止倚靠在机器人或者其他控制器上,不允许随意按动开关或者按钮,以免造成人员伤害或损坏设备。

(21)当机器人停止工作时,不要认为其已经完成工作了,因为机器人很可能是在等待让它继续移动的输入信号。

(22)因故离开设备工作区前,应按下急停开关,避免突然断电造成关机零位丢失,并将示教器放置在安全位置。

(23)工作结束,应将机器人置于零位位置或安全位置,然后关断电源开关和气源开关。

(24)严禁在控制柜内随便放置配件、工具、杂物等,以免影响到部分线路,造成设备异常损坏。

(25)严格遵守机器人设备的日常维护制度。

参 考 文 献

[1]　周立,柏占伟.机械工程训练[M].西安:西北工业大学出版社,2018.
[2]　候书林,张炜,杜新宇.机械工程实训[M].北京:北京大学出版社,2015.
[3]　刘德力.金属材料与热处理[M].2版.北京:科学出版社,2021.
[4]　吴斌方,陈清奎.工程训练[M].北京:中国水利水电出版社,2018.
[5]　高美兰.金工实习[M].北京:机械工业出版社,2007.
[6]　司卫华,王学斌.金属材料与热处理[M].2版.北京:化学工业出版社,2022.
[7]　王长忠.电焊工技能训练[M].3版.北京:中国劳动社会保障出版社,2007.
[8]　邱葭菲.焊工工艺学[M].3版.北京:中国劳动社会保障出版社,2005.
[9]　罗继相,王志海.金属工艺学[M].3版.武汉:武汉理工大学出版社,2019.
[10]　栾镇涛.金工实习[M].北京:机械工业出版社,2001.
[11]　宋瑞宏.机械工程实训教程[M].北京:机械工业出版社,2015.
[12]　彭德荫.车工工艺与技能训练[M].北京:中国劳动社会保障出版社,2001.
[13]　王公安.车工工艺学[M].北京:中国劳动社会保障出版社,2005.
[14]　蔡安江,陈隽.工程实训[M].北京:国防工业出版社,2015.
[15]　陈海魁.机械制造工艺基础[M].北京:中国劳动社会保障出版社,2007.
[16]　韩建海.工业机器人[M].4版.北京:机械工业出版社,2019.
[17]　姚屏.工业机器人技术基础[M].北京:机械工业出版社,2020.
[18]　戴凤智,乔栋.工业机器人技术基础及其应用[M].北京:机械工业出版社,2020.
[19]　李博.3D打印技术[M].北京:中国轻工业出版社,2017.
[20]　王晓燕,朱琳.3D打印与工业制造[M].北京:机械工业出版社,2019.
[21]　黄景良,赵建周.柔性制造技术[M].北京:化学工业出版社,2020.
[22]　陈俊钊.柔性制造技术[M].北京:化学工业出版社,2020.
[23]　李炜新.金属材料与热理[M].北京:机械工业出版社 2018.
[24]　罗志刚.半自动仿形机床的改造[J].机械工人(冷加工),1988(5):30-31.